电工上岗这点儿事

一看就懂

图解电工操作

邱利军　师 宁　刘海涛　主编

U0301449

化学工业出版社

·北京·

图书在版编目（CIP）数据

图解电工操作/邱利军、师宁、刘海涛主编. —北京：化学工业出版社，2015.1（2016.2重印）

（电工上岗这点儿事一看就懂）

ISBN 978-7-122-21949-7

Ⅰ.①图… Ⅱ.①邱… ②师… ③刘… Ⅲ.①电工技术-图解 Ⅳ.①TM-64

中国版本图书馆 CIP 数据核字（2014）第 228343 号

责任编辑：卢小林　　　　　　　　文字编辑：张绪瑞
责任校对：李　爽　　　　　　　　装帧设计：王晓宇

出版发行：化学工业出版社（北京市东城区青年湖南街 13 号　邮政编码 100011）
印　　装：大厂聚鑫印刷有限责任公司
850mm×1168mm　1/32　印张 16¾　字数 470 千字
2016 年 2 月北京第 1 版第 2 次印刷

购书咨询：010-64518888（传真：010-64519686）　售后服务：010-64518899
网　　址：http://www.cip.com.cn
凡购买本书，如有缺损质量问题，本社销售中心负责调换。

定　　价：49.00 元　　　　　　　　　　版权所有　违者必究

前言 FOREWORD

为了满足广大中、高职毕业生就业上岗，青年工人转岗、再就业以及广大农民工走入城市学习一技之长的需要，我们编写了套书《电工上岗这点儿事一看就懂——图解电工基础》《电工上岗这点儿事一看就懂——图解电工操作》。

本套书在组织编写时充分考虑了电工的实际工作情况，将电工必备知识和技能进行归纳提炼，在内容的选取上，遵循实用、够用的原则，注重电工领域的新知识、新技术介绍，以通俗易懂的语言，图文并茂的形式，深入浅出地讲解了电工上岗必备的知识技能。全书从最简单的电工基本知识和操作入手，起点较低，注重实用，便于自学入门。针对起点低、从零学起的朋友，本套书追求的学习效果是：基本知识一看就懂，基本操作技能一学就会，解决实际问题一用就灵。

本书为《图解电工操作》分册全书以图文并茂的形式全方位解读了广大电工在日常工作中必须要用到的电工基本操作、常用电工仪表的使用、照明线路的安装、低压电器、常用电动机、三相异步电动机的控制线路的安装与调试、安全用电基础知识、电力电容器、电气线路、PLC的应用知识、变频器的应用知识等方面的实操技能。

本书可作为广大基层电工的工具书，也可作为相关技术管理人员进行工具设备选型工作的参考资料，以及职业学校师生的教学参考书。

本书由北京电子科技职业学院邱利军、师宁、刘海涛主编，第一章由秦海娇编写，第二章由邱利军编写，第三、八章由王晶编写，第四章由刘海涛编写，第五章由郎莹编写，第六章由柳振宇编写，第七章由师宁编写，第九章由宋媛媛、邱家栋、马冬梅编写，第十章由王庆华编写，第十一章由王彦勇编写。

由于编者技术水平有限，书中内容可能有不妥之处，诚恳广大读者批评指正。

编　者

CONTENTS

目 录

1 第一章
电工基本操作 .... Page 1

第一节　电工基本工具 1

一、常用电工工具的使用 1

  1. 钢丝钳 1

  2. 尖嘴钳 2

  3. 斜口钳 2

  4. 剥线钳 2

  5. 旋具(螺丝刀) 3

  6. 电工刀 4

  7. 活络扳手 4

  8. 低压验电器 5

  9. 高压验电器 5

  10. 电钻 8

二、常用登高用具 9

  1. 安全帽 9

  2. 安全带 9

  3. 踏板 10

  4. 脚扣 10

  5. 梯子 10

三、常用防护用具 11

1. 绝缘棒 11

2. 绝缘夹钳 11

3. 绝缘手套 12

4. 携带型接地线 12

四、常用专用工具 12

1. 安装器具 12

2. 管加工器具 14

3. 手电钻 16

4. 冲击电钻 16

5. 射钉枪 16

五、其他器具 18

1. 麻绳和钢丝绳 18

2. 灯头扣 19

3. 起重机械 19

第二节 导线的连接 20

一、绝缘导线绝缘层的剥削方法 20

1. 4mm^{2}及以下的塑料硬线绝缘层剥削 ... 20

2. 4mm^{2}以上的塑料硬线绝缘层剥削 21

3. 塑料护套线绝缘层剥削 21

二、导线的连接方法 23

1. 单股铜芯导线对接连接 23

2. 单股铜芯导线 T 字分支连接 23

3. 7 股铜芯导线直线连接 23

4. 7 股铜芯线 T 字分支连接 25

5. 不同截面导线对接 25

6. 软、硬导线对接 25

7. 单股线与多股线连接 25

8. 铝芯导线用螺钉压接 26

9. 导线用压接管压接 27

10. 导线在接线盒内连接 27

11. 铜芯导线搪锡 28

三、绝缘的恢复 28

1. 用绝缘带包缠导线接头 28

2. 导线直线连接后进行绝缘包扎 29

3. 导线分支连接后进行绝缘包扎 30

第三节 导线的固定 31

一、导线与接线端的固定 31

1. 导线线头与针孔式接线桩的连接 31

2. 导线线头与螺钉平压式接线桩的连接 31

3. 导线用螺钉压接 31

4. 软线用螺钉压接 32

5. 导线压接接线端子 33

6. 多股软线盘压 33

7. 瓦型垫的压接 34

二、架空导线的固定 34

1. 在瓷瓶上进行"单花"绑扎 34

2. 在瓷瓶上进行"双花"绑扎 35

3. 在瓷瓶上绑"回头" 35

4. 导线在碟式绝缘子上绑扎 36

第四节 电工安全用具与安全标志 37

一、电工安全用具 37

1. 电工安全用具种类及作用 37

2. 基本安全用具 37

3. 辅助安全用具 37

4. 一般防护用具 37

二、安全色和安全标志 37

1. 安全标志 37

2. 安全色 40

3. 电力系统和设备中的颜色用途 41

2 第二章　常用电工仪表的使用

Page 42

第一节　常用电工仪表基本知识 42

一、常用电工仪表概述 42

1. 电工测量仪表的概念 42

2. 电工仪表的用途 42

3. 电工仪表的构成 44

4. 电工仪表的分类 45

5. 常用指示仪表的分类 47

6. 常用的电工测量符号和仪表表面标志 49

二、电工仪表的精确度 50

1. 电工仪表产生误差的原因 50

2. 电工仪表的准确度等级 51

3. 一般电工仪表的重要技术参数 51

4. 电工仪表的选择 52

5. 一些测量仪表的起始刻度附近所标黑点的作用 53

6. 仪表冒烟的处理 53

第二节 常用电工仪表的使用 54

一、电流表 54

1. 直流电流的测量 54

2. 交流电流的测量 56

3. 电流互感器的使用 57

二、电压表 59

1. 直流电压的测量 60

2. 交流电压的测量 60

3. 电压互感器的用途 60

三、钳形电流表 64

1. 钳形电流表的类别 64

2. 钳形电流表的组成 65

3. 指针式钳形电流表的分类 67

4. 用钳形电流表测量电流 67

5. 使用钳形电流表进行测量的注意事项 69

6. 多用钳形电表的种类 70

7. 用钳形电流表如何测量多根导线的电流 71

四、万用表 72

1. 指针式万用表的组成 72

2. 指针式万用表使用前的检查和调整 74

3. 交流电压的测量 75

4. 直流电压的测量 76

5. 直流电流的测量 77

6. 电阻的测量 78

7. 判别二极管的极性与质量 79

8. 三极管管型与电极的判别 81

9. 使用万用表应注意的事项 82

10. 数字式万用表的特点 83

11. 用数字万用表测交流电压 85

12. 用数字万用表测直流电压 85

13. 用数字万用表测直流电流 88

14. 用数字万用表测电阻 89

五、电能表 90

1. 电能表的结构 90

2. 直入式单相跳入式有功电能表的接线 91

3. 用万用表判断单相有功电能表的接线方法 92

4. 单相直入式有功电能表的读数 94

5. 单相经电流互感器有功电能表的接线 96

6. 直入式三相三线有功电能表的接线 96

7. 直入式三相四线有功电能表的接线 99

8. 三相三线经电流互感器有功电能表的接线 99

9. 三相四线经电流互感器有功电能表的接线 99

10. 电子式预付费 IC 卡单相有功电能表的接线 99

六、兆欧表 100

1. 兆欧表的结构 100

2. 兆欧表使用前的检查 100

3. 使用兆欧表测量设备的绝缘电阻 102

七、接地电阻测试仪 103

1. ZC-8 型接地电阻测量仪的面板结构 103

2. 接地电阻测试仪使用前做短路试验 104

3. 用接地电阻测试仪测量接地装置的电阻值 105

八、直流单臂电桥 109

1. 常用直流电桥的型号 — 109

2. QJ23 型直流单臂电桥的面板图 — 110

3. QJ23 型直流单臂电桥的使用 — 110

3 第三章
照明线路的安装

第一节　照明线路与灯具的安装 — 114

一、白炽灯照明线路的安装 — 114

1. 白炽灯的构成及在电路中的表示符号 — 114

2. 开关在电路中的表示符号 — 115

3. 白炽灯的安装 — 116

4. 单联开关控制白炽灯接线原理图 — 119

5. 两个单联开关分别控制两个灯 — 119

6. 两个双联开关在两地控制一盏灯 — 120

7. 3 个开关控制一盏灯的线路 — 121

8. 4 个开关控制一盏灯的线路 — 121

9. 数码分段开关控制白炽灯的接线 — 121

10. 光源的发展 — 121

二、荧光灯照明线路的安装 — 124

1. 荧光灯接线原理图和接线图 — 124

2. 一般镇流器荧光灯的接线 — 126

3. 两只线圈的镇流器荧光灯的接线 — 126

4. 电子镇流器荧光灯的接线 — 127

三、高压汞灯的安装 — 129

1. 镇流器式高压汞灯 — 130

2. 自镇流式高压汞灯 ………………………… 131

四、其他灯具的安装 ………………………………… 132

  1. 吸顶灯在混凝土棚顶上的安装 …………… 132

  2. 小型、轻体吸顶灯在吊顶上安装 ………… 133

  3. 较大型吸顶灯在吊顶上安装的方法 ……… 133

  4. 安装大型吊灯 ……………………………… 134

  5. 小型吊灯在混凝土顶棚上安装 …………… 134

  6. 小型吊灯在吊顶上安装 …………………… 136

  7. 在墙面、柱面上安装壁灯应注意的事项 … 137

  8. 行灯变压器的安装 ………………………… 137

  9. 明配线管的几种敷设方式 ………………… 140

  10. 暗配线管的几种敷设方法 ……………… 141

  11. 金属配管管间或与箱体连接 …………… 142

  12. 扫管穿线 ………………………………… 143

  13. 应装设线路补偿装置的场所 …………… 144

第二节　其他电器的安装 ………………………… 145

一、插座的安装 …………………………………… 145

  1. 常用明装插座 ……………………………… 145

  2. 常用暗装插座 ……………………………… 145

  3. 带开关插座 ………………………………… 145

  4. 插头与插座 ………………………………… 145

  5. 插座的安装 ………………………………… 146

二、照明灯与插座的安装 ………………………… 147

  1. 单控灯与插座的安装 ……………………… 147

  2. 单控灯、双控灯与插座的安装 …………… 148

  3. 单控灯、双控灯、荧光灯与插座的安装 … 149

第一节　低压控制电器　150

一、低压断路器　150

1. 低压断路器的作用　150

2. 常用低压断路器的图形符号和文字符号　150

3. 断路器的脱扣器的种类　150

4. 断路器操作机构的种类　155

5. 万能式低压断路器　157

6. 塑壳式低压断路器　159

7. 小型断路器　160

8. 配电用断路器的选用　160

9. 断路器保护电动机时的选用　162

10. 直流断路器的选用　163

11. 断路器与上下级电器保护特性的配合　164

12. 低压断路器的使用要求　164

13. 低压断路器常见故障与修理　165

二、漏电保护器　167

1. 漏电保护器的工作原理　167

2. 漏电保护器的结构　168

3. 常用漏电保护器的主要型号及规格　168

4. 剩余电流动作（漏电）保护装置　171

5. 使用漏电保护器的要求　172

6. 漏电保护器使用的注意事项　176

7. 漏电保护器三级配置的接线　177

三、交流接触器 ……………………………………… 179

  1. 交流接触器的作用 ……………………………… 179

  2. 接触器的结构 …………………………………… 179

  3. 接触器的工作原理 ……………………………… 181

  4. 常用交流接触器 ………………………………… 182

  5. 常用交流接触器的图形符号和文字符号 ……… 187

四、控制按钮 ……………………………………… 187

  1. 控制按钮的作用 ………………………………… 187

  2. 控制按钮的结构 ………………………………… 188

  3. 常用控制按钮的图形符号及文字符号 ………… 189

  4. 控制按钮的工作原理 …………………………… 189

  5. 常用控制按钮 …………………………………… 190

五、行程开关 ……………………………………… 190

  1. 行程开关的作用 ………………………………… 190

  2. 行程开关的结构 ………………………………… 192

  3. 常用行程开关 …………………………………… 192

  4. 行程开关的图形符号及文字符号 ……………… 193

六、中间继电器 …………………………………… 195

  1. 中间继电器的结构 ……………………………… 195

  2. 常用中间继电器 ………………………………… 195

  3. 中间继电器的图形符号及文字符号 …………… 196

  4. 中间继电器的作用 ……………………………… 197

七、时间继电器 …………………………………… 197

  1. 时间继电器的作用 ……………………………… 197

  2. 时间继电器的分类 ……………………………… 197

  3. 时间继电器的图形符号及文字符号 …………… 199

4. 空气阻尼式时间继电器的结构   200

5. JS7-A 系列空气阻尼式通电延时型时间继电器的工作原理   201

6. JS7-A 系列空气阻尼式断电延时型时间继电器的工作原理   202

八、速度继电器   204

1. 速度继电器的作用   204

2. JFZ0 系列速度继电器的结构   204

3. 速度继电器的图形符号及文字符号   205

4. JY1 型速度继电器的结构   205

5. JY1 型速度继电器的工作原理   205

第二节　低压保护电器   207

一、低压熔断器   207

1. 低压熔断器的作用   207

2. 常用低压熔断器的结构   207

3. 低压熔断器的图形符号及文字符号   214

4. 熔断器使用维护注意事项   214

二、热继电器   214

1. 热继电器的作用   214

2. 热继电器的结构   215

3. 常用热继电器   215

4. 热继电器的图形符号及文字符号   216

5. 热继电器的工作原理   216

6. 断相保护型热继电器   219

7. 热继电器接线方式   220

8. 热继电器的常见故障   221

9. 电动机综合保护器　222

10. 常用低压电器代表符号　223

5 第五章
常用电动机　228

一、电动机的分类　228

1. 按工作电源种类划分　228

2. 按结构和工作原理划分　228

3. 按启动与运行方式划分　229

4. 按转子的结构划分　229

5. 按用途划分　229

6. 按运转速度划分　230

二、电动机的基本结构　230

1. 三相异步电动机的组成　230

2. 三相绕线式异步电动机刷握和电刷的检修流程　232

3. 判别三相异步电动机定子绕组首尾端的目的　233

4. 判别三相定子绕组的同相绕组　233

5. 用万用表测定三相异步电动机定子绕组首尾端　233

6. 用低压（36V）交流电源法测定三相异步电动机定子绕组首尾端　234

7. 用干电池判别法测定三相异步电动机定子绕组首尾端　235

8. 用极性检查法判定三相异步电动机定子绕组首尾端接线是否正确　236

9. 用电压表判别三相电动机定子绕组首尾端　236

10. 用电压表与电灯泡联合判别三相电动机定子绕组的首尾端　237

11. 三相异步电动机的接线要求　238

三、直流电机　239

1. 直流电机的种类　239

2. 直流电机的组成　239

3. 直流电动机的工作原理　240

4. 启动直流电动机　241

四、单相电动机　244

1. 电容运转电动机　244

2. 改变电容启动电动机和电容电动机的转向　244

3. 电容启动电动机和电容电动机的常见故障及原因　245

4. 罩极电动机定子铁芯的特点　245

5. 分布绕组的罩极电动机　246

6. 单相串励电动机　247

7. 改变单相串励电动机的转向　248

8. 单相异步电动机的启动装置　249

9. 电压型启动继电器　250

10. 电流型启动继电器　251

11. 差动型启动继电器　252

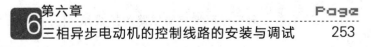

第六章
三相异步电动机的控制线路的安装与调试　Page　253

一、电动机点动控制线路的安装与调试　253

1. 电动机点动控制线路的接线原理图 253

2. 电动机点动的控制过程 253

3. 电动机点动控制线路的实物接线示意图 254

4. 电动机点动控制线路的检修 254

5. 电动机点动控制线路试车前应检查的内容 260

6. 电动机点动控制线路检修后的通电试车及试车过程中的注意事项 260

二、电动机单方向运行控制线路的安装与调试 261

1. 电动机单方向运行控制线路的接线原理图 261

2. 电动机单方向运行的控制过程 262

3. 电动机单方向运行控制线路的实物接线示意图 262

4. 电动机单方向运行控制线路的检修 263

5. 电动机单方向运行控制线路检修后通电试车 275

三、电动机点动与长动控制线路的安装与调试 277

1. 电动机点动与长动控制线路的接线原理图 277

2. 电动机点动与长动控制线路的工作原理 277

3. 电动机点动与长动控制线路的实物接线示意图 280

4. 电动机点动与长动控制线路的检修 281

5. 电动机点动与长动控制线路的通电试车检测及试车注意事项 282

四、电动机单方向运行两地控制线路的安装与调试 283

1. 电动机单方向运行两地控制线路的接线原理图 283

2. 电动机单方向运行两地控制的控制过程 283

3. 电动机单方向运行两地控制线路的实物接线　284

五、电动机正、反向点动控制线路的安装与调试　284

1. 电动机正、反向点动控制线路的接线原理图　284

2. 电动机正、反向点动控制的控制过程　284

3. 电动机正、反向点动控制线路的实物接线　285

六、电动机接触器互锁正、反向控制线路的安装与调试　286

1. 电动机接触器互锁正、反向控制线路的接线原理图　286

2. 电动机接触器互锁正、反向的控制过程　286

3. 电动机接触器互锁正、反向控制线路的实物接线　288

七、电动机按钮互锁正、反向控制线路的安装与调试　288

1. 电动机按钮互锁正、反向控制线路的接线原理图　288

2. 电动机按钮互锁正、反向控制过程　288

3. 电动机按钮互锁正、反向控制线路的实物接线　290

八、电动机接触器、按钮双重互锁正、反向控制线路的安装与调试　291

1. 电动机接触器、按钮双重互锁正、反向控制线路的接线原理图　291

2. 电动机接触器、按钮双重互锁正、反向控制过程　291

3. 电动机接触器、按钮双重互锁正、反向控制线路的实物接线　293

4. 检修电动机接触器、按钮双重互锁正、反向控制线路   293

5. 通电试车前的电路检测及注意事项   295

九、三相异步电动机的减压启动   296

1. 减压启动的概念   296

2. 三相异步电动机常见的减压启动方法   296

3. 三相异步电动机减压启动的目的   296

4. 需要减压启动的三相异步电动机   297

十、星形-三角形减压启动控制线路的安装与调试   297

1. 星形-三角形控制线路的接线原理图   297

2. 星形-三角形减压启动控制过程   298

3. 星形-三角形减压启动控制线路的实物接线   300

十一、串联电阻或电抗器启动控制线路的安装与调试   300

1. 串联电阻或电抗器启动控制线路的接线原理图   300

2. 串联电阻或电抗器启动控制线路的实物接线   300

十二、电动机的自耦减压启动控制线路的安装与调试   301

1. 电动机的自耦减压启动的接线原理图   301

2. 电动机的自耦减压启动过程   301

3. 电动机的自耦减压启动的实物接线   307

十三、电动机的调速控制的安装与调试   307

1. 电动机的调速控制线路的接线原理图   307

2. 电动机的调速控制过程   307

3. 电动机的调速控制的实物接线   311

一、电流对人体的危害与触电事故	313
1. 电流对人体的伤害	313
2. 对人体作用电流的划分	316
3. 影响触电伤害程度的因素	317
4. 触电事故的发生规律及一般原因	318
二、触电急救	319
1. 脱离电源的方法	319
2. 电伤的处理	319
3. "假死"表现形式与诊断方法	319
4. 口对口人工呼吸	320
5. 胸外心脏挤压法	321
6. 触电急救应注意事项	322
三、电力系统接地	323
1. 接地保护	323
2. 采用接地保护的情况	323
3. 接地电阻的要求	323
4. 中性点直接接地与中性点非直接接地	324
5. TT 方式供电系统应用范围	324
6. IT 方式供电系统应用范围	325
7. 在国际电工委员会（IEC）规定中 TN、TT 和 IT 的含义	326
8. 接零保护（TN 方式供电系统）	327
9. 接零应满足的要求	327

10. TN 方式供电系统的特点 327

11. TN-C 方式供电系统 328

12. TN-S 方式供电系统 328

13. TN-C-S 方式供电系统 329

14. 等电位接地及常用术语 330

15. 等电位连接要求 331

16. 重复接地 333

17. 应进行重复接地的处所 333

18. 重复接地的作用 334

19. 人工接地体的埋设要求 334

20. 接地线的要求 334

21. 交流电气设备的接地可以利用的自然接地体 335

22. 交流电气设备的接地线可利用行列接地体接地 335

23. 明敷接地线 335

24. 接地体（线）的连接 336

25. 避雷针（线、带、网）的接地 337

四、接地装置的安装 338

1. 接地体 338

2. 接地装置 338

3. 钢质接地装置应采用焊接连接，其搭接长度应符合的规定 339

4. 人工接地装置的基本要求 339

5. 接地装置的基本要求 340

6. 电气装置应安装接地的部分 341

7. 接地线的连接和敷设　　　　342

五、防雷和防静电　　　　342

1. 雷电种类　　　　342

2. 雷电危害　　　　343

3. 防雷建筑物分类　　　　343

4. 直击雷防护　　　　344

5. 二次放电防护　　　　344

6. 感应雷防护　　　　344

7. 雷电冲击波防护　　　　344

8. 人身防雷　　　　345

9. 静电的产生　　　　345

10. 静电的危害　　　　346

11. 静电的作用　　　　347

12. 静电放电的形式　　　　348

13. 静电安全防护措施　　　　349

14. 电气防火防爆基本措施　　　　350

15. 引起火灾爆炸的原因　　　　350

16. 电动机的防火防爆措施　　　　351

17. 电气线路发生火灾爆炸的主要原因　　　　351

18. 电力变压器的防火防爆措施　　　　352

六、电气火灾消防基本操作　　　　353

1. 发生电气火灾的原因　　　　353

2. 预防电气火灾的发生　　　　353

3. 电气消防常识　　　　355

4. 干粉灭火器　　　　355

5. 二氧化碳灭火器　　　　356

6. 1411 灭火器 　　　356

7. 泡沫灭火器 　　　357

8 第八章
电力电容器 　　Page 359

一、电力电容器在电力系统中的作用 　　359

1. 电力电容器在电力系统中的作用 　　359

2. 补偿的基本原则 　　361

3. 低压电力网中电力电容器的补偿方式 　　362

二、电力电容器的结构与主要参数 　　365

1. 低压并联电容的结构 　　365

2. 并联电容器铭牌和主要技术数据 　　366

3. 电容器安装 　　367

4. 电容器的放电装置 　　368

5. 电容器投入或退出 　　368

9 第九章
电气线路 　　Page 370

一、架空线路 　　370

1. 架空线路的结构 　　370

2. 架空导线 　　370

3. 架空线路的塔杆 　　372

4. 各种杆型的应用 　　376

5. 电杆的埋设深度 　　376

6. 横担 376

7. 架空线路的绝缘子 377

8. 线路金具 377

9. 拉线的种类 379

10. 架空线路的敷设原则 382

11. 架空线路的施工 383

12. 架空线路的敷设要求 384

13. 低压接户线及低压进户线的概念及各自要求 385

二、电缆线路 388

1. 电力电缆的分类 388

2. 按绝缘结构分类 389

3. 电缆的结构 390

4. 电缆接头 391

5. 电缆线路的敷设方式 393

6. 电缆的型号 395

10 第十章
PLC 的应用知识

Page 397

一、PLC 的工作过程 397

1. PLC 扫描的工作原理 397

2. PLC 的扫描工作过程 397

3. PLC 执行程序的三个阶段及特点 398

二、常用 PLC 的几种编程语言 400

1. 西门子 PLC 常用的编程语言种类 400

2. 松下 PLC 常用的编程语言种类   402

三、PLC 的编程元件和指令系统   404

1. FX 系列可编程控制器的主要应用   404

2. FX 系列可编程控制器的命名   404

3. 三菱公司常用 FX2N 系列产品的编程元件   405

4. 德国西门子公司 S7 系列 PLC 产品的常用编程元件   408

5. 欧姆龙（OMRON）P 型 PLC 产品的常用基本单元器件编号   409

6. 松下 FP1 型 PLC 产品的常用基本单元器件编号   410

7. FX2N 系列可编程控制器输入输出指令（LD/LDI/OUT）的应用   411

8. FX2N 系列可编程控制器触点串联指令（AND/ANDI）、并联指令（OR/ORI）的应用   413

9. FX2N 系列可编程控制器电路块的并联和串联指令（ORB、ANB）的应用   416

10. FX2N 系列可编程控制器程序结束指令（END）的应用   418

11. FX2N 系列可编程控制器分支多重输出 MPS、MRD、MPP 指令的应用   418

12. FX2N 系列可编程控制器主控指令 MC、MCR 的应用   421

13. FX2N 系列可编程控制器置 1 指令 SET、复 0 指令 RST 的应用   423

14. FX2N 系列可编程控制器上升沿微分脉冲指令 PLS、下降沿微分脉冲指令 PLF 的应用   425

15. FX2N 系列可编程控制器 INV 取反指令的应用 ... 426

16. FX2N 系列可编程控制器空操作指令 NOP、结束指令 END 的应用 ... 428

17. FX2N 系列可编程控制器 LDP、LDF、ANDP、ANDF、ORP、ORF 指令的应用 ... 428

18. 西门子 S7-200 可编程控制器常用逻辑指令 ... 429

19. 西门子 S7-200 可编程控制器 LD（Load）、LDN(Load Not)以及线圈驱动指令 =（Out)的应用 ... 430

20. 西门子 S7-200 可编程控制器触点串联指令 A(And)、AN(And Not)的应用 ... 431

21. 西门子 S7-200 可编程控制器触点并联指令 O（Or)、ON(Or Not)的应用 ... 431

22. 西门子 S7-200 可编程控制器置位/复位指令 S(Set)/R(Reset)的应用 ... 431

23. 西门子 S7-200 可编程控制器边沿触发指令 EU（Edge Up)和 ED(Edge Down)的应用 ... 432

24. 西门子 S7-200 可编程控制器逻辑结果取反指令 NOT 的应用 ... 433

25. 西门子 S7-200 可编程控制器定时器指令 ... 434

26. 西门子 S7-200 可编程控制器接通延时定时器指令 TON（On-Delay Timer）的应用 ... 434

27. 保持型接通延时定时器指令 TONR（Retentive On-Delay Timer）的应用 ... 435

28. 西门子 S7-200 可编程控制器断开延时定时器指令 TOF(OFF-DELAY TIMER）的应用 ... 436

29. 西门子 S7-200 可编程控制器计数指令的应用 ... 436

30. 西门子 S7-200 可编程控制器比较指令的应用   439

四、PLC 控制系统与电器控制系统的比较   440

1. 电器控制系统的组成   440

2. PLC 控制系统的组成   440

3. PLC 电路如何等效成电器控制电路   441

4. PLC 控制系统与电器控制系统的区别   444

五、梯形图的设计原则   445

1. 可编程控制器梯形图的设计规则   445

2. 可编程控制器梯形图编程的注意事项   446

3. 不同厂商可编程控制器梯形图的区别   448

4. 可编程控制器梯形图的特点   449

5. 梯形图的设计方法   450

11 第十一章
变频器的应用知识   **Page**   454

一、变频器及周边设备的选择   454

1. 变频器选择   454

2. 变频器容量选定   455

3. 正确选择变频器周边设备的必要性   456

4. 变频器的周边设备   456

5. 主电路导线选择   458

6. 控制电路导线选择   459

7. 变压器容量选择   459

8. 线路用断路器选择   460

9. 漏电断路器选择 461

10. 电磁接触器选择 462

11. 过载继电器(THR)选择 463

12. 电抗器选择 464

13. 滤波器选择 467

二、变频器的安装调试和维护保养 468

1. 安装变频器的环境要求 468

2. 变频器的柜内安装要求 470

3. 变频器配线的注意事项 471

4. 变频器端子的连线 473

5. 变频器通电前应做的检查 476

6. 变频器绝缘电阻的检查 478

7. 变频器的空载运行 478

8. 变频器的负载运行 479

9. 变频器的运行方式 480

10. 变频器的运行操作 482

11. 变频器的维护保养 485

12. 通用变频器参数设置类故障的处理 486

13. 通用变频器过电流和过载类故障的处理 487

14. 通用变频器过电压和欠电压类故障的处理 489

15. 通用变频器综合性故障的处理 489

16. 抑制变频器电磁噪声的方法 491

17. 高次谐波的危害 492

18. 抑制变频器高次谐波的方法 493

19. 变频器过电流跳闸的原因 496

20. 变频器电压跳闸的原因 496

21. 变频器电动机不转的原因 497

三、变频器的应用 497

1. 变频器控制单泵恒压供水系统 497

2. 用变频器实现多台水泵的切换 501

3. 变频器在通风机械中的应用 502

第一章

电工基本操作

第一节　电工基本工具

一、常用电工工具的使用

1. 钢丝钳

（1）钢丝钳的结构　钢丝钳的结构如图 1-1 所示。

（2）钢丝钳的用途　其中钳口可用来钳夹和弯绞导线，如图 1-2（a）所示；齿口可代替扳手来拧小型螺母，如图 1-2（b）所

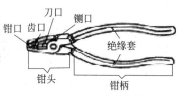

图 1-1　钢丝钳的结构

示；刀口可用来剪切电线、掀拔铁钉，如图 1-2（c）所示；铡口可用来铡切钢丝等硬金属丝，如图 1-2（d）所示。钳柄上应套有耐压为 500V 及以上的绝缘套。其规格用钢丝钳全长的毫米数表示，常用的有 150mm、175mm、200mm 等。

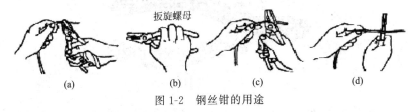

图 1-2　钢丝钳的用途

（3）使用钢丝钳时应注意事项

① 使用前，必须检查其绝缘柄，确定绝缘状况良好，否则，不得带电操作，以免发生触电事故。

② 用钢丝钳剪切带电导线时，必须单根进行，不得用刀口同时剪切相线和零线或者两根相线，以免造成短路事故。

③ 使用钢丝钳时要刀口朝向内侧，便于控制剪切部位。

④ 不能用钳头代替手锤作为敲打工具，以免变形。钳头的轴销应经常加机油润滑，保证其开闭灵活。

2. 尖嘴钳

尖嘴钳的头部尖细，如图 1-3 所示，适用于在狭小的工作空间操作，能夹持较小的螺钉、垫圈、导线及电器元件。在安装控制线路时，尖嘴钳能将单股导线弯成接线端子（线鼻子），尖嘴钳的小刀口用于剪断导线、金属丝、剥削导线的绝缘层等。电工用尖嘴钳采用绝缘手柄，其耐压等级为 500V。

图 1-3　尖嘴钳

3. 斜口钳

斜口钳又称断线钳，如图 1-4 所示。断线钳的头部"扁斜"，是专供剪断较粗的金属丝、线材及导线、电缆等用的。电工用斜口钳的钳柄采用绝缘柄，其耐压等级为 1000V。

图 1-4　斜口钳

4. 剥线钳

剥线钳如图 1-5 所示，用来剥削直径 3mm 及以下绝缘导线的塑料或橡胶绝缘层，剥线钳钳口分布有 0.5～3mm 的多个直径切口，用于不同规格线芯的剥削。使用时应使切口与被剥削导线芯线直径相匹配，切口过大难以剥离绝缘层，切口过小会切断芯线。剥线钳手柄也装有绝缘套。

图 1-5　剥线钳

剥线钳是用来剥削小直径导线绝缘层的专用工具。使用剥线钳时，将要剥削的绝缘层长度用标尺定好后，把导线放入相应的刃口中，切口大小应略大于导线芯线直径，否则会切断芯线，握紧绝缘手柄，导线的绝缘层即被割破，并自动弹出，如图 1-6 所示。

图 1-6　剥线钳的使用

5. 旋具（螺丝刀）

旋具又称螺丝刀、起子或旋凿，是用来紧固或拆卸带槽螺钉的常用工具。螺丝刀按头部形状的不同，有一字形和十字形两种，如图 1-7 所示。

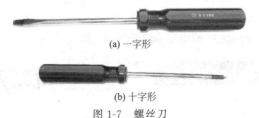

(a) 一字形

(b) 十字形

图 1-7　螺丝刀

螺丝刀是电工最常用的工具之一，使用时应选择带绝缘手柄的螺丝刀，使用前先检查绝缘是否良好；螺丝刀的头部形状和尺寸应与螺钉尾槽的形状和大小相匹配，严禁用小螺丝刀去拧大螺钉，或用大螺丝刀拧小螺钉；更不能将其当凿子使用。

对于小型号螺丝刀，可以采用图 1-8(a) 所示，用食指顶住握柄末端，大拇指和中指夹住握柄旋动使用；对于大型号可以采用图 1-8(b) 所示，用手掌顶住握柄末端，大拇指、食指和中指夹住握柄旋动；对于较长螺丝刀的使用如图图 1-8(c) 所示，由右手压紧并旋转，左手握住金属杆的中间部分。

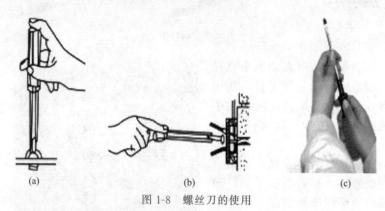

(a)   (b)   (c)

图 1-8　螺丝刀的使用

6. 电工刀

电工刀如图 1-9 所示，是用来剖削和切割电工器材的常用工具，电工刀的刀口磨制成单面呈圆弧状的刃口，刀刃部分锋利一些。在剖削电线绝缘层时，可把刀略微向内倾斜，用刀刃的圆角抵住线芯，刀口向外推出。这样既不易削伤线芯，又防止操作者受伤。切忌把刀刃垂直对着导线切割绝缘，以免削伤线芯。严禁在带电体上使用没有绝缘柄的电工刀进行操作。

图 1-9　电工刀

7. 活络扳手

活络扳手是一种旋紧或拧松有角螺钉或螺母的工具。电工常用的有 200mm、250mm、300mm 三种，使用时应根据螺母的大小选配，如图 1-10 所示。

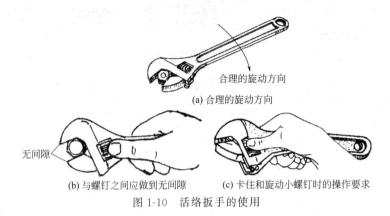

(a) 合理的旋动方向

(b) 与螺钉之间应做到无间隙   (c) 卡住和旋动小螺钉时的操作要求

图 1-10   活络扳手的使用

8. 低压验电器

低压验电器又称试电笔，如图 1-11 所示，是检验导线、电器是否带电的一种常用工具，检测范围为 60～500V，有钢笔式、旋具式和数显式多种。

使用钢笔式或螺钉旋具式低压验电器验电时，注意手指必须接触笔尾的金属体（钢笔式）或测电笔顶部的金属螺钉（螺丝刀式），如图 1-12(a) 所示。使用数显式低压验电器验电时，注意手指必须按下笔尾的测试按钮，如图 1-12(b) 所示。

9. 高压验电器

（1）高压验电器   又称为高压测电器，如图 1-13 所示；主要类型有发光型高压验电器、声光型高压验电器。

高压验电器通常用于检测对地电压在 250V 以上的电气线路与电气设备是否带电。常用的有 10kV 及 35kV 两种电压等级。高压验电器的种类较多，原理也不尽相同，常见的有发光型、风车型及有源声光报警型等几种。如图 1-14 所示是一种 6～10kV 高压回转验电器。在验电过程中，只要验电器发光、发声或色标转动，即可视该物体有电。图 1-15 所示为高压验电时的正确握法和错误握法。

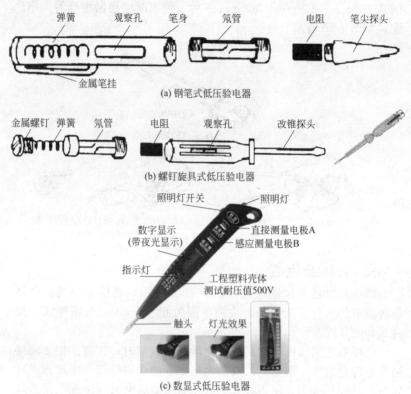

(a) 钢笔式低压验电器

弹簧　观察孔　笔身　氖管　电阻　笔尖探头

金属笔挂

(b) 螺钉旋具式低压验电器

金属螺钉　弹簧　氖管　电阻　观察孔　改锥探头

(c) 数显式低压验电器

照明灯开关　照明灯

数字显示
(带夜光显示)　直接测量电极A

感应测量电极B

指示灯

工程塑料壳体
测试耐压值500V

触头　灯光效果

图 1-11　低压验电器

(a) 使用螺钉旋具式低压验电器验电

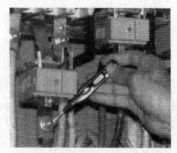

(b) 使用数字显示式低压验电器验电

图 1-12　低压验电器的使用

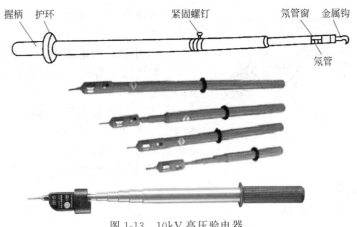

图 1-13　10kV 高压验电器

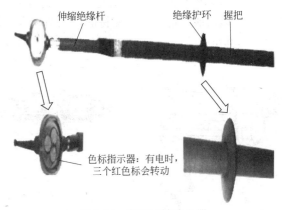

图 1-14　高压回转验电器

（2）高压验电器使用注意事项

① 使用前首先确定高压验电器额定电压必须与被测电气设备的电压等级相适应，以免危及操作者人身安全或产生误判。

② 验电时操作者应带绝缘手套，手握在护环以下部分；同时设专人监护。

同样应在有电设备上先验证验电器性能完好，然后再对被验电设备进行检测。注意操作中是将验电器渐渐移向设备，在移近过程

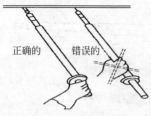

正确的　　错误的

图 1-15　10kV 高压验电器
的使用

中若有发光或发声指示，则立即停止
验电。

③ 使用高压验电器时，必须在气
候良好的情况下进行，以确保操作人
员的安全。

④ 验电时人体与带电体应保持足
够的安全距离，10kV 以下的电压安
全距离应为 0.7m 以上。

⑤ 验电器应每半年进行一次预防
性试验。

10. 电钻

(1) 手电钻　手电钻如图 1-16 所示，主要用于在各种金属、
木头、塑料等硬度相对较小的材料上钻孔。一般具备正反转功能，
很多品种还具备调速功能。电钻所能支持的最大钻头直径都是有限
的，一般小于 $\phi12mm$。

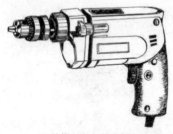 

(a) 单相交流小型手电钻　　　　　　　(b) 充电电池小型手电钻

图 1-16　手电钻

(2) 冲击电钻　冲击电钻如图 1-17 所示；在通电工作时，其
钻头一方面作旋转运动，同时作前后轴向的冲击运动，用于"敲
击"被加工的物体，使其粉碎，便于在水泥和砖结构的墙或地面这
些坚硬但易碎的物体上钻孔，因此也被称为电锤，此时需使用专用
的冲击钻头。有些品种同时具有只旋转而不冲击的普通手电钻功
能，用一个转换开关来转换，即为两用型。

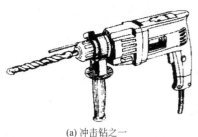

(a) 冲击钻之一

(b) 冲击钻之二

(c) 冲击钻之三

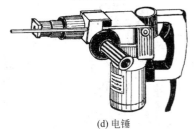

(d) 电锤

图 1-17　冲击电钻

二、常用登高用具

1. 安全帽

如图 1-18 所示，安全帽是用来保护施工人员头部的，必须由专门工厂生产。

图 1-18　安全帽

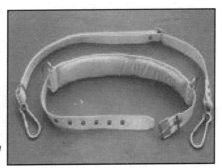

图 1-19　安全带

2. 安全带

如图 1-19 所示，安全带是大带和小带的总称，用来防止发生空中坠落事故。腰带用来系挂保险绳、腰绳和吊物绳，系在腰部以下、臀部以上的部位。

3. 踏板

踏板又叫登高板，如图1-20所示，用于攀登电杆，由板、绳、钩组成。

图1-20 踏板

4. 脚扣

脚扣也是攀登电杆的工具，主要由弧形扣环、脚套组成，分为木杆脚扣和水泥杆脚扣两种，如图1-21所示。

5. 梯子

梯子是最常用的登高工具之一，有单梯、人字梯（合页梯）、升降梯等几种，如图1-22所示；用毛竹、硬质木材、铝合金等材料制成。使用梯子应注意以下几点：

① 使用前要检查有无虫蛀、折裂等；

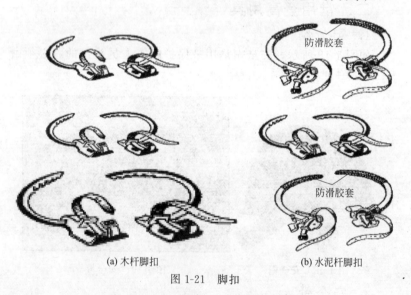

防滑胶套

防滑胶套

(a) 木杆脚扣　　　　　　　　　(b) 水泥杆脚扣

图1-21 脚扣

② 使用单梯时，梯根与墙的距离应为梯长的1/4～1/2，以防

滑落和翻倒；

③ 使用人字梯时，人字梯的两腿应加装拉绳，以限制张开的角度，防止滑塌；

④ 采取有效措施，防止梯子滑落。

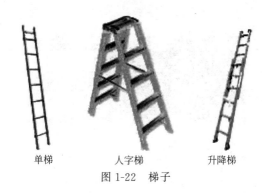

单梯　　　　　人字梯　　　　升降梯

图 1-22　梯子

三、常用防护用具

1. 绝缘棒

绝缘棒主要是用来闭合或断开高压隔离开关、跌落保险，以及用于进行测量和实验工作。绝缘棒由工作部分、绝缘部分和手柄部分组成，如图 1-23 所示。

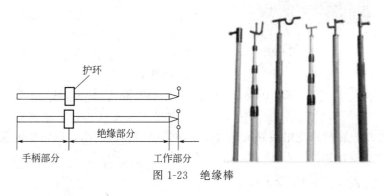

护环

绝缘部分

手柄部分　　　　　工作部分

图 1-23　绝缘棒

2. 绝缘夹钳

绝缘夹钳主要用于拆装低压熔断器等。绝缘夹钳由钳口、钳身、钳把组成，如图 1-24 所示，所用材料多为硬塑料或胶木。钳身、钳把由护环隔开，以限定手握部位。绝缘夹钳各部分的长度也有一定要求，在额定电压 10kV 及以下时，钳身长度不应小于 0.75m，钳把长度不应小于 0.2m。使用绝缘夹钳时应配合使用辅助安全用具。

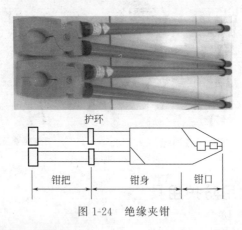

图 1-24　绝缘夹钳

图 1-25　绝缘手套

3. 绝缘手套

绝缘手套是用橡胶材料制成的，一般耐压较高。它是一种辅助性安全用具，一般常配合其他安全用具使用，如图 1-25 所示。

检查绝缘手套是否漏气的方法，如图 1-26 所示。

4. 携带型接地线

携带型接地线也就是临时性接地线，在检修配电线路或电气设备时作临时接地之用，以防发生意外事故，如图 1-27 所示。

四、常用专用工具

1. 安装器具

（1）叉杆。叉杆是外线电工立杆时使用的专用工具，由 U 形

(a) 将手套口撑开　　　　(b) 向手套灌气　　　　(c) 放在耳边，听有无漏气声

图 1-26　绝缘手套是否漏气的检查

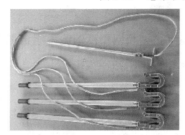 

图 1-27　携带型接地线

铁叉和撑杆组成，其外形如图1-28所示。

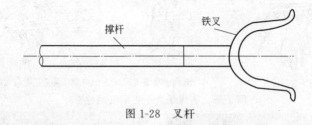

图1-28 叉杆

（2）架杆。架杆是由两根相同直径、相同长度的圆木组成的立杆工具，其外形如图1-29所示。

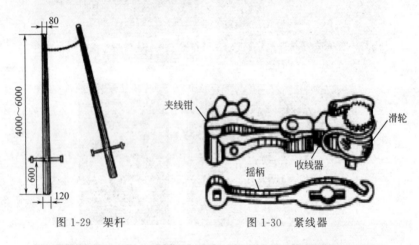

图1-29 架杆　　　　　　　图1-30 紧线器

（3）紧线器。紧线器是用来收紧户内瓷瓶线路和户外架空线路导线的专用工具，由夹线钳、滑轮、收线器、摇柄等组成，分为平口式和虎口式两种，其外形如图1-30所示。

（4）导线压接钳。导线压接钳是连接导线时将导线与连接管压接在一起的专用工具，分为手动压接钳和手提式油压钳两类，如图1-31所示。

2. 管加工器具

（1）弯管器

① 手动弯管器（如图1-32所示）。

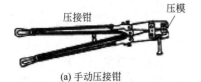

(a) 手动压接钳   (b) 手提式油压钳

图 1-31   导线压接钳

② 滑轮弯管器（如图 1-33 所示）。

图 1-32   用手动弯管器弯管

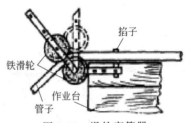

图 1-33   滑轮弯管器

（2）切管器

① 手钢锯（见图 1-34）。

② 电锯。

③ 管子割刀。

（3）管子攻丝铰板（见图 1-35）

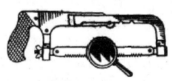

图 1-34   手钢锯

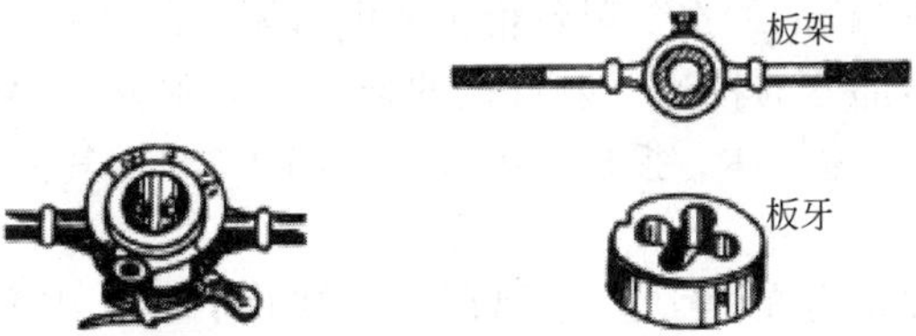

(a) 钢管铰板

(b) 圆板牙

图 1-35   管子攻丝铰板

① 钢管铰板。

② 圆板牙。

3. 手电钻

手电钻的作用是在工件上钻孔。手电钻主要由电动机、钻夹头、钻头、手柄等组成，分为手提式和手枪式两种（将在下节详细介绍），外形如图 1-36 所示。

4. 冲击电钻

冲击电钻（简称冲击钻）的作用是在砌块和砖墙上冲打孔眼，其外形与手电钻相似，如图 1-37 所示。钻上有锤、钻调节开关，可分别当普通电钻和电锤使用。

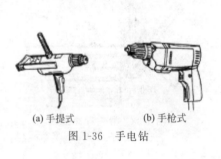

(a)手提式　(b)手枪式

图 1-36　手电钻

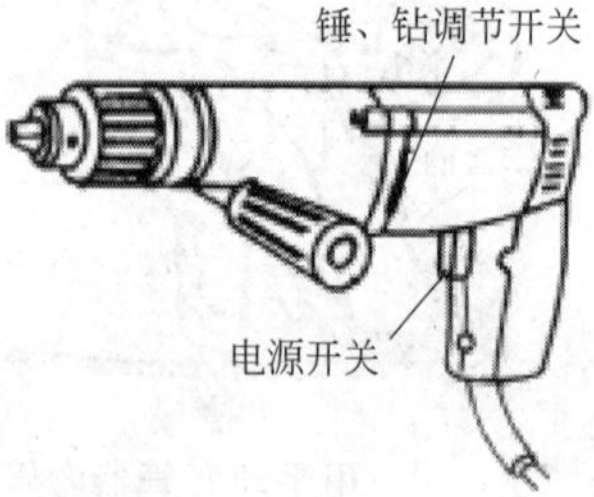

图 1-37　冲击电钻

5. 射钉枪

射钉枪又称射钉工具枪或射钉器，是一种比较先进的安装工具。它利用火药爆炸产生的高压推力，将尾部带有螺纹或其他形状的射钉射入钢板、混凝土和砖墙内，起固定和悬挂作用。射钉枪的结构示意如图 1-38 所示。

（1）射钉枪的构造　射钉枪主要由器体和器弹两部分组成。

① 器体部分的构造。射钉枪的器体部分主要由垫圈夹、坐标护罩、枪管、撞针体、扳机等组成（见图 1-38），其前部可绕轴闩扳折转动 45°。

② 器弹部分的构造。器弹部分主要由钉体、弹药、定心圈、钉套、弹套等组成，见图 1-39。射钉直径为 3.9mm，尾部螺纹有 M8、M6、M4 等几种，弹药分为强、中、弱三种。

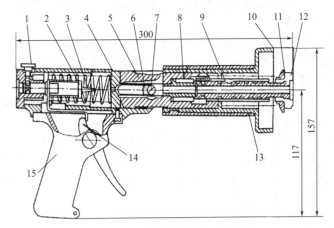

图 1-38　射钉枪器体构造示意

1—按钮；2—撞针体；3—撞针；4—枪体；5—枪铳；6—轴闩；7—轴闩螺钉；

8—后枪管；9—前枪管；10—坐标护罩；11—卡圈；12—垫圈夹；

13—护套；14—扳机；15—枪柄

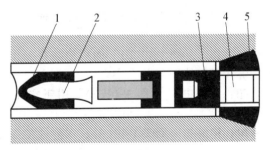

图 1-39　器弹构造示意

1—定心圈；2—钉体；3—钉套；4—弹药；5—弹套

（2）射钉枪的操作　射钉枪的操作分为装弹、击发和退弹壳三个步骤。

① 装弹。将枪身扳折 45°，检查无脏物后，将适用的射钉装入枪膛，并将定心圈套在射钉的顶端，以固定中心（M8 的规格可不用定心圈）；将钉套装在螺纹尾部，以传递推进力。装入适用的弹

药及弹套，一手握紧坐标护罩，一手握枪柄，上器体，使前、后枪管成一条直线。

② 击发。为确保施工安全，射钉枪设有双重保险机构：一是保险按钮，击发前必须打开；二是击发前必须使枪口抵紧施工面，否则射钉枪不会击发。

③ 退弹壳。射钉射出后，将射钉枪垂直退出工作面，扳开机身，弹壳即退出。

（3）使用射钉枪的注意事项　使用射钉枪时严禁枪口对人，作业面的后面不准有人，不准在大理石、铸铁等易碎物体上作业。如在弯曲状表面上（如导管、电线管、角钢等）作业时，应另换特别护罩，以确保施工安全。

五、其他器具

1. 麻绳和钢丝绳

麻绳是用来捆绑、拉索、提吊物体的，常用的麻绳有亚麻绳和棕麻绳两种。麻绳的强度较低，易磨损，适于捆绑、拉索、抬、吊物体用，在机械启动的起重机械中严禁使用。

（1）直扣：直扣［见图 1-40(a)］用于临时将麻绳结在一起的场合。

（2）活扣：活扣［见图 1-40(b)］的用途与直扣相同，特别适用于需要迅速解开绳扣的场合。

（3）腰绳扣：腰绳扣［见图 1-40(c)］用于登高作业时的拴腰绳。

（4）猪蹄扣：猪蹄扣［见图 1-40(d)］在抱杆顶部等处绑绳时使用。

（5）抬扣：抬扣［见图 1-40(e)］用于抬起重物，调整和解扣都比较方便。

（6）倒扣：在抱杆上或电杆起立、拉线往锚桩上固定时使用此扣［见图 1-40(f)］。

（7）背扣：在杆上作业时，用背扣［见图 1-40(g)］将工具或材料结紧，以进行上下传递。

（8）倒背扣：倒背扣［见图 1-40(h)］用于吊起、拖拉轻而长的物体，可防止物体转动。

（9）钢丝绳扣：钢丝绳扣［见图 1-40(i)］用于将钢丝绳的一端固定在一个物体上。

（10）连接扣：连接扣［见图 1-40(j)］用于钢丝绳与钢丝绳的连接。

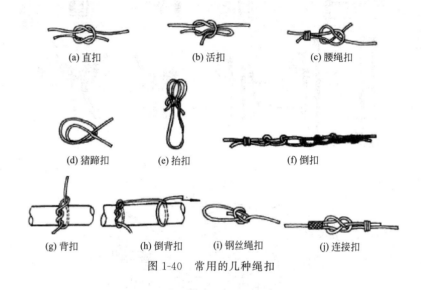

(a) 直扣　　　　(b) 活扣　　　　(c) 腰绳扣

(d) 猪蹄扣　　(e) 抬扣　　　　(f) 倒扣

(g) 背扣　　(h) 倒背扣　　(i) 钢丝绳扣　　(j) 连接扣

图 1-40　常用的几种绳扣

2. 灯头扣

在灯具安装中，灯具的质量小于 1kg 时可直接用软导线吊装，应在吊线盒和灯头内应打灯头扣。灯头扣的打结方法如图 1-41 所示。

3. 起重机械

（1）吊链。吊链分为手动和电动（又称电动葫芦）两种，一般使用三角架或其他固定物体固定，使用比较方便，但需支三角架，使用时应注意安全。

（2）汽车式起重机。汽车式起重机（又称吊车）是一种自行式全回转、起重机构安装在通用的或特制的汽车底盘上的起重机。如图 1-42 所示。

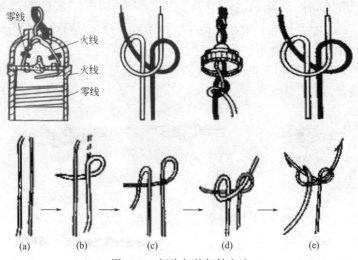

图 1-41　灯头扣的打结方法

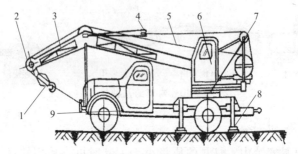

图 1-42　Q1-5 型汽车式起重机构造示意

1—吊钩；2—起重臂顶端滑轮；3—起重臂；4—变幅钢索；5—起重钢索；
6—操纵室；7—回转转盘；8—支腿；9—汽车车身

第二节　导线的连接

一、绝缘导线绝缘层的剥削方法

1. 4mm^2 及以下的塑料硬线绝缘层剥削

线芯截面为 4mm^2 及以下的塑料硬线，一般用钢丝钳进行剖削。剖削方法如下。

①用左手捏住导线，在需剖削线头处，用钢丝钳刀口轻轻切破绝缘层，但不可切伤线芯，如图1-43(a)所示。

②用左手拉紧导线，右手握住钢丝钳头部用力向外勒去塑料层，如图1-43(b)所示。

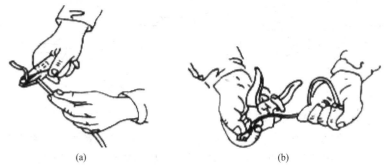

(a)   (b)

图1-43　塑料硬线绝缘层剥削

注意　剖削出的线芯应保持完整无损，如有损伤，应重新剖削。还可以用剥线钳，用剥线钳剖削塑料硬线绝缘层，须将塑料硬线按照线径放入不同的卡线口用力切下即可自动剥下线皮。

2. 4mm² 以上的塑料硬线绝缘层剥削

线芯面积大于4mm²的塑料硬线，可用电工刀来剖削绝缘层，方法如下。

①在需剖削线头处，用电工刀以45°角倾斜切入塑料绝缘层，注意刀口不能伤着线芯，如图1-44(a)、(b)所示。

②刀面与导线保持25°角左右，用刀向线端推削，只削去上面一层塑料绝缘，不可切入线芯，如图1-44(c)所示。

③将余下的线头绝缘层向后扳翻，把该绝缘层剥离线芯，如图1-44(d)、(e)所示。再用电工刀切齐，如图1-44(f)所示。

3. 塑料护套线绝缘层剥削

塑料护套线具有两层绝缘，护套层和每根线芯的绝缘层。塑料护套线绝缘层用电工刀剥削，方法如下。

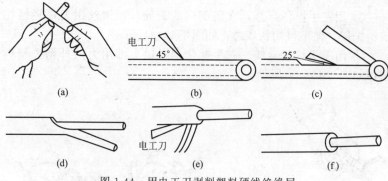

图 1-44　用电工刀剥削塑料硬线绝缘层

（1）护套层的剖削

① 按线头所需长度处，用电工刀刀尖对准护套线中间线芯缝隙处划开护套线，如图 1-45（a）所示。如偏离线芯缝隙处，电工刀可能会划伤线芯。

② 向后扳翻护套层，用电工刀把它齐根切去，如图 1-45（b）所示。

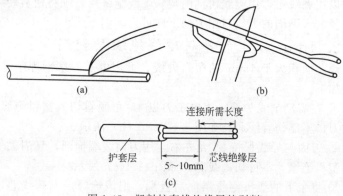

图 1-45　塑料护套线绝缘层的剥削

（2）内部绝缘层的剖削　在距离护套层 5～10mm 处，用电工刀以 45°角倾斜切入绝缘层，其剖削方法与塑料硬线剖削方法相同，如图 1-45（c）所示。

二、导线的连接方法

1. 单股铜芯导线对接连接

截面较小的可采用自缠法（一般导线横截面积在 $2.5\,mm^2$ 及以下），截面较大的可采用绑扎法。但连接后要涮锡。也可用"压线帽"压接。在不承受拉力时，也可采用电阻焊的方法连接。

① 自缠法如图 1-46(a)、(b)、(c) 所示。

② 绑扎法如图 1-46(d)、(e) 所示。

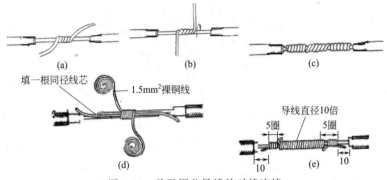

图 1-46　单股铜芯导线的对接连接

2. 单股铜芯导线 T 字分支连接

（1）不打结连接

① 把去除绝缘层及氧化层的支路线芯的线头与干线线芯十字相交，使支路线芯根部留出 3～5mm 裸线，如图 1-47(a) 所示。

② 将支路线芯按顺时针方向紧贴干线线芯密绕 6～8 圈，用钢丝钳切去余下线芯，并钳平线芯末端及切口毛刺，如图 1-47(b) 所示。

③ 用绝缘胶布缠好，如图 1-44(c) 所示。

（2）打结连接　单股铜芯导线打结的 T 字分支连接如图 1-48 所示。

3. 7 股铜芯导线直线连接

① 先将除去绝缘层及氧化层的两根线头分别散开并拉直，在

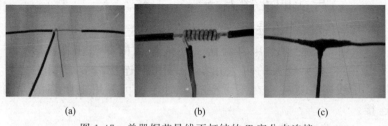

(a)   (b)   (c)

图 1-47　单股铜芯导线不打结的 T 字分支连接

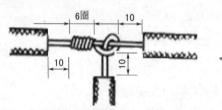

图 1-48　单股铜芯导线打结的 T 字分支连接

靠近绝缘层的 1/3 线芯处将该段线芯绞紧，把余下的 2/3 线头分散成伞状，如图 1-49(a) 所示。

　　② 把两个分散成伞状的线头隔根对叉，如图 1-49(b) 所示。然后放平两端对叉的线头，如图 1-49(c) 所示。

　　③ 把一端的 7 股线芯按 2、2、3 股分成三组，把第一组的 2 股线芯扳起，垂直于线头，如图 1-49(d) 所示。然后按顺时针方向紧密缠绕 2 圈，将余下的线芯向右与线芯平行方向扳平。如图 1-49(e)所示。

　　④ 将第二组 2 股线芯扳成与线芯垂直方向，如图 1-49(f) 所示。然后按顺时针方向紧压着前两股扳平的线芯缠绕 2 圈，也将余下的线芯向右与线芯平行方向扳平。

　　⑤ 将第三组的 3 股线芯扳于线头垂直方向，如图 1-49(g) 所示。然后按顺时针方向紧压线芯向右缠绕。

　　⑥ 缠绕 3 圈后，切去每组多余的线芯，钳平线端如图 1-49(h) 所示。

　　⑦ 用同样方法再缠绕另一边线芯。最终如图 1-49(i) 所示。

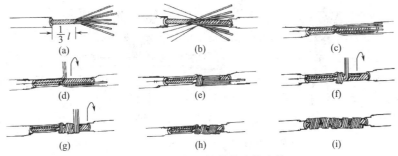

图 1-49　7 股铜芯导线的直线连接

4. 7 股铜芯线 T 字分支连接

① 把除去绝缘层及氧化层的分支线芯散开钳直，在距绝缘层 1/8 线头处将线芯绞紧，把余下部分的线芯分成两组，一组 4 股，另一组 3 股，并排齐，如图 1-50(a) 所示。然后用螺丝刀把已除去绝缘层的干线线芯撬分两组，把支路线芯中 4 股的一组插入干线两组线芯中间，把支线的 3 股线芯的一组放在干线线芯的前面，如图 1-50(b)所示。

② 把 3 股线芯的一组往干线一边按顺时针方向紧紧缠绕 3～4 圈，剪去多余线头，钳平线端，如图 1-50(c) 所示。

③ 把 4 股线芯的一组按逆时针方向往干线的另一边缠绕 4～5 圈，剪去多余线头，钳平线端，如图 1-50(d) 所示。

5. 不同截面导线对接

将细导线在粗导线线头上紧密缠绕 5～6 圈，弯曲粗导线头的端部，使它压在缠绕层上，再用细线头缠绕 3～5 圈，切去余线，钳平切口毛刺。如图 1-51 所示。

6. 软、硬导线对接

先将软线拧紧。将软线在单股线线头上紧密缠绕 5～6 圈，弯曲单股线头的端部。使它压在缠绕层上，以防绑线松脱。如图 1-52所示。

7. 单股线与多股线连接

① 在多股线的一端，用螺丝刀将多股线分成两组。如图 1-53

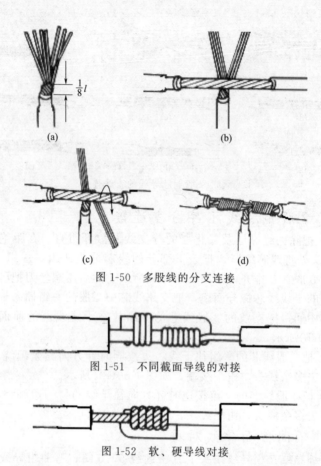

图 1-50　多股线的分支连接

图 1-51　不同截面导线的对接

图 1-52　软、硬导线对接

（a）所示。

　　② 将单股线插入多股线芯，但不要插到底，应距绝缘切口留有 5mm 的距离，便于包扎绝缘。如图 1-53（b）所示。

　　③ 将单股线按顺时针方向紧密缠绕 10 圈，绕后切断余线，钳平切口毛刺。如图 1-53（c）所示。

8. 铝芯导线用螺钉压接

　　螺钉压接法适用于负荷较小的单股铝芯导线的连接。

　　① 除去铝芯线的绝缘层，用钢丝刷刷去铝芯线头的陈旧的铝

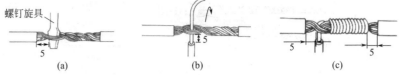

螺钉旋具

(a) (b) (c)

图 1-53 单股线与多股线的连接

氧化膜，并涂上中性凡士林，如图 1-54（a）所示。

② 将线头插入瓷接头或熔断器、插座、开关等的接线桩上，然后旋紧压接螺钉，如图 1-54（b）、（c）所示。

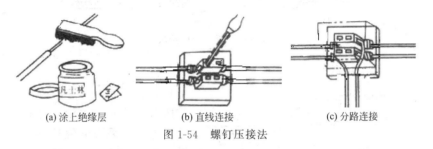

(a) 涂上绝缘层 (b) 直线连接 (c) 分路连接

图 1-54 螺钉压接法

9. 导线用压接管压接

压接管压接法适用于较大负荷的多股铝芯导线的直线连接，需要用压接钳和压接管，如图 1-55（a）、（b）所示。

① 根据多股铝芯线规格选择合适的压接管，除去需连接的两根多股铝芯导线的绝缘层，用钢丝刷清除铝芯线头和压接管内壁的铝氧化层，涂上中性凡士林。

② 将两根铝芯线头相对穿入压接管，并使线端穿出压接管 25～30mm，如图 1-55（c）所示。

③ 然后进行压接，压接时第一道压坑应在铝芯线头一侧，不可压反，如图 1-55（d）所示。压接完成后的铝芯线如图 1-55（e）所示。

10. 导线在接线盒内连接

将剥去绝缘的线头并齐捏紧，用其中一个线芯紧密缠绕另外的线芯 5 圈，切去线头，再将其余线头弯回压紧在缠绕层上，切断余

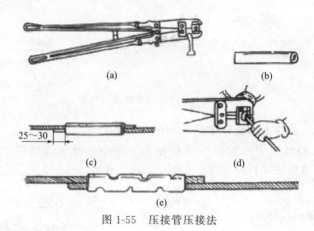

图 1-55　压接管压接法

头，钳平切口毛刺。如图 1-56 所示。

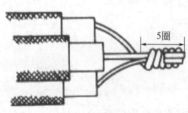

图 1-56　导线在接线盒内的连接

11. 铜芯导线搪锡

搪锡是导线连接中一项重要的工艺，在采用缠绕法连接的导线连接完毕后，应将连接处加固搪锡。搪锡的目的是加强连接的牢固和防氧化，并有效地增大接触面积，提高接线的可靠性。

10mm^2 及以下的小截面的导线用 150W 电烙铁搪锡，16mm^2 及其以上的大截面的导线搪锡是将线头放入熔化的锡锅内涮锡，或将导线架在锡锅上用熔化的锡液浇淋导线，如图 1-57 所示。搪锡前应先清除线芯表面的氧化层；搪锡完毕后应将导线表面的助焊剂残液清理干净。

三、绝缘的恢复

1. 用绝缘带包缠导线接头

① 先用塑料带（或涤纶带）从离切口两根带宽（约 40mm）处的绝缘层上开始包缠，如图 1-58(a) 所示。缠绕时采用斜叠法，塑料带与导线保持约 55° 的倾斜角，每圈压叠带宽的 1/2，如

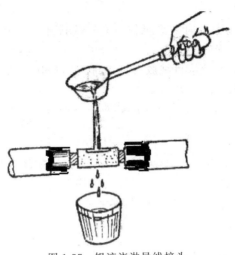

图 1-57　锡液浇淋导线接头

图 1-58（b）所示。

　　② 包缠一层塑料带后，将黑胶带接于塑料带的尾端，以同样的斜叠法按另一方向包缠一层黑胶带，如图 1-58（c）、（d）所示。

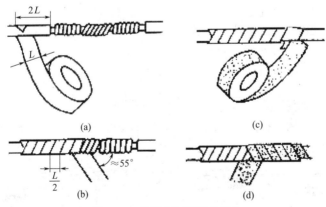

图 1-58　绝缘带包缠导线接头

2. 导线直线连接后进行绝缘包扎

　　① 在距绝缘切口两根带宽处起，先用白黏性橡胶带绕包至另

一端，以密封防水。

②包扎绝缘带时，绝缘带应与导线成 45°～55°的倾斜角度，每圈应重叠 1/2 带宽缠绕。

③再用黑胶带从自粘胶带的尾部向回包扎层，也是要每圈重叠 1/2 的带宽。

④若导线两端高度不同，最外一层绝缘带应由下向上绕包。如图 1-59 所示。

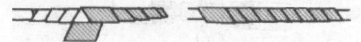

图 1-59　导线直线连接后的绝缘包扎

3. 导线分支连接后进行绝缘包扎

在主线距绝缘切口两根带宽处开始起头。先用自黏性橡胶带绕包，便于密封防止进水。包扎到分支线处时，用一只手指顶住左边接头的直角处，使胶带贴紧弯角处的导线，并使胶带尽量向右倾斜缠绕；当缠绕右侧时，用手顶住右边接头直角处，胶带向左缠与下边的胶带成 X 状，然后向右开始在支线上缠绕。方法类同直线连接，应重叠 1/2 带宽。

在支线上包缠好绝缘，回到主干线接头处。贴紧接头直角处再向导线右侧包扎绝缘。包至主线的另一端后，再用黑胶布按上述的方法包缠黑胶布即可。如图 1-60 所示。

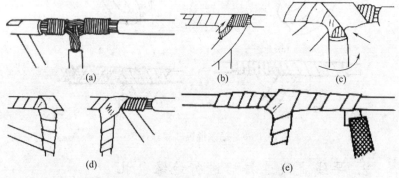

图 1-60　导线分支连接后的绝缘包扎

第三节 导线的固定

一、导线与接线端的固定

1. 导线线头与针孔式接线桩的连接

把单股导线除去绝缘层后插入合适的接线桩针孔，旋紧螺钉。如果单股线芯较细，把线芯折成双根，再插入针孔。对于软线芯线，须先把软线的细铜丝都绞紧涮锡后，再插入针孔，孔外不能有铜丝外露，以免发生事故。如图 1-61 所示。

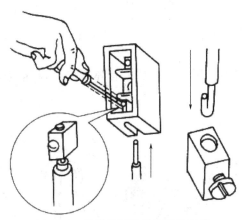

图 1-61　导线针型孔接线端的连接

2. 导线线头与螺钉平压式接线桩的连接

先去除导线的绝缘层，把线头按顺时针方向弯成圆环，圆环的圆心应在导线中心线的延长线上，环的内径 d 比压接螺钉外径稍大些，环尾部间隙为 1～2mm，剪去多余线芯，把环钳平整，不扭曲。然后把制成的圆环放在接线桩上，放上垫片，把螺钉旋紧。如图 1-62 所示。

3. 导线用螺钉压接

① 小截面的单股导线用螺钉压接在接线端时，必须把线头盘成圆圈形似羊眼圈再连接，弯曲方向应与螺钉的拧紧方向一致，圆

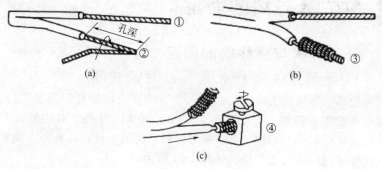

图 1-62　导线的压接法

圈的内径不可太大或太小，以防拧紧螺钉时散开，在螺钉帽较小时，应加平垫圈。

② 压接时不可压住绝缘层，有弹簧垫时以弹簧垫压平为度。如图 1-63 所示。

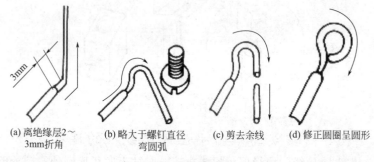

| (a) 离绝缘层2～
3mm折角 | (b) 略大于螺钉直径
弯圆弧 | (c) 剪去余线 | (d) 修正圆圈呈圆形 |

图 1-63　导线用螺钉的压接

4. 软线用螺钉压接

软线线头与接线端子连接时，不允许有芯线松散（涮锡紧固）和外露的现象。在平压式接线端上连接时，按图 1-64 所示的方法进行连接，以保证连接牢固。较大截面的导线与平压式接线端连接时，线头须使用接线端子，线头与接线端子要连接紧固，然后再由接线端子与接线端连接。

图 1-64　软线用螺钉压接法

5.导线压接接线端子

导线与大容量的电气设备接线端子的连接不宜采用直接压接，需经过先压线端子作为过渡，然后将线端子的一端压在电气设备的接线端子处。这时需选用与导线截面相同的接线端子，清除接线端子内和线头表面的氧化层，导线插入接线端子内，绝缘层与接线端子之间应留有 5mm 裸线，以便恢复绝缘，然后用压接钳进行压接，压接时应使用同截面的压模。压接后的形状如图 1-65 所示。压接次序如图 1-65 中①、②。

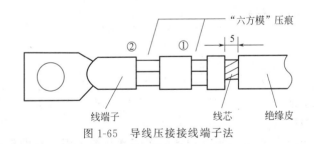

图 1-65　导线压接接线端子法

6.多股软线盘压

① 根据所需的长度剥去绝缘层，将 1/2 长的线芯重新拧紧涮锡紧固，如图 1-66（a）所示。

② 将拧紧的部分，向外弯折，然后弯曲成圆弧，如图 1-66（b）所示。

③ 弯成圆弧后［如图 1-66(c) 所示］，将线头与原线段平行捏紧，如图 1-66(d) 所示。

④ 将线头散开按 2、2、3 分成组，扳直一组线垂直与芯缠绕，如图 1-66(e) 所示。

⑤ 按多股线对接的缠绕法，缠紧导线，加工成形，如图 1-66(f) 所示。

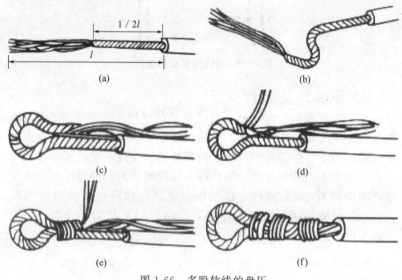

图 1-66　多股软线的盘压

7. 瓦型垫的压接

① 将剥去绝缘层的线芯弯成 U 形，将其卡入瓦型垫进行压接，如果是两个线头，应将两个线头都弯成 U 形对头重合后卡入瓦型垫内压接。

② 剥去导线端头绝缘层，线芯插入瓦型垫内压紧即可。若为两根导线时，应每侧压接一根。瓦型垫外遗留导线不可过长，也不可将绝缘层压在瓦型垫下。如图 1-67 所示。

二、架空导线的固定

1. 在瓷瓶上进行"单花"绑扎

① 将绑扎线在导线上缠绕两圈，再自绕两圈，将较长一端绕

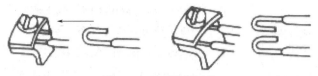

图 1-67　瓦型垫的压接

过绝缘子，从上至下的压绕过导线。如图 1-68（a）所示。

　　② 再绕过绝缘子，从导线的下方向上紧缠两圈。如图 1-68（b）所示。

　　③ 将两个绑扎线头在绝缘子背后相互拧紧 5～7 圈。如图 1-68（c）所示。

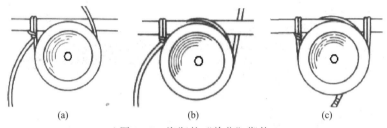

(a)　　　　　　　　　(b)　　　　　　　　　(c)

图 1-68　瓷瓶的"单花"绑扎

2. 在瓷瓶上进行"双花"绑扎

　　在瓷瓶上"双花"绑扎，类似"单花"绑扎，在导线上"X"压绕两次即可。如图 1-69 所示。

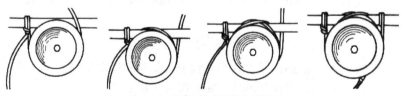

图 1-69　瓷瓶的"双花"绑扎

3. 在瓷瓶上绑"回头"

　　① 将导线绷紧并绕过绝缘子并齐捏紧。

　　② 用绑扎线将两根导线缠绕在一起，缠绕 5～7 圈。

图 1-70　瓷瓶上绑"回头"

③ 缠完后在被拉紧的导线上缠绕 5～7 圈，然后将绑扎线的首尾头拧紧。如图 1-70 所示。

4. 导线在碟式绝缘子上绑扎

导线在碟式绝缘子上的绑扎方法如图 1-71 所示。这种绑扎法用于架空线路的终端杆、分支杆、转角杆等采用碟式绝缘子的终端绑法。

① 导线并齐靠紧，用绑扎线在距绝缘子 3 倍腰径处开始绑扎。

② 绑扎 5 圈后，将首端绕过导线从两线之间穿出。

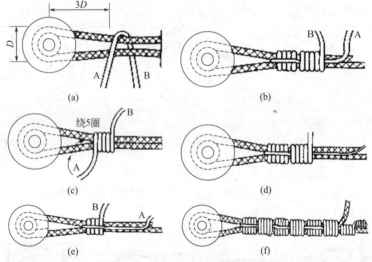

图 1-71　导线在碟式绝缘子上的绑扎

③ 将穿出的绑线紧压在绑扎线上，并与导线靠紧。

④ 继续用绑线连同绑线首端的线头一同绑紧。

⑤ 绑扎到规定的长度后，将导线的尾段抬起，绑扎 5～6 圈后再压住绑扎。

⑥ 绑扎线头反复压缠几次后（绑扎长度不小于 150mm），将导线的尾端抬起，在被拉紧的导线上绑 5～6 圈，将绑扎线的首尾端相互拧紧，切去多余线头即可。

第四节　电工安全用具与安全标志

一、电工安全用具

1. 电工安全用具种类及作用

电工安全用具是用来直接保护电工人身安全的基本用具。

电工安全用具分：绝缘安全用具和一般防护安全用具。绝缘安全用具包括基本安全用具、辅助安全用具。

2. 基本安全用具

基本安全用具：绝缘强度应能长期承受工作电压，并能在本工作电压等级产生过电压时，保证工作人员的人身安全。

3. 辅助安全用具

辅助安全用具：绝缘强度不能承受电气设备或线路的工作电压，只能加强基本安全用具的保护作用，用来防止接触电压、跨步电压、电弧灼伤等对操作人员的危害。

高压绝缘安全用具中，基本安全用具有绝缘棒、绝缘钳和验电笔等；辅助安全用具一般有绝缘手套、绝缘靴、绝缘垫、绝缘站台和绝缘毯等。

低压绝缘安全用具中，基本安全用具有绝缘手套、装有绝缘柄的工具和低压验电器；辅助安全用具有绝缘台、绝缘垫、绝缘鞋和绝缘靴等。

4. 一般防护用具

一般防护用具如图 1-72 所示。包括携带型接地线、临时遮拦、标示牌、警告牌、防护目镜、安全带、竹、木梯和脚扣等，这些都是防止工作人员触电、电弧灼伤、高空坠落的一般安全用具，其本身不是绝缘物。

二、安全色和安全标志

1. 安全标志

(1) 安全标志的含义　根据现行国家标准《安全标志及其使用导则》（GB 2894）规定，安全标志是用以达到特定的安全信息的

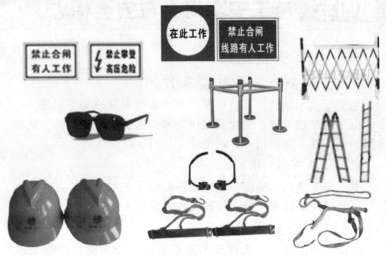

图1-72 一般防护用具

标志，由图形符号、安全色、几何图形（边框）或文字组成。包括提醒人们注意的各种标牌、文字、符号以及灯光等。标志安全标志是供生产巡检人员迅速、准确判断自己所处工作环境，达到安全生产目的的有效措施。

（2）安全标志分类 目前为止，我国的安全标志有86个，分为：禁止标志、警告标志、指令标志、提示标志四大类。

① 禁止标志 禁止合闸的含义是禁止人们不安全行为的图形标志。几何图形为白底黑色图案加带斜杠的红色圆环，并在下方用文字补充说明禁止的行为模式。作为现场常见的两种警告标志——"禁止合闸，有人工作"、"禁止合闸，线路有人工作"如图1-73所示。

② 警告标志 警告标志的含义是提醒人们对周围环境引起注意，以免发生危险的图形标志。它的几何图形是黄底黑色图案加三角形黑边，在下方用文字补充说明当心的行为标志。作为现场常见的两种警告标志——"注意安全"，"当心触电"如图1-74所示。

③ 指令标志 指路标志的含义是强制人们必须做出某种动作或采用措施的图形标志。几何图形是圆形，以蓝底白线条的圆形图

禁止合闸线路有人工作

图 1-73　禁止标志

图 1-74　警告标志

案加文字说明。作为现场常见的两种警告标志——"必须系安全带"、"必须戴安全帽"如图 1-75 所示。

图 1-75　指令标志

④ 提示标志　提示标志的含义是向人们提供某种信息（如标明安全设施或场所等）的图形标志。图形以长方形、绿底（防火为

红底）白色条加文字说明。作为现场常见的两种警告标志——"紧急出口"、"避险处"如图 1-76 所示。

图 1-76　提示标志

2. 安全色

安全标志要配相应的安全色，必要时增加补充标志及文字。安全色是用来表达禁止、警告、指示等安全信息的颜色。

其作用是使人们能够迅速发现和分辨安全标志，提醒人们注意安全，以防止发生事故。

① 红色　含义是禁止、停止，用于禁止标志。还表示停止信号，机器、车辆上的紧急停止手柄或按钮以及禁止人们触动的部位通常用红色，同时也表示防火。如图 1-77 所示。

图 1-77　红色安全标志

图 1-78　蓝色安全标志

② 蓝色　表示指令，必须遵守的规定。指令标志：如必须佩

带个人防护用具，道路上指引车辆和行人行进方向的指令。如图1-78所示。

③ 黄色 含义为警告和注意，如：危险的机械、警戒线、行车道中线、安全帽等。如图1-79所示。

④ 绿色 绿色安全标志如图1-80所示。含义是提示，表示安全状态或可以通行。车间内的安全通道、行人和车辆通行标志，消防设备和其他安全防护设备的位置表示都为绿色。

图1-79 黄色安全标志

图1-80 绿色安全标志

3. 电力系统和设备中的颜色用途

三线交流电中黄色标示 A 相，绿色标示 B 相，红色标示 C 相；淡蓝色标示 N 中性线（零线），黄绿双色标示保护地线。直流电中红色代表正极（＋），蓝色代表负极（－），信号和警告回路用白色。

在开关或刀闸的合闸位置上，应有清楚的红底白字的"合"字；分闸位置上，应有绿底白字的"分"字。

第二章

常用电工仪表的使用

第一节 常用电工仪表基本知识

一、常用电工仪表概述

1. 电工测量仪表的概念

测量是人们借助于专门设备，通过实验的方法，对客观事物取得数量观念的认识过程。例如，用尺去量布的长度；用安培表测量电流的强度等等。因此，电工测量就是一个比较过程，即把一个被测电工量与一个充当测量单位的已知量进行比较，确定它是该单位的若干倍或若干分之一。用来实现被测量与量具（度量器）之间相互比较的技术工具（仪器仪表），称为电工测量仪表，如图 2-1 所示。

图 2-1　电工测量仪表

2. 电工仪表的用途

电工测量仪表是保证变配电所电气设备安全经济运行的重要工具。通过它，值班人员可以监视各种电气设备的运行状况，了解运行参数（如电压、电流、功率等），及时发现各种异常现象。同时，在电气设备发生事故的情况下，还可以测量和记录事故范围和事故性质等。此外，运行值班人员还可以通过各种记录仪表的指示数值，进行电力负荷的统计、积累技术资料和分析生产技术指标，以便指导运行工作，如图 2-2 所示。

类别	名称	实物图	用途或特点
电工仪表	交直流电流表		三相电流表具有以下特点 ① 正四位显示，0～9999；②高位 AD 转换，精度高；③单片机设计，抗干扰性能强；④具有多项菜单编程，可灵活操作；⑤量程准确，性能可靠；⑥功能扩展方便，可扩展报警输出口及可编程单元
	交直流电压表		数显电压表：主要用于对电气线路中的交流或直流电压进行实时测量与提示。具有测量精度高、稳定性好、读数直观、抗干扰能力强等特点 广泛应用于各种电压等级的城乡变电站，发电厂，企/事业单位变配电室，智能大厦/小区、冶金、石化、机场、铁路、港口、医院、学校、市政等诸多领域。是原指针式仪表的理想换代产品
	钳型电流表		数字钳型电流表钳头照明功能；自动/手动量程；数据保持；自动关机；背景光；显示器；最大显示数 3999

图 2-2　电工仪表的类别、名称及用途

3. 电工仪表的构成

电工指示仪表是把被测量转换成电量，再变换成一对应的线位移或角位移，通过指针的指示值直接获得测量结果的一种电-机转换的模拟式仪表。电工指示仪表主要由测量机构和测量电路两部分组成。

（1）电工指示仪表的组成　指示仪表结构框图如图 2-3 所示，把被测量转换成供观察、记录或分析的可动部分的偏转角或数字量，指示仪表一般要经过两次变换。首先，要把被测量 x 转换成仪表测量机构能接受的过渡量 y，这一步变换通常由测量电路来完成。然后，再把过渡量 y 转换为仪表可动部分的偏转角 α，这一步变换则由测量机构来完成。这两步变换都是定量变换，也就是说，指针偏转角的指示值必须正确反映被测量的大小。

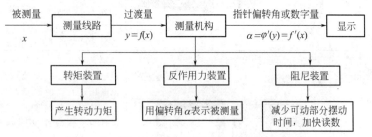

图 2-3　指示仪表结构框图

（2）测量机构　体现被测量而与之一一对应的过渡量一般是电量，能使仪表中的可动机构产生定量偏转，这种机构称为测量机构。测量机构是仪表的核心，没有测量机构或测量机构出现故障，就不能完成测量任务。

各种形式的测量机构，基本上都是由固定部分和可动部分两大部分组成的，如图 2-4 所示。

（3）测量电路　通过测量电路把被测量转换成测量机构可接受的过渡量，是十分必要的。比如，被测量小则必须放大，而被测量高则又必须降下来。一般地说，能把被测量（如电流、电压、电阻等）转换成仪表的测量机构可以直接接受的过渡量（如电流等），并保持定量变换比例的仪表组成部分，称为测量电路，如图 2-5

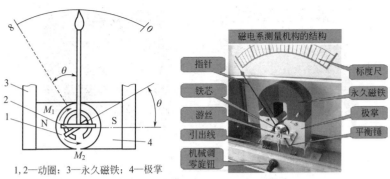

1，2—动圈；3—永久磁铁；4—极掌

图 2-4　磁电系比率表测量机构

所示。

测量电路通常由电阻、电感、电容或电子元件组成。一般地说，仪表类型不同，测量电路也不同。如电流表中的分流器、电压表中的附加电阻等。

4．电工仪表的分类

常用电工仪表的测量对象有电流、电压、电功率、电能、相位、频率、功率因数、电阻、

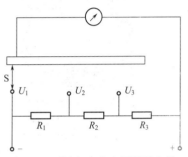

图 2-5　万用表直流电压测量电路

电容及电感等，种类繁多，为了便于识别，可按测量方法、仪表原理、结构及用途等进行分类。

（1）指示仪表　指示仪表是将被测量转换为仪表可动部分的机械偏转角，通过刻度或指示器直接读出被测量值。因此，指示仪表又称直读式或机械式仪表。

特点：能将被测量转换为仪表可动部分的机械偏转角，并通过指示器直接指示出被测量的大小，故又称为直读式仪表。

按工作原理分类：主要有磁电系仪表、电磁系仪表、电动系仪表和感应系仪表。此外，还有整流系仪表、铁磁电动系仪表等。

典型仪表：安装式仪表，如图 2-6 所示；便携式仪表，如图 2-7 所示。

图 2-6　安装式仪表

图 2-7　便携式仪表

（2）比较仪表　比较仪表是将被测量与同类标准量进行比较量度的仪表。

特点：在测量过程中，通过被测量与同类标准量进行比较，然后根据比较结果才能确定被测量的大小。

分类：直流比较仪表和交流比较仪表。直流电桥和电位差计属于直流比较仪表，交流电桥属于交流比较仪表。

典型仪表：比较式直流电桥，如图 2-8 所示。

（3）数字仪表　数字仪表是以数码形式直接显示被测量的仪表。数字仪表采用数字测量技术，通过 A/D（模拟量/数字量）转换，既可以测量随时间连续变化的模拟量，也可以测量随时间断续变化或跃变的数字量，还可以编码形式同计算机进行数据处理，从而达到智能化控制的目的。

图 2-8　比较式直流电桥

特点：采用数字测量技术，并以数码的形式直接显示出被测量的大小。

分类：常用的有数字式电压表、数字式万用表、数字式频率表等。

典型仪表：数字式电压表，如图 2-9 所示；数字式存储示波器，如图 2-10 所示。

图 2-9　数字式电压表

5．常用指示仪表的分类

（1）按测量机构的结构和工作原理分类：可分为磁电系、电磁系、电动系（铁磁电动系）、感应系、静电系及整流系仪表等类型。几种常用仪表的测量机构，如图 2-11 所示。

（2）按被测量分类：可分为电流表、电压表、功率表、相位表、电能表、功率因数表、频率表、欧姆表、兆欧表等类型。

（3）按所测的电种类分类：可分为直流、交流以及交直流两用

图 2-10　数字式存储示波器

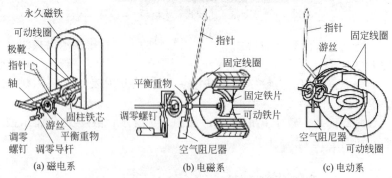

(a) 磁电系　　　　　　(b) 电磁系　　　　　(c) 电动系

图 2-11　几种常用指示仪表的测量机构

仪表。

（4）按准确度等级分类：共分为 0.1、0.2、0.5、1.0、1.5、2.5、5.0 七个等级。数字越小，仪表的误差越小，准确度等级就越高。

（5）按使用条件分类：仪表规定在湿度为 85% 的条件下使用，分成 A、A_1、B、B_1、C 五组类型。其中：A、A_1 组适应的环境温度为 0~40℃；B、B_1 组为 −20~50℃；C 组则为 −40~60℃。

（6）按外壳防护性能分类有普通式、防尘式、防溅式、防水式、气密式、水密式、隔爆式七种类型。

（7）按防御外界磁场或电场的性能分类可分为Ⅰ、Ⅱ、Ⅲ、Ⅳ四个等级。

（8）按使用方法分类有安装式和便携式两种。安装式仪表固定安装在开关板或电气设备面板上，广泛用于供电系统的运行监控与测量，又称面板式仪表。便携式仪表就是可方便地携带或移动的仪表，广泛用于试验、精密测量及对仪表的检校。

6. 常用的电工测量符号和仪表表面标志

常用的电工测量符号和仪表表面标志见表2-1。

表2-1　常用的电工测量符号和仪表表面标志

分类	符号	名称	被测量的种类
电流种类	—	直流电表	直流电流、电压
	∼	交流电表	交流电流、电压、功率
	∼	交直流两用表	直流电量或交流电量
	≋或3∼	三相交流电表	三相交流电流、电压、功率
测量对象	Ⓐ ⓜA ⓤA	安培表、毫安表、微安表	电流
	Ⓕ	伏特表、千伏表	电压
	Ⓦ ⓀW	瓦特表、千瓦表	功率
	kW·h	千瓦时表	电能量
	φ	相位表	相位差
	f	频率表	频率
	Ω MΩ	欧姆表、兆欧表	电阻、绝缘电阻
工作原理		磁电系仪表	电流、电压、电阻
		电磁系仪表	电流、电压
		电动系仪表	电流、电压、电功率、功率因数、电能量
		整流系仪表	电流、电压
		感应系仪表	电功率、电能量

分类	符号	名称	被测量的种类
准确度等级	1.0	1.0 级电表	以标尺量限的百分数表示
	(1.5)	1.5 级电表	以指示值的百分数表示
绝缘等级	⚡2kV	绝缘强度试验电压	表示仪表绝缘经过 2kV 耐压试验
工作位置	⌐	仪表水平放置	
	⊥	仪表垂直放置	
	∠60°	仪表倾斜 60°放置	
端钮	＋	正端钮	
	－	负端钮	
	±或✕	公共端钮	
	⏚或≐	接地端钮	

二、电工仪表的精确度

1. 电工仪表产生误差的原因

（1）系统误差　指在相同条件下多次测量同一量时，误差的大小和符号均保持不变，而在条件改变时，按某一确定规律变化的误差。这种误差是由于测量工具误差、环境影响、测量方法不完善或测量人员生理上的特点等造成的。根据产生误差的原因，系统误差又可分为以下几类。

① 工具误差（基本误差）　由于测量工具本身误差所致。例如测量仪表的误差等。

② 附加误差　由于测量时的条件与标准条件不同所致。如在20℃时校准的仪表在高于或低于 20℃ 的温度下测量，或者仪表应在"平"放位置下测量，结果测量仪表是在"站立"位置下测量等。

③ 方法误差　由于间接测量时所用公式是近似的，或测量方法的不完善而造成。如没有考虑电表的内阻对测量结果的影响等。

④ 人为误差　由于测量者的习惯或生理缺陷所致。

系统误差越小，测量结果越准确，系统误差的大小可用准确度来反映。

（2）偶然误差　亦称随机误差，是由于某些偶然的因素造成的，例如电磁场微变、热起伏、空气扰动、大地微震、测量人员感觉器官的生理变化等，因这些互不相关的独立因素产生的原因和规律无法掌握，所以，即使在完全相同的条件下进行多次测量，其测量结果不可能完全相同。否则，只能说明测量仪器的灵敏度不够，而不能说明偶然误差不存在。

一次测量的偶然误差没有规律，但在多次测量中偶然误差是服从统计规律的。因此也可以通过统计学的方法来估计其影响。欲使测量结果有较高的可信度应将同一种测量重复多次，取多次测量值的平均值作为测量结果。

（3）疏失误差　是由于测量者的粗心大意所造成的。由此产生的测量结果，应视作无效测量结果而舍去。

综上所述，要进行准确测量，必须消除系统误差，剔除含有疏失误差的坏值，采用多次重复测量取平均值来消除偶然误差的影响，从而得到最可信的测量结果。

2. 电工仪表的准确度等级

所谓仪表的准确度等级，系指仪表在规定的工作条件下，在仪表标尺工作部分的全部分度线上，可能出现的最大基本误差与仪器满标值比值的百分数。因此，仪表的准确度等级是由其基本误差的大小决定的。仪表的准确度等级可按下式计算

$$\pm K = \frac{\Delta A_m}{A_m} \times 100\%$$

式中　$\pm K$——仪表的准确度等级；

　　　ΔA_m——以绝对误差表示的最大基本误差；

　　　A_m——仪表的满度值。

所以，电工仪表的准确度等级，即为该仪表在规定的工作条件下使用时，最大引用误差的数值。

3. 一般电工仪表的重要技术参数

各种电工测量仪表，不论其质量如何，它的测量结果与测量对

象的实际值之间总会存在一定的差值，这种差值称为仪表的误差。该差值的大小即反映仪表的准确程度。因此，准确度是电工仪表非常重要的技术参数。对电工仪表的准确度、灵敏度及其他技术要求进行简述。

仪表的基本误差通常用准确度来表示，准确度越高，仪表的基本误差就越小。

对于同一只仪表测量不同大小的测量对象，其绝对误差 ΔA 变化不大，但相对误差 $\Delta A/A_0$ 且记作 γ 却有很大变化，测量对象值 A_0 越小，相对误差就越大。显然，通常的相对误差概念不能反映出仪表的准确性能；因此，一般用引用误差来表示仪表的准确性能。

（1）引用误差　仪表测量的绝对误差与该仪表的量程（满刻度值）A_m 的百分比，称为仪表的引用误差。即

$$\gamma = \frac{\Delta A}{A_0} \times 100\%$$

式中　γ——引用误差；

　　　ΔA——绝对误差，即仪表的指示值与被测量实际值之差；

　　　A_0——被测量实际值。

（2）仪表的准确度　指仪表的最大引用误差，即仪表量限范围内的最大绝对误差 ΔA_m 与仪表量限 A_m 的百分比，用 K 表示

$$\pm K = \frac{\Delta A_m}{A_m} \times 100\%$$

显然，准确度表明了仪表基本误差最大允许的范围。国家标准 GB 776 中规定，各个准确度等级的仪表在规定的使用条件下测量时，其基本误差不应超出表 2-2 中规定的值。

表 2-2　各级仪表的基本误差

准确度等级	0.1	0.2	0.5	1.0	1.5	2.5	5.0
基本误差/%	±0.1	±0.2	±0.5	±1.0	±1.5	±2.5	±5.0

4. 电工仪表的选择

电工测量仪表的选择，应满足下列要求。

① 电气测量仪表的准确度等级一般不得低于 2.5 级。但对发

电机控制盘上的仪表以及直流系统仪表的准确度等级应不低于1.5级，在缺少1.5级仪表时，可用2.5级仪表加以调整，使其在正常工作条件下，误差不超过1.5级的标准；计量仪表的准确度等级应不低于0.2级。

② 与仪表连接的分流器、附加电阻、电流互感器、电压互感器的准确度等级应不低于0.5级。与计量仪表配用的电流互感器、电压互感器准确度等级应不低于0.2级；而仅作电流或电压测量时，1.5级和2.5级的仪表容许使用1.0级的互感器；非重要回路的2.5级电流表容许使用3.0级的电流互感器。

③ 选择仪表用互感器及仪表的测量范围时，应考虑设备在正常运行的条件下，使仪表的指示经常在仪表标尺工作部分量程的2/3以上，当电力设备过负荷时，也有适当的指示。

④ 在可能出现短时间冲击过负荷的电气设备上，应安装标有过负荷电流标记的电流表。

⑤ 对于有互供设备的变配电所，应装设符合互供条件要求的电测仪表。例如当功率有送、受关系时，就需要安装两组电度表和有双向标度尺的功率表；对有可能出现两个方向电流的直流电路，也应装设有双向标度尺的直流电流表。

⑥ 对于500V及以下的直流电路中，允许使用直接接入的电表和带分流器的电流表。

5. 一些测量仪表的起始刻度附近所标黑点的作用

一般指示仪表的刻度盘上，都标有仪表的准确等级刻度，起始端附近的黑点，是指仪表的指计从该点到满刻度的测量范围，符合该表的标准等级。一般黑点的位置是以该表最大刻度值的20%标法。例如，一只满刻度为5A的电流表，则黑点标在1A上。由此可见，在选用仪表时，若测量时指针指示在黑点以下部分，说明测量误差很大，低于仪表的准确度，遇有这种情况应更换仪表或互感器，使指针在20%～100%。

6. 仪表冒烟的处理

仪表冒烟一般是过负荷、绝缘能力降低、电压过高、电阻变质、接头松动而造成虚接开路等原因；当发现后，应迅速将表计和电流回路短路，电回路断开，在操作中应注意勿使电压线圈短路和电流线路开路，避免出现保护误动作及误碰接等人为事故。

第二节 常用电工仪表的使用

一、电流表

1. 直流电流的测量

测量直流电流时，用磁电系电流表。

测量线路电流时，电流表必须串入被测电路。为了尽可能减小电流表串入后对被测电路工作状态的影响，要求电流表的内阻应很小。

（1）直流小电流的测量 测量直流小电流时，要将电流表直接串联接入被测电路，同时要注意仪表的极性和量程，小电流的测量（一般75A及以下的电流）如图2-12所示。如果电流表错接成并联会造成电路短路，并烧毁电流表。

接线时，必须使用电流表的正端钮接被测电路的高电位端，负端钮接被测电路的低电位端，在仪表允许量程范围内测量。对磁电式电流表，由于表头线圈的线径和游丝的截面很小，不能通过较大电流

图2-12 直流小电流的测量

（2）直流大电流的测量 测量直流大电流时，要扩大电流表的量程。扩大量程的方法是在表头上并联一个称为分流器的低值电阻，分流器的阻值为：$R_s = R_c/(n-1)$。

分流电阻一般采用电阻率较大、电阻温度系数很小的锰铜制成。当被测电流小于30A时，可采用内附分流器，如图2-13所示。当被测电流大于30A时，可采用外附分流器。外附分流器应将分流器的电流端钮（外侧两个端钮）接入被测电路中；电流表应接在分流器的电位端钮上（内侧两个端钮），如图2-14所示。

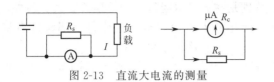

图 2-13　直流大电流的测量

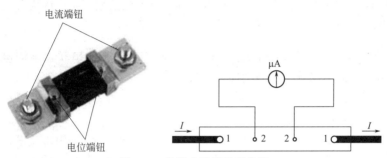

图 2-14　外附分流器及其接线

（3）多量程直流电流表　便携式电流表一般为多量程仪表。磁电系测量机构采用不同的分流器，就构成了多量程电流表。多量程电流表的分流器有开路式连接（如图 2-15 所示）和闭路式连接（如图 2-16 所示）两种接法。

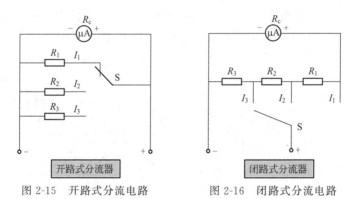

图 2-15　开路式分流电路　　　图 2-16　闭路式分流电路

① 开路式分流电路：优点是各量程之间相互独立、互不影响；缺点是其转换开关的接触电阻包含在分流电阻中，可能引起较大的

测量误差，特别是在分流电阻较小的挡误差更大。另外，当触头接触不良导致分流电路断开时，被测电流将全部流过表头而使其烧毁。因此并联分流的连接方式很少采用。

② 闭路式分流电路：优点是转换开关的接触电阻处在被测电路，不在表头与分流器的电路，对分流准确度没有影响。这种方式的缺点是各个量程之间相互影响，计算分流电阻较复杂。因为分流电阻越小电流表量程越大，量程 $I_1 > I_2 > I_3$。

注意 在测量较高电压电路的电流时，电流表应串联在被测电路中的低电位端，以利于操作人员的安全。

2. 交流电流的测量

测量交流电流时，用电磁系电流表。

(1) 交流小电流的测量（安装式电磁系电流表） 用交流电流表测量交流电流时，电流表不分极性，只要在测量量程范围内将它串入被测电路即可，可以允许通过最大电流200A，如图 2-17 所示。

(2) 交流大电流的测量 因交流电流表线圈的线径和游丝截面很小，不能测量较大电流，如需扩大量程，无论是磁电式、电磁式或电动式电流表，均可加接电流互感器，可测量几百安培以上的交流大电流，如图 2-18 所示。在低压配电系统中，常用三块电流表带电流互感器测量三相线电流，如图 2-19 所示。

图 2-17　测量交流小电流

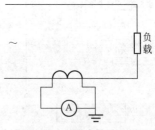

图 2-18　测量交流大电流

(3) 多量程电流表 便携式电磁系电流表，一般都制成多量程的。但它不能采用并联分流电阻的方法扩大量程，而是采用将固定

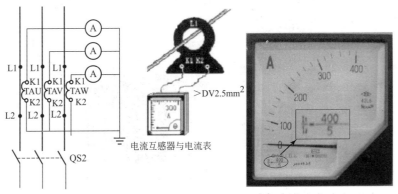

图 2-19　三块电流表带电流互感器测量三相线电流

线圈分段，然后利用分段线圈的串、并联来实现，如图 2-20 所示。

3．电流互感器的使用

（1）测量原理　电流互感器是一种将高电压系统中的电流或低压系统中的大电流变成低电压标准范围内小电流的电流变换装置。电流互感器是仪用互感器的一种。仪用互感器包括电流互感器和电压互感器，它在配合仪表使用中实质上起着扩大量程的作用。电流互感器二次额定电流是 5A 或 1A（国外引进配套设备使用 1A），过去其文字符号用 CT 表示，现在用 TA 表示。

二次侧为单绕组的电流互感器，图形符号如图 2-21(a) 所示，实物如图 2-21(b) 所示。

二次侧为双绕组的电流互感器，图形符号如图 2-22(a) 所示，实物如图 2-22(b) 所示。

（2）电流互感器在选用中应注意的安全事项

① 按被测电流大小选择合适的变比。否则，会增大误差。

② 电流互感器的额定电压应等于被测电路的电压，其一次侧的额定电流应大于被测电路的最大持续工作电流。此外，电流互感器的结构形式和容量应满足测量准确度的要求。

③ 二次负载（如仪表和继电器等）所消耗的功率，不应超过电流互感器的额定容量。否则，互感器的准确等级将下降。为了达到测量准确的目的，二次侧的负载阻抗不得大于电流互感器的额定

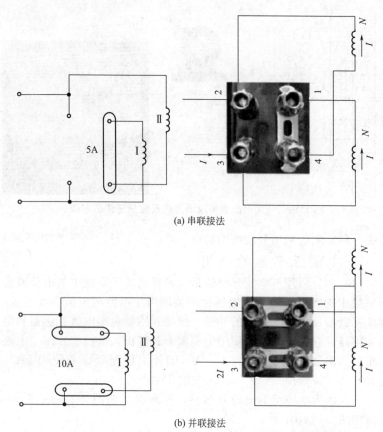

(a) 串联接法

(b) 并联接法

图 2-20　TA 型 5A、10A 双量程电流表内部接线图

负载阻抗。

④ 电流互感器二次回路不得开路；拆装仪表时，应先将二次侧两线端短接，然后才进行拆装仪表的工作。

⑤ 接线时，一次侧线端 L_1、L_2 串入被测电路，二次侧的线端 K_1、K_2 与测量仪表相连。此时要注意极性正确。当一次侧电流从 L_1 流向 L_2 时，二次侧电流应从 K_1 流向 K_2。

⑥ 不得与电压互感器二次侧互相连接。否则，会造成电流互感器近似开路，出现高电压。

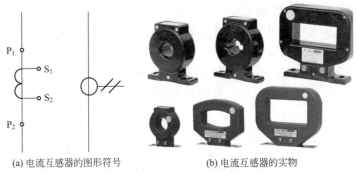

(a) 电流互感器的图形符号　　　　(b) 电流互感器的实物

图 2-21　二次侧为单绕组的电流互感器

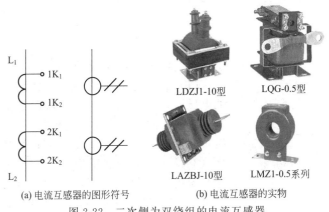

LDZJ1-10型　　　LQG-0.5型

LAZBJ-10型　　　LMZ1-0.5系列

(a) 电流互感器的图形符号　　　　(b) 电流互感器的实物

图 2-22　二次侧为双绕组的电流互感器

⑦ 应根据装设地点的系统短路电流，定期校验互感器的动稳定度和热稳定度。

二、电压表

用电压表测电压时，必须将仪表与被测电路并联。为了在并入仪表时不影响被测电路工作状态，电压表内阻一般都很大。电压表量程越大，内阻也越大。否则通过表头的电流过大，会使仪表烧毁，影响被测电路的正常工作状态，而且仪表的测量误差也会增大。所以，要求电压表的内阻远远大于电流表的内阻，而且电压表内阻越大越准确，可测量的电压越高，表的量程也越大。

1. 直流电压的测量

电压表正端钮必须接被测电路高电位点，负端钮接低电位点，在仪表量程允许范围内测量，如图 2-23（a）所示。如需扩大量程，无论是磁电式、电磁式或电动式仪表，均可在电压表外串联分压电阻，如图 2-23（b）所示。所串分压电阻越大，量程越大。

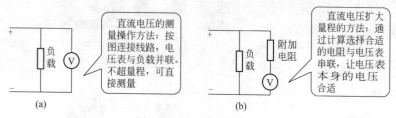

图 2-23　直流电压的测量

2. 交流电压的测量

图 2-24　测量交流低电压的方法

（1）交流低电压的测量　在测量交流低电压时，主要用电磁系和铁磁系测量机构的仪表。测量低压交流电相电压（220V）时，应选用 0～250V 的电压表；测量线电压（380V）时，应选用 0～450V 的电压表。

用交流电压表测量交流电压时，电压表不分极性，只需在测量量程范围内直接并联到被测电路即可，如图 2-24 所示。在低压配电系统中，常用一个转换开关带一块电压表测量三相交流电压，如图 2-25 所示。

（2）交流高电压的测量　测量高电压时，无论是磁电式、电磁式或电动式仪表，均可加接电压互感器，如图 2-26 所示。测量电路如图 2-27 所示。电压表的量程应与互感器二次的额定值相符，一般电压为 100V。

3. 电压互感器的用途

电压互感器又称仪用变压器，过去其文字符号用 CT 表示，现在其文字符号用 TV 表示。

（1）电压互感器的作用　电压互感器的作用是：把高电压按比

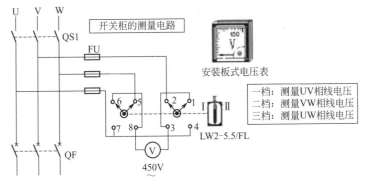

图 2-25　一个转换开关带一块电压表测量三相交流电压

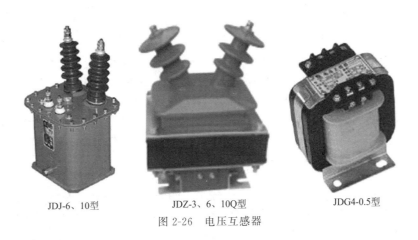

JDJ-6、10型　　　JDZ-3、6、10Q型　　　JDG4-0.5型

图 2-26　电压互感器

例关系变换成 100V 或更低等级的标准二次电压；供保护、计量、仪表装置使用；同时，使用电压互感器可以将高电压与电气工作人员隔离。电压互感器虽然也是按照电磁感应原理工作的设备，但它的电磁结构关系与电流互感器相比正好相反。电压互感器二次回路是高阻抗回路，二次电流的大小由回路的阻抗决定；当二次负载阻抗减小时，二次电流增大，使得一次电流自动增大一个分量来满足一、二次侧之间的电磁平衡关系。可以说，电压互感器是一个被限定结构和使用形式的特殊变压器。

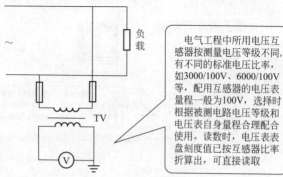

电气工程中所用电压互感器按测量电压等级不同，有不同的标准电压比率，如3000/100V、6000/100V等，配用互感器的电压表量程一般为100V，选择时根据被测电路电压等级和电压表自身量程合理配合使用。读数时，电压表表盘刻度值已按互感器比率折算出，可直接读取

图 2-27　交流高电压的测量

电压互感器是发电厂、变电所等输电和供电系统不可缺少的一种电器。精密电压互感器是电测试验室中用来扩大量限，测量电压、功率和电能的一种仪器。

电压互感器和变压器很相像，都是用来变换线路上的电压。但是变压器变换电压的目的是为了输送电能，因此容量很大，一般都是以千伏安（kV·A）或兆伏安（MV·A）为计算单位；而电压互感器变换电压的目的，主要是给测量仪表和继电保护装置供电，用来测量线路的电压、功率和电能，或者用来在线路发生故障时保护线路中的贵重设备、电机和变压器。因此电压互感器的容量很小，一般都只有几伏安、几十伏安，最大也不超过一千伏安。

在电力系统中，根据发电、输电和用电的不同情况，线路上的电压大小不一，而且相差悬殊，有的是低压 220V 和 380V，有的是高压几万伏甚至几十万伏。要直接测量这些低压和高压电压，就需要根据线路电压的大小，制作相应的低压和高压的电压表和其他仪表和继电器。这样不仅会给仪表制作带来很大的困难，而且更主要的是要直接制作高压仪表，直接在高压线路上测量电压那是不可能的，而且也是绝对不允许的。

如果在线路上接入电压互感器变换电压，那么就可以把线路上的低压和高压电压，按相应的比例，统一变换为一种或几种低压电压，只要用一种或几种电压规格的仪表和继电器，例如通用的电压为 100V 的仪表，就可以通过电压互感器，测量和监视线路上的电压。

（2）电压互感器的结构　电压互感器按原理分为电磁感应式和电容分压式两类。电磁感应式多用于 220kV 及以下各种电压等级。电容分压式一般用于 110kV 以上的电力系统，330～765kV 超高压电力系统应用较多。电压互感器按用途又分为测量用和保护用两类。对前者的主要技术要求是保证必要的准确度；对后者可能有某些特殊要求，如要求有第三个绕组，铁芯中有零序磁通等。

电磁感应式电压互感器其工作原理与变压器相同，基本结构也是铁芯和原、副绕组。特点是容量很小且比较恒定，正常运行时接近于空载状态。电压互感器本身的阻抗很小，一旦副边发生短路，电流将急剧增长而烧毁线圈。为此，电压互感器的原边接有熔断器，副边可靠接地，以免原、副绝缘损毁时，副边出现对地高电位而造成人身和设备事故。测量用电压互感器一般都做成单相双线圈结构，其原边电压为被测电压（如电力系统的线电压），可以单相使用，也可以用两台接成 V-V 形作三相使用。实验室用的电压互感器往往是原边多抽头的，以适应测量不同电压的需要。供保护接地用电压互感器还带有一个第三线圈，称三线圈电压互感器；三相的第三线圈接成开口三角形（如图 2-28 所示）。

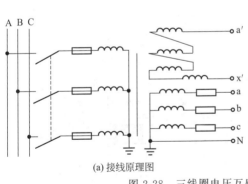

(a) 接线原理图

(b) 实物

图 2-28　三线圈电压互感器

（3）电压互感器在使用中应注意的安全事项　电压互感器的作用是把线路上的高压转换成适合仪表直接测量或继电保护的低电

压。使用时应注意以下几点：

① 应根据用电设备的需要，选择电压互感器型号、容量、变比、额定电压和准确度等参数；

② 接入电路之前，应校验电压互感器的极性；

③ 接入电路之后，应将二次线圈可靠接地，以防一、二次侧的绝缘击穿时，高压危及人身和设备的安全；

④ 运行中的电压互感器在任何情况下都不得短路，其一、二次侧都应安装熔断器，并在一次侧装设隔离开关；

⑤ 在电源检修期间，为防止二次侧电源向一次侧送电，应将一次侧的刀闸和一、二次侧的熔断器都断开。

三、钳形电流表

1. 钳形电流表的类别

通常在测量电流时，需将被测电路切断，才能将电流表或电流互感器的初级线圈串接到被测电路中。而钳形电流表是在不需断开电路的情况下，测量运行中的工作电流，从而很方便地了解电路的工作状态的一种仪表。

实际使用的钳形电流表分为指针式（如图 2-29 所示）和数字式（如图 2-30 所示）两大类。

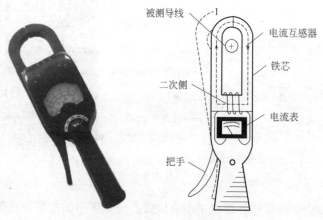

图 2-29　指针式钳形电流表

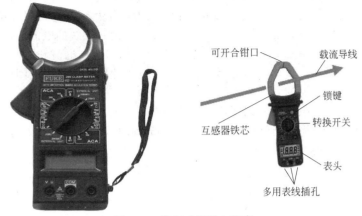

图 2-30　数字式钳形电流表

（1）指针式钳表　指针式钳形表实质上是由一只电流互感器、钳形扳手和一只电流表所组成。钳形电流表的穿心式电流互感器的副边绕组缠绕在铁芯上且与交流电流表相连，它的原边绕组即为穿过互感器中心的被测导线。旋钮实际上是一个量程选择开关，扳手的作用是开合穿心式互感器铁芯的可动部分，以便使其钳入被测导线。测量电流时，按动扳手，打开钳口，将被测载流导线置于穿心式电流互感器的中间，当被测导线中有交变电流通过时，交流电流的磁通在互感器副边绕组中感应出电流，该电流通过电流表显示出被测电流值。

（2）数字式钳表　数字式钳形电流表的工作原理是建立在电流互感器工作原理的基础上，当握紧钳形电流表扳手时，电流互感器的铁芯可以张开，被测电流的导线进入钳口内部作为电流互感器的一次绕组。当放松扳手铁芯闭合后，根据互感器的原理而在其二次绕组上产生感应电流，电流表指示出被测电流的数值。

钳形电流表，具有使用方便、不用拆线、切断电源及重新接线的特点。但它的精度不高，只能用于对设备或电路运行情况进行粗略了解，而不能用于需要精确测量的场合。

2. 钳形电流表的组成

钳形电流表，是由电流互感器和电流表组成的；互感器的铁芯有一活动部分同手柄相连。当握紧手柄时，电流互感器的铁芯便张开，将被测电流的导线卡入钳口中，成为电流互感器的初级线圈。放开手柄，则铁芯的钳口闭合。这时钳口中通过导线的电流，便在次级线圈产生感应电流，其大小取决于导线的工作电流和圈数比。电流表接在次级线圈的两端，它所指示的电流取决于次级线圈中的电流。该电流的大小与导线中的工作电流成正比。因此，将折算好的刻度作为电流表的刻度，当导线中有工作电流流过时，与次级线圈相接的电流表指针便按比例偏转，指示出所测的电流值。钳形电流表的结构如图 2-31 所示。

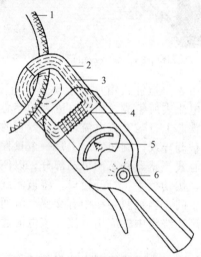

图 2-31 钳形电流表的结构

1—载流导线；2—铁芯；3—磁通；4—线圈；5—电流表；6—改变量程的旋钮

测量交流电流的钳形表工作原理实质上是由一个电流互感器和整流系仪表组成。被测导线相当于电流互感器的一次线圈，绕在钳形电流表铁芯上的线圈相当于电流互感器的二次线圈。当被测载流导线卡入钳口时，二次线圈便感应出电流，使指针偏转，指示出被测电流值。

测量交、直流的钳形电流表工作原理实质上是一个电磁系仪表，当被测载流导线卡入钳口时，二次线圈便感应出电流，使指针偏转，指示出被测电流值。

3. 指针式钳形电流表的分类

常用的钳形电流表按其结构形式不同，分为互感器式和电磁式两种，下面分别介绍其结构和工作原理。

（1）互感器式钳形电流表　互感器式钳形电流表主要由"穿心式"电流互感器、整流装置和磁电系电流表组成，如图 2-32 所示。

互感器式钳形电流表通有被测电流的导线就成为电流互感器的一次绕组 N_1。被测导线中流过的电流 I_1 在闭合的铁芯中产生感应电动势，测量电路中就有感应电流 I_2 流过，感应电流 I_2 经量程转换开关 K 按不同的分流比经整流装置整流后变成直流通入表头，使电流表表针偏转。由于表头的标度尺是按一次电流 I_1 刻度的，所以表针指示的读数就是被测导线中的交流电流值。

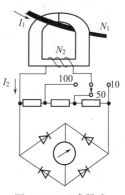

图 2-32　互感器式
钳形电流表

互感器式钳形电流表只能测量交流电流。如：T-301 型，最大电流为 600A；T-302 型，最大电流为 1000A。

（2）电磁式钳形电流表　国产 MG20、MG21 型交、直流两用的钳形电流表是电磁式钳形电流表，其外形与互感器式钳形电流表大同小异，但其内部结构和工作原理却不相同。

电磁式钳形电流表也具有钳形铁芯，但没有互感器式的二次绕组 N_2，代替二次绕组的是在铁芯缺口中央的电磁系测量机构的可动铁片，如图 2-33 所示。

当被测载流导线穿过钳形铁芯时，被测导线电流在铁芯中产生磁场，使可动铁片被磁化而产生电磁力，从而产生转动力矩，驱动可动铁片带动指针偏转，指针便指示出被测电流的数值，由于电磁式仪表可动部分的偏转与电流方向无关；因此，它可以交、直流两用。

4. 用钳形电流表测量电流

钳形电流表的测量只限于在被测线路的电压不超过 500V 的情

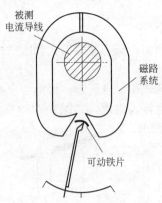

被测
电流导线

磁路
系统

可动铁片

图 2-33　电磁式钳形电流表

况下使用。

正确使用钳形电流表，应注意以下几个方面。

① 正确选择表计的种类。钳形表的种类和形式很多，有用来测量交流电流的 T-301 型钳形电流表；还有 MG21、MG22 型的交、直流两用的钳形电流表等。在进行测量时，应根据被测对象的不同，选择不同形式的钳形电流表。

② 正确选择表计的量程。钳形电流表一般通过转换开关来改变量程，也有通过更换表头的方式来改变量程的。测量前，应对被测电流值进行粗略的估计，选择适当的量程。如果被测电流无法估计时，应先把钳形电流表的量程放在最大挡位，然后根据被测电流指示值，由大变小，转换到合适的挡位。倒换量程挡位时，应在不带电的情况下进行，以免损坏仪表。

③ 测量交流电流时，使被测导线位于钳口中部，并且使钳口紧密闭合，如图 2-34 所示。

测量时将被测导线置于钳口中央

图 2-34　交流电流的测量

④ 每次测量后，要把调节电流量程的切换开关放在最高挡位，以免下次使用时，因未经选择量程就进行测量而损坏仪表，如图 2-35 所示。

测量完毕，一定要将仪表的量程开关置于最大位置上

图 2-35　测量后的挡位

⑤ 测量 5A 以下电流时，为得到较为准确的读数，在条件许可时，可将导线多绕几圈放进钳口进行测量，其实际电流数值应为仪表读数除以放进钳口内的导线根数，如图 2-36 所示。

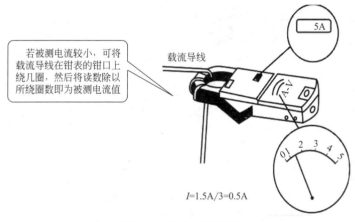

若被测电流较小，可将载流导线在钳表的钳口上绕几圈，然后将读数除以所绕圈数即为被测电流值

载流导线

5A

$I=1.5A/3=0.5A$

图 2-36　小电流的测量

5. 使用钳形电流表进行测量的注意事项

① 测量前对表作充分的检查，并正确地选挡，如图 2-37 所示。

② 测试时应戴手套（绝缘手套或清洁干燥的线手套），必要时应设监护人。

③ 需换挡测量时，应先将导线自钳口内退出，换挡后再钳入

导线测量。

④ 不可测量裸导体上的电流。

⑤ 测量时，注意与附近带电体保持安全距离，并应注意不要造成相间短路和相对地短路。

⑥ 使用后，应将挡位置于电流最高挡，有表套时将其放入表套，存放在干燥、无尘、无腐蚀性气体且不受震动的场所。

钳口要结合紧密，有污物要及时清洗

图 2-37　钳形电流表用前检查

6. 多用钳形电表的种类

（1）两用钳形电表　两用钳形电表如图 2-38 所示。

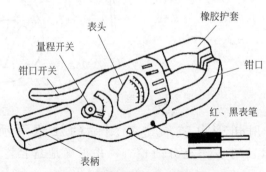

橡胶护套

表头

量程开关

钳口开关

钳口

红、黑表笔

表柄

图 2-38　两用钳形电表的使用方法

两用钳形电表，具有测量电流和电压功能，所以表头上标有"V-A"字样。它设有挡位开关，电流可测量 10A、50A、250A、

1000A；电压可测量 300V、600V。当挡位开关拨至"V"，黑表笔置于"＊"字样插座，红表笔置于"300V"则可测 220V 单相交流电；插入"600V"可测量三相电压 380V。平时，量程开关置于"1000A"、"V"处。测电流时，将表笔卸下。

（2）三用钳形电表　三用钳形电表是一种 A-V-Ω 产品，它不仅能测量电流，还可测量电压、电阻。它右侧的拨动式量程开关有三挡，即：电流挡、电压挡、欧姆挡，基本能满足电工的一般要求。三用钳形电表的外形结构如图 2-39 所示。三用钳形电表的使用方法是，测交流电流按钳形电流表的测量方法操作，测电阻、电压按万用表的测量方法操作。

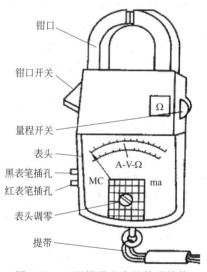

图 2-39　三用钳形电表的外形结构

7. 用钳形电流表如何测量多根导线的电流

钳形电流表可以在不断开被测线路的情况下（也就是可以不中断负载运行）测量线路上的电流。

（1）测量前的准备

① 外观检查：不应有足以影响其正常使用的缺陷。尤其要注意，钳口闭合应严密，其铁芯部分应无锈蚀，无污物。

② 指针式钳形电流表的指针应指"0"，否则应调整至此。

③ 估计被测电流的大小，选用适当的挡位。选挡的原则是：调在大于被测值且又和它接近的那一挡。

（2）测量　测量时，张开钳口，使被测导线进入钳口内，如图2-40（a）所示。

闭合钳口，表针偏转，即可读出被测电流值。读数前应尽可能使钳形电流表表位放平。还应注意，若钳形电流表有两条刻度线，取读数时，要根据挡位值在相应的刻度线上取读数，如图2-40（b）所示。

① 测量三相三线电路的两条线　如果测量三相三线负载（如三相异步电动机）的电流时，同时钳入两条相线，则指示的电流值，应是第三条线的电流，如图2-40（c）所示。

② 测量三相四线电路的三条相线　如果测量三相三线负载（如三相异步电动机）的电流时，同时钳入三条相线，则指示的电流值应近似为零，如图2-40（d）所示。

若是在三相四线系统中，同时钳入三条相线测量，则指示的电流值，应是工作零线上的电流数。

四、万用表

1. 指针式万用表的组成

指针式万用表由测量机构、测量线路、量程转换开关组成。

（1）测量机构：把过渡电量转换为仪表指针的机械偏转角。

测量机构采用高灵敏度的磁电系测量机构，其满偏电流为几微安到几十微安，准确度在0.5级以上。万用表的灵敏度通常用电压灵敏度（Ω/V）来表示。

（2）测量线路：是把各种不同的被测电量（如电流、电压、电阻等）转换为磁电系测量机构所能测量的微小直流电流（即过渡电量）。使用元器件：主要包括分流电阻、分压电阻、整流元件、电容器等。如图2-41所示。

（3）量程转换开关：转换开关是万用表实现多种电量、多种量程切换的元件，通常将活动触头称为"刀"，固定触头称为"掷"，万用表需切换的线路较多，因此采用多刀掷转换开关。

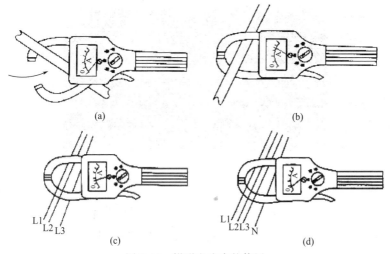

(a)　　　　　　　　　(b)

(c)　　　　　　　　　(d)

图 2-40　钳形电流表的使用

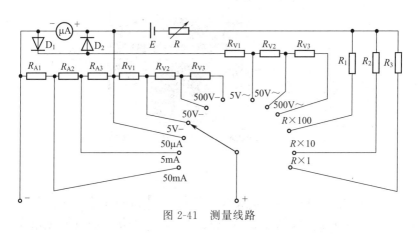

图 2-41　测量线路

500 型万用表有两个转换开关，如图 2-42 所示，分别标有不同的挡位和量程。用来选择各种不同的测量要求。测量时根据需要把挡位放在相应的位置就可以进行交直流电流、电压、电阻测量了。

指针式万用表的结构如图 2-43 所示。

图 2-42　转换开关

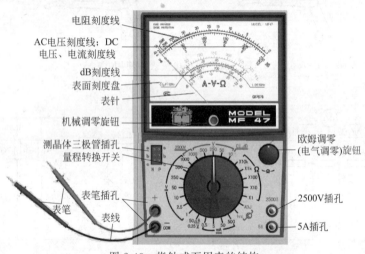

电阻刻度线

AC电压刻度线；DC
电压、电流刻度线

dB刻度线

表面刻度盘

表针

机械调零旋钮

欧姆调零
(电气调零)旋钮

测晶体三极管插孔
量程转换开关

表笔插孔

2500V插孔

表笔

表线

5A插孔

图 2-43　指针式万用表的结构

2. 指针式万用表使用前的检查和调整

① 检查仪表外观应完好无破损，表针应摆动自如，无卡阻现象。

② 功能、量程转换开关应转动灵活，指示挡位应准确。

③ 平放仪表（必要时）进行机械调零，应使表针对准左侧起始 "0" 位，如图 2-43 所示。

④ 测电阻前应进行欧姆调零（电气调零）以检查电池电压容

量，表针指不到右侧欧姆"0"位时应更换电池，如图 2-44 所示。

⑤ 表笔测试线绝缘应良好，黑表笔插负极"—"或公用端，表笔插正极"＋"或相应的测量孔。

⑥ 用欧姆挡检查表笔测试线应完好，无断线或接触不良。

⑦ 测量大电流时红表笔插入 5A 插孔，测量交流高电压时红表笔插入 2500V 插孔。

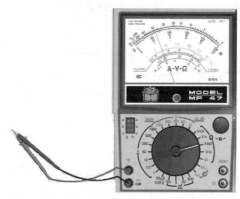

图 2-44　欧姆调零（电气调零）

3. 交流电压的测量

① 用交流电压挡。

② 将两表笔并接线路两端，不分正负极，如图 2-45 所示。

③ 在相应量程标尺上读数，如图 2-46 所示。

④ 当交流电压小于 10V 时，应从专用标度尺读数，如图 2-47 所示。

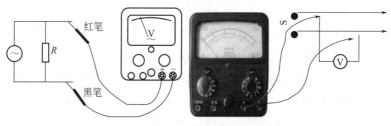

图 2-45　万用表测交流电压

⑤ 当被测电压大于 500V 时，红表笔应插在 2500V 交直流插孔内，必须戴绝缘手套。

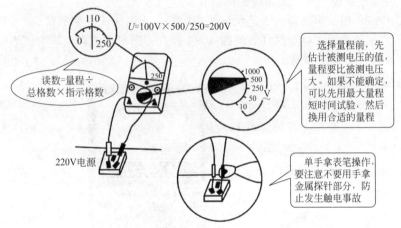

$U=100V\times500/250=200V$

读数=量程÷总格数×指示格数

220V电源

选择量程前，先估计被测电压的值，量程要比被测电压大。如果不能确定，可以先用最大量程短时间试验，然后换用合适的量程

单手拿表笔操作，要注意不要用手拿金属探针部分，防止发生触电事故

图 2-46　交流电压的测量示意图

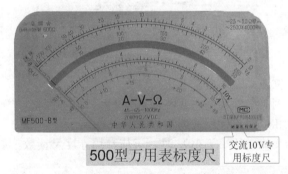

500型万用表标度尺

交流10V专用标度尺

图 2-47　交流电压 10V 专用标度尺

4. 直流电压的测量

① 用直流电压挡，如图 2-48 所示。

② 红表笔接被测电压正极；黑表笔接被测电压负极，两表笔并在被测线路两端，如果不知极性，将转换开关置于直流电压最大处，然后将一根表笔接被测一端，另一表笔迅速碰一下另一端，观察指针偏转，若正偏，则接法正确；若反偏则应调换表笔接法。

③ 根据指针稳定时的位置及所选量程，正确读数。

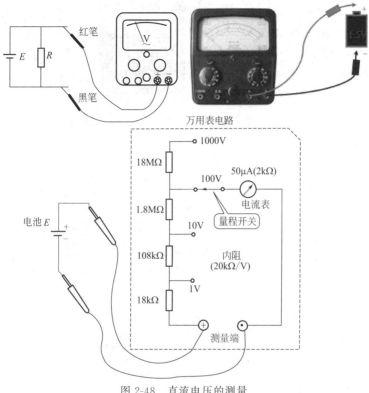

图 2-48 直流电压的测量

5. 直流电流的测量

① 用万用表测直流时，用直流电流挡。量程 mA 或 μA 挡，两表笔串接于测量电路中，如图 2-49 所示。

② 红表笔接电源正极，黑表笔接电源负极。如果极性不知，应把转换开关置于 mA 挡最大处，然后将一根表笔固定一端，另一表笔迅速碰一下另一端，观察指针偏转方向。若正偏，则接法正确；若反偏则应调换表笔接法。

③ 万用表量程为 mA 或 μA 挡，不能测大电流。

④ 根据指针稳定时的位置及所选量程，正确读数。如图 2-50、

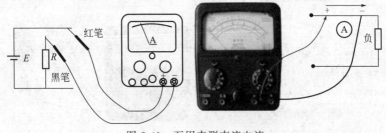

图 2-49　万用表测直流电流

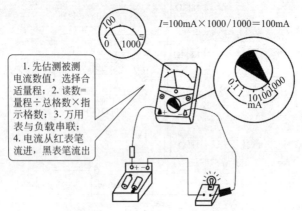

$I=100\text{mA}\times1000/1000=100\text{mA}$

1.先估测被测电流数值,选择合适量程; 2.读数=量程÷总格数×指示格数; 3.万用表与负载串联; 4.电流从红表笔流进,黑表笔流出

图 2-50　直流电流的测量示意图

图 2-51 所示。

6. 电阻的测量

① 用万用表电阻挡测量电阻,如图 2-52 所示。

② 测量前应将电路电源断开,有大电容必须充分放电,切不可带电测量。

③ 测量电阻前,先进行电阻调零。即将红黑两表笔短接,调节"Ω"旋钮,使指针对零。若指针调不到零,则表内电池不足需更换。每更换一次量程都要重复调零一次。

④ 测量低电阻时尽量减少接触电阻。测大电阻时,不要用手接触两表笔,以免人体电阻并入影响精度。

选择电流电压量程时,最好使指针指在
满刻度的三分之二以上位置.

图 2-51　量程的选择

⑤ 从表头指针显示的读数乘以所选量程的倍率数即为所测电阻的阻值。如图 2-53 所示。

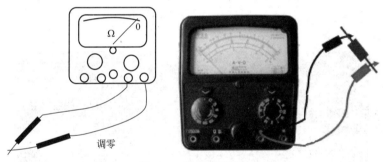

调零

图 2-52　电阻的测量

电阻的测量操作要注意:不能双手同时接触电阻,否则测得值就是人体与电阻的并联值;测量值＝量程×指示数;换用不同量程需要重新调零;调零时指针指不到"0"处,应更换电池;选量程时,指针稳定后指在刻度盘中间位置,测量值较准确。如图 2-54所示。

7. 判别二极管的极性与质量

（1）判别正负极性　选用万用表 $R×100Ω$ 或 $R×1kΩ$ 挡,将红、黑表笔分别接二极管两端。所测电阻小时,黑表笔接触处为正极,红表笔接触处为负极。如图 2-55 所示。

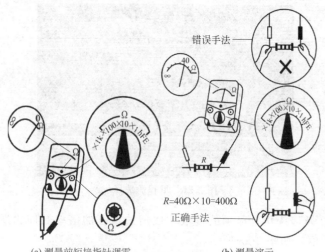

错误手法

$R=40\Omega\times10=400\Omega$

正确手法

(a) 测量前短接指针调零   (b) 测量演示

图 2-53   电阻测量示意图

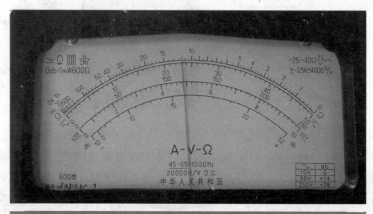

选择电阻量程时,最好使指针指在标
度尺的中央位置

图 2-54   量程的选择

（2）判别质量   选用万用表 $R\times1k\Omega$ 挡,测二极管的正反向电

图 2-55　判别二极管正负极性

阻，若正反向电阻均为零，二极管短路；若正反向电阻非常大，二极管开路。若正向电阻约几千欧姆，反向电阻非常大，二极管正常。

8. 三极管管型与电极的判别

（1）三极管基极和管型的判断　将万用表设置在 $R \times 100\Omega$ 或 $R \times 1k\Omega$ 挡，用黑表笔和任一管脚相接（假设它是基极 b），红表笔分别和另外两个管脚相接，如果测得两个阻值都很小，则黑表笔所连接的就是基极，而且是 NPN 型的管子。如果按上述方法测得的结果均为高阻值，则黑表笔所连接的是 PNP 管的基极。如图 2-56所示。

图 2-56　三极管基极和管型的判断

（2）集电极的判断　确定三极管的基极和管型后，假定一个待定电极为集电极（另一个假定为发射极），接入图 2-57 所示电路，记下欧姆表的摆动幅度，然后再把两个待定电极对调一下接入电路，并记下欧姆表的摆动幅度。摆动幅度大的一次，黑表笔所连接的管脚是集电极 c，红表笔所连接的管脚为发射极 e。测 PNP 管时，只要把图 2-57 电路中红、黑表笔对调位置，仍照上述方法测试。

9. 使用万用表应注意的事项

指针式万用表读取精度较差，但指针摆动的过程比较直观，其摆动速度幅度能比较客观地反映被测量的大小，指针式万用表内一般有两块电池，一块低电压的 1.5V，一块是高电压的 9V 或 15V，数字式万用表一般用 9V 的电池。使用万用表应熟悉表盘上各符号的意义及各个旋钮和选择开关的作用。选择好表笔插孔的位置。根据被测量的种类及大小，选择转换开关的挡

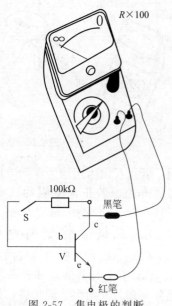

图 2-57　集电极的判断

位及量程，找出对应的刻度线，测量电流与电压不能旋错挡位。如果误将电阻挡或电流挡去测电压，就会烧坏电表。测量直流电压和直流电流时，注意"+"、"−"极性，不要接错。如发现指针反转，应立即调换表棒，以免损坏指针及表头。如果不知道被测电压或电流的大小，应先用最高挡，而后再选用合适的挡位来测试，以免表针偏转过度而损坏表头。所选用的挡位愈靠近被测值，测量的数值就愈准确。

在测电流、电压时，不能带电换量程。

测量电阻时，先将两支表棒短接，调"零欧姆"旋钮至最大，指针仍然达不到"0"点，这种现象通常是由于表内电池电压不足造成的，应换上新电池方能准确测量。测量电阻时，不要用手触及元件的两端（或两支表棒的金属部分），以免人体电阻与被测电阻并联，使测量结果不准确。不能带电测量电阻，因为测量电阻时，万用表由内部电池供电，如果带电测量则相当于接入一个额外的电

源，会损坏表头。万用表不用时，不要旋在电阻挡，因为内有电池，如不小心易使两根表棒相碰短路，不仅耗费电池，严重时甚至会损坏表头。要将挡位旋至交流电压最高挡或空位挡，避免因使用不当而损坏。长期不用的万用表应将电池取出，避免电池存放过久而变质，漏出电解液腐蚀电路。

10. 数字式万用表的特点

数字式万用表外观如图 2-58 所示。数字万用电表是采用数字化技术，用数字显示出被测电量的大小。数字万用电表的特点如下。

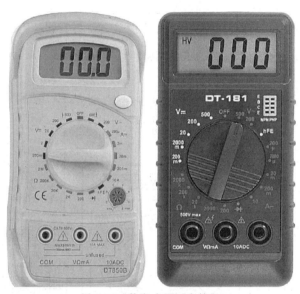

图 2-58　数字式万用表外观

① 测量精度高。

② 采用数字显示，没有人为读数误差。

③ 测量速度快，读数时间短，一般可达 2～5 次/s。

④ 输入阻抗高，一般达 $10M\Omega$，可用来测量内阻较高的信号电压。

⑤ 采用大规模集成电路，体积小、重量轻、抗干扰性能好、

过载能力强。高级的数字万用表还能与计算机相连，完成数据处理与实时控制等任务。

⑥ 不能迅速观察出被测量的变化趋势，这是其不足之处。

数字万用电表的显示位数一般为 $2\frac{1}{2}$～$8\frac{1}{2}$ 位。判断数字仪表位数有两条原则：

能显示 0～9 所有数字的位是整位；分数位的数值是以最大显示值中最高位数值为分子，用满量限时最高位数值作分母。例如，最大显示值为 ±1999、满量限计数值为 2000 的数字仪表称作 $3\frac{1}{2}$ 位，其最高位只能显示 0 或 1；$3\frac{1}{2}$ 的最高位只能显示从 0～2 的数字，故最大显示值为 ±2999。如图 2-59 所示。

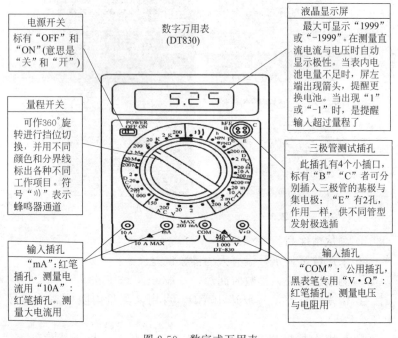

电源开关
标有"OFF"和"ON"(意思是"关"和"开")

量程开关
可作360°旋转进行挡位切换，并用不同颜色和分界线标出各种不同工作项目。符号"))"表示蜂鸣器通道

输入插孔
"mA"：红笔插孔。测量电流用"10A"：红笔插孔。测量大电流用

数字万用表
(DT830)

液晶显示屏
最大可显示"1999"或"-1999"。在测量直流电流与电压时自动显示极性。当表内电池电量不足时，屏左端出现箭头，提醒更换电池。当出现"1"或"-1"时，是提醒输入超过量程了

三极管测试插孔
此插孔有4个小插口，标有"B""C"者可分别插入三极管的基极与集电极；"E"有2孔，作用一样，供不同管型发射极选插

输入插孔
"COM"：公用插孔，黑表笔专用"V·Ω"：红笔插孔，测量电压与电阻用

图 2-59　数字式万用表

11. 用数字万用表测交流电压

① 将红表笔插入 VΩ 插口，黑表笔插入 COM 插孔，如图 2-60 所示。

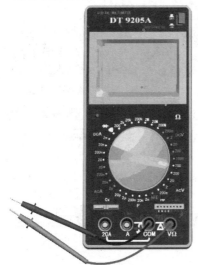

图 2-60　表笔接线

图 2-61　打开万用表电源开关

② 打开万用表电源开关，如图 2-61 所示。

③ 将功能量程开关置于交流电压挡，如图 2-62 所示。

操作提示：

a. 挡位选定交流电压挡，当不知电压范围时，应从最大量程选起。

b. 表要并联在所测电路或元器件的两端。

④ 接通被测电路，如图 2-63 所示。

⑤ 将表笔并联到待测电源或负载上，从显示器上直接读取电压值；交流电压量显示的为有效值；3、4 端子两端的电压为 10.00V，如图 2-64(a) 所示；6、7 端子两端的电压为 6.20V，如图 2-64(b) 所示。

12. 用数字万用表测直流电压

① 将红表笔插入 V 插口，黑表笔插入 COM 插孔，如图 2-65 所示。

图 2-62　转换开关挡位选择

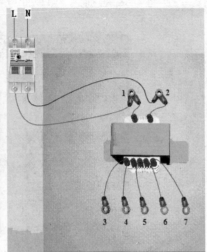

图 2-63　接通被测电路

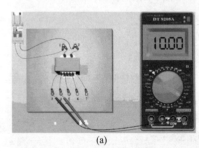

(a)

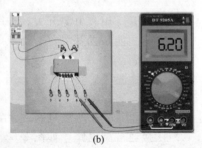

(b)

图 2-64　实际测量交流电压

　　② 打开万用表电源开关，如图 2-66 所示。

　　③ 将功能量程开关置于直流电压挡，如图 2-67 所示。

　　④ 接通被测电路，将表笔并联到待测电源或负载上，从显示器上直接读取电压值，电源电压为 6.00V，如图 2-68(a) 所示；小灯泡两端电压为 2.20V，如图 2-68(b) 所示。

图 2-65 表笔接线

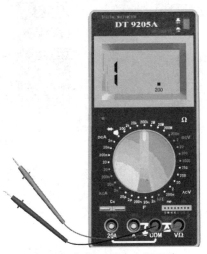

图 2-66 打开万用表电源开关

图 2-67 转换开关挡位选择

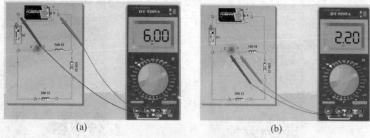

图 2-68　实际测量直流电压

13. 用数字万用表测直流电流

① 将红表笔插入 A 或 20A 插口，黑表笔插入 COM 插孔，如图 2-69 所示。

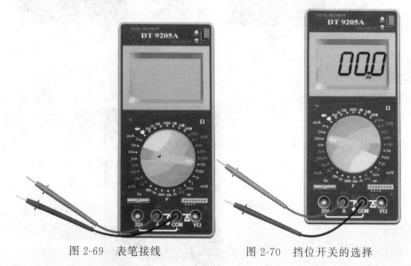

图 2-69　表笔接线　　　　　图 2-70　挡位开关的选择

② 打开万用表电源开关，将功能量程开关置于合适的直流电流挡，如图 2-70 所示。

③ 将表笔串联到待测回路中，从显示器上直接读取电流值；若显示值为负值，读数＝－20mA，如图 2-71(a) 所示；说明红、黑表笔接反，对调红、黑表笔即可，读数＝20mA，如图 2-71(b) 所示。

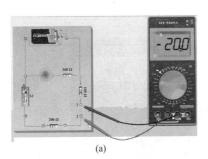
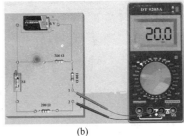

(a)   (b)

图 2-71　实际测量直流电流

14. 用数字万用表测电阻

① 将红表笔插入 VΩ 插口，黑表笔插入 COM 插孔，如图 2-72 所示。

图 2-72　表笔接线　　　　　　图 2-73　挡位选择

② 打开万用表电源开关，将功能量程开关置于合适的电阻挡，如图 2-73 所示。

③ 将表笔并联到被测电阻上，从显示器上直接读取被测电阻值，R_1 的电阻值＝100Ω，如图 2-74 所示。

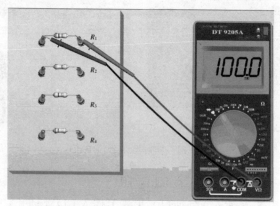

图 2-74　实际测量电阻

④ 测量不同的电阻，应选择不同的挡位，如图 2-75 所示；实际测量 R_2 的电阻值＝3.9kΩ，如图 2-76 所示。

图 2-75　挡位选择

五、电能表

1. 电能表的结构

感应式电能表的结构和接线如图 2-77 所示。

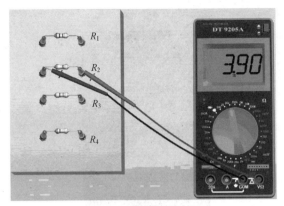

图 2-76　实际测量电阻

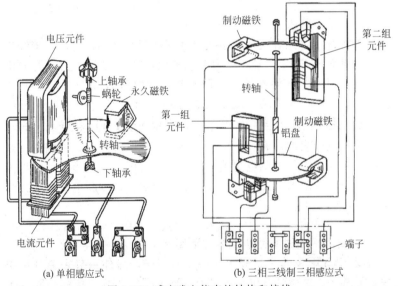

(a) 单相感应式　　　　　　(b) 三相三线制三相感应式

图 2-77　感应式电能表的结构和接线

单相电子式预付费电能表的外形，如图 2-78 所示。

2. 直入式单相跳入式有功电能表的接线

直接将电能表直接连接在单相电路中，对单相负载消耗的电能

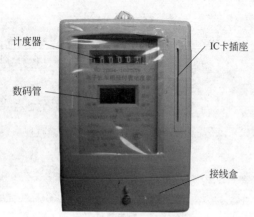

计度器

IC卡插座

数码管

接线盒

图 2-78　单相电子式预付费电能表的外形

进行测量，这种接线方式称为直入式接线。单相有功电能表直入式接线一般采用跳入式。

单相有功电能表跳入式接线原理图如图 2-79(a) 所示。接线特点是，电能表的 1、3 号端子为电源进线，2、4 号端子为电源的出线，并且与开关、熔断器、负载连接。实物接线如图 2-79(b) 所示。单相有功电能表跳入式接线如图 2-79 所示。

3. 用万用表判断单相有功电能表的接线方法

单相电能表内部有一个电压线圈和一个电流线圈，根据电压线圈电阻值大、电流线圈电阻值小的特点，可以用万用表的电阻挡测量两个线圈的阻值大小，找出线圈的接线端子来判断电能表的接线方式。步骤如下。

① 使用万用表 $R \times 100$ 或 $R \times 10$ 挡，如图 2-80 所示。

② 对万用表进行欧姆调零，如图 2-81 所示。

③ 用万用表的一只表笔接触 1 号端子，另外一只表笔分别接触 2 号端子、3 号端子和 4 号端子。测定哪两个端子接的是同一个线圈，且测出线圈的直流电阻值。

④ 判断测量结果：

如果测量 1 号和 2 号端子时，万用表读数近似为零，说明测量的是电流线圈的直流电阻值，如图 2-82 所示。

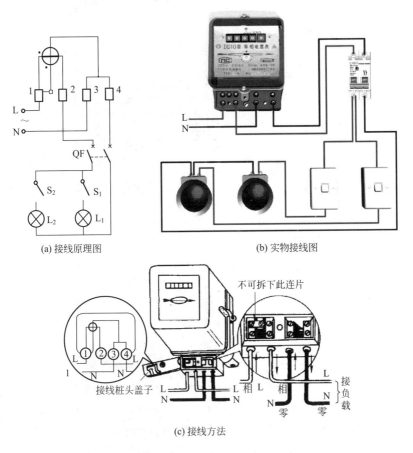

(a) 接线原理图

(b) 实物接线图

不可拆下此连片

接线桩头盖子

(c) 接线方法

图 2-79 单相有功电能表跳入式接线图

测量 1 号和 3 号端子，万用表显示值近似为 1000Ω，如图 2-83 所示。

测量 1 号和 4 号端子，万用表显示值近似为 1000Ω，如图 2-84 所示。

注意 由此可以判断，这块单相电能表的接线方式是跳入式接线。

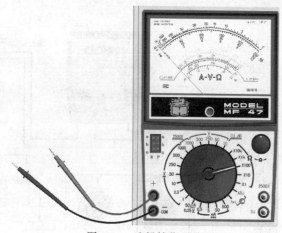

图 2-80　选择挡位开关

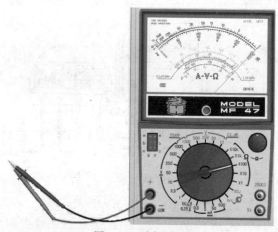

图 2-81　欧姆调零

4. 单相直入式有功电能表的读数

有功电能表是积算式仪表，某月所消耗的电能为表数之差。

例：某用户的单相有功电能表，6 月 1 日电能表的读数为 1kW·h，如图 2-85所示；7 月 1 日电能表的读数为 20kW·h，如图 2-86所示。

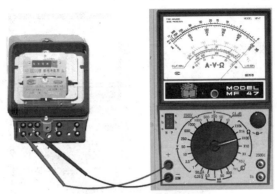

图 2-82 万用表测量单相电能表接线

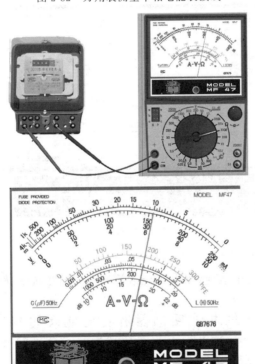

图 2-83 万用表读数（一）

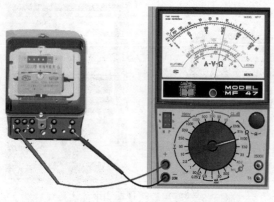

图 2-84　万用表读数（二）

本月消耗的电能为：

本月消耗电能＝（本月电能表读数－上月电能表读数）＝20－1＝19（kW·h）

5. 单相经电流互感器有功电能表的接线

单相有功电能表配电流互感器测量电能的接线原理图如图 2-87(a)所示；实物接线如图 2-87(b) 所示。

6. 直入式三相三线有功电能表的接线

直入式三相三线（三相两元件）有功电能表测量电能的接线原

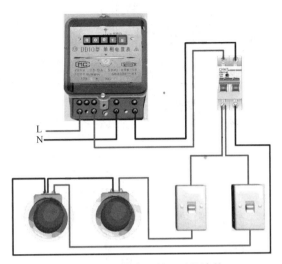

图 2-85　电能表 6 月 1 日的读数

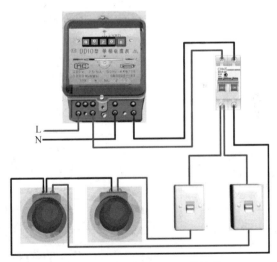

图 2-86　电能表 7 月 1 日的读数

理图如图 2-88(a) 所示；实物接线如图 2-88(b) 所示。

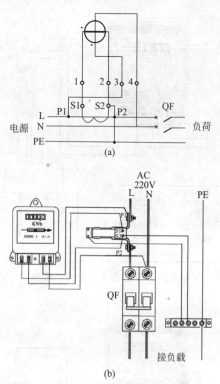

(a)

(b)

图 2-87　单相有功电能表配电流互感器接线图

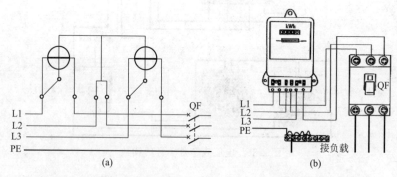

(a)　　　　　　　　　　　　　(b)

图 2-88　直入式三相三线（三相两元件）有功电能表接线图

7. 直入式三相四线有功电能表的接线

直入式三相四线（三相三元件）有功电能表测量电能的接线原理图如图 2-89(a) 所示；实物接线如图 2-89(b) 所示；三相四线有功电能表配电能表接线端子如图 2-89(c) 所示。

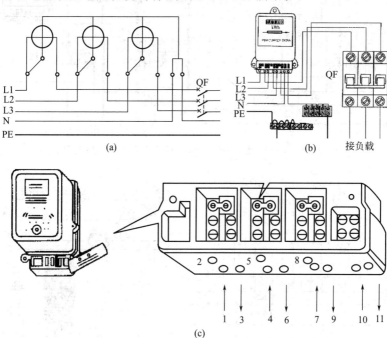

(a)

(b)　接负载

(c)

图 2-89　直入式三相四线（三相三元件）有功电能表接线图

8. 三相三线经电流互感器有功电能表的接线

DS 型三相三线有功电能表配电流互感器测量电能的接线原理图如图 2-90(a) 所示，实物接线如图 2-90(b) 所示。

9. 三相四线经电流互感器有功电能表的接线

三相四线（三相三元件）有功电能表配电流互感器测量电能的接线原理图如图 2-91(a) 所示；实物接线如图 2-91(b) 所示。

10. 电子式预付费 IC 卡单相有功电能表的接线

电子式预付费 IC 卡单相有功电能表接线原理图如图 2-92(a)

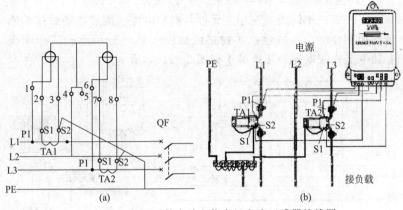

图 2-90　三相两元件有功电能表经电流互感器接线图

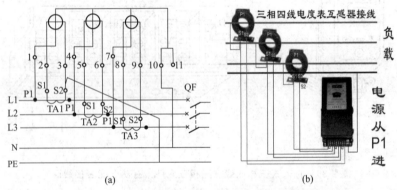

图 2-91　三相三元件有功电能表配电流互感器接线图

所示,其中 c、e 是校准电度表时接至标准表的端子,正常使用时不用接线;实物如图 2-92(b) 所示。

六、兆欧表

1. 兆欧表的结构

兆欧表结构如图 2-93 所示。

2. 兆欧表使用前的检查

(1) 外观检查　兆欧表使用前应做好检查工作,以确保安全操

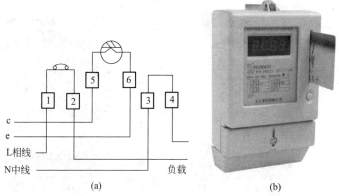

c
e
L相线
N中线　　　　　　　　　　　　负载

(a)　　　　　　　　　　　　　(b)

图 2-92　电子式预付费 IC 卡单相有功电能表接线图

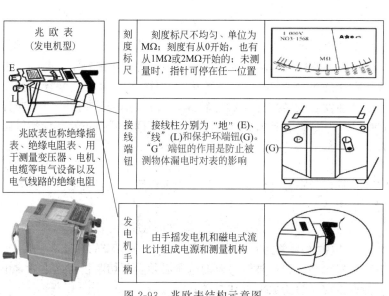

兆欧表（发电机型） 兆欧表也称绝缘摇表、绝缘电阻表、用于测量变压器、电机、电缆等电气设备以及电气线路的绝缘电阻	刻度标尺	刻度标尺不均匀、单位为 MΩ；刻度有从0开始，也有从1MΩ或2MΩ开始的；未测量时，指针可停在任一位置	
	接线端钮	接线柱分别为"地"(E)、"线"(L)和保护环端钮(G)。"G"端钮的作用是防止被测物体漏电时对表的影响	(G)
	发电机手柄	由手摇发电机和磁电式流比计组成电源和测量机构	

图 2-93　兆欧表结构示意图

作。先检查表外观，兆欧表的外观检查主要包括表的外壳是否完好；接线端子、摇柄、表头等状态是否完好；配件即测试用导线是否完好，使用前，兆欧表指针可停留在任意位置，这并不影响最后

图 2-94　兆欧表的外观检查

图 2-95　开路试验

的测量结果，如图 2-94 所示。

（2）开路试验　将兆欧表平稳放置，置于绝缘物上，将一条表线接在兆欧表"E"端，另一条接在"L"端。表位放平稳，摇动手柄，使发电机转速达到额定转速 120r/min，这时指针应指向标尺的"∞"位置（有的兆欧表上有"∞"调节器，可调节使指针指在"∞"位置），如图 2-95 所示。

（3）短路试验　将"L"、"E"两端子短接，由慢到快摇动手柄，指针应指在标尺的零刻度处，否则说明兆欧表有故障，需要检修，如图 2-96 所示。

3. 使用兆欧表测量设备的绝缘电阻

① 按被测对象的额定电压选定相应电压等级的兆欧表。注意：表要放置水平位置；被测对象的电源必须全部切断；对通电后含电容的设备应先短路放电（如电缆）。

② 测量前对表作开路检验。如图 2-97 所示。

③ 测量前对表作短路检验，如图 2-98 所示。

④ 测量线路或设备的相间绝缘，如图 2-99 所示。

⑤ 测量设备或线路的对地绝缘，如图 2-100 所示。

图 2-96 短路试验

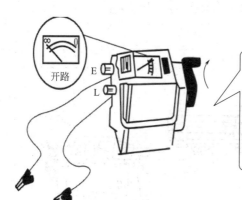

开路

E
L

将"L"与"E"两表笔开路，摇动手柄的速度为额定值(120r/min)，表指针稳定在刻度尺"∞"处为正常。必须注意：此时两表笔间有500V以上的电压，由于发电机的内阻很大，此电压对人体虽无危险，但手触及表笔会麻手，容易造成其他事故

图 2-97 开路检验

⑥ 测量电缆线路，如图 2-101 所示。

⑦ 测量完毕，被测设备必须充分放电，特别是电缆、高压电机、电容器、变压器等设备，放电时间应尽可能长些，完全放电后才可拆线。

七、接地电阻测试仪

1. ZC-8 型接地电阻测量仪的面板结构

ZC-8 型接地电阻测量仪有 3 端钮（C、P、E）和 4 端钮（C₁、

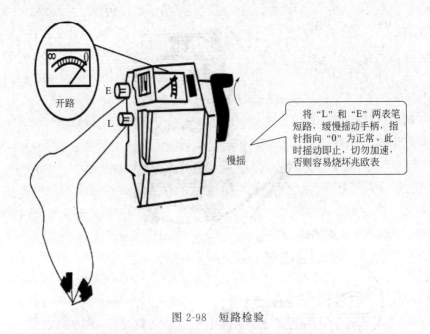

将 "L" 和 "E" 两表笔短路，缓慢摇动手柄，指针指向 "0" 为正常。此时摇动即止，切勿加速，否则容易烧坏兆欧表

开路

慢摇

图 2-98　短路检验

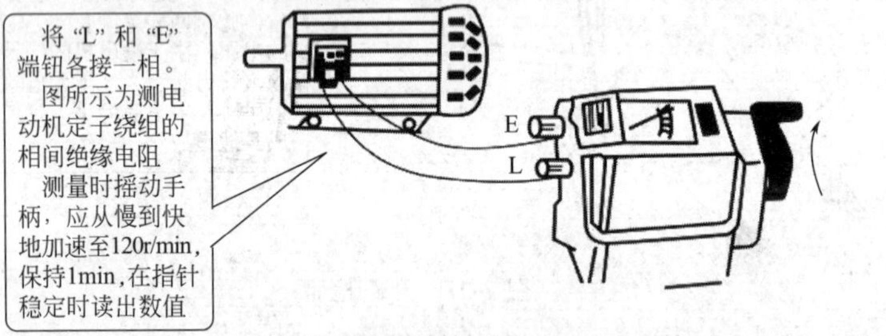

将 "L" 和 "E" 端钮各接一相。

图所示为测电动机定子绕组的相间绝缘电阻

测量时摇动手柄，应从慢到快地加速至120r/min，保持1min，在指针稳定时读出数值

图 2-99　测量线路或设备的相间绝缘

P_1、P_2、C_2）两种。其中 3 端钮接地电阻测量仪的量程规格为 10Ω-100Ω-1000Ω，它有 ×1、×10、×100 共 3 个倍率挡位可供选择。ZC-8 型 4 端钮接地电阻测量仪面板如图 2-102 所示。

2. 接地电阻测试仪使用前做短路试验

仪表的短路试验，目的是检查仪表的准确度，方法是将仪表的接线端钮 C_1、P_1、P_2、C_2（或 C、P、E）用裸铜线短接，如

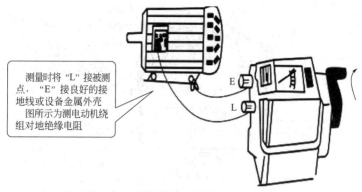

測量時將"L"接被測
點，"E"接良好的接
地線或設備金屬外殼
　圖所示為測電動機繞
組對地絕緣電阻

图 2-100　测量设备或线路的对地绝缘

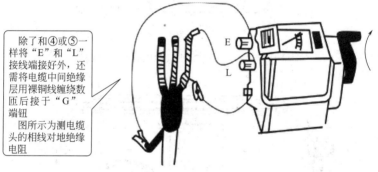

除了和④或⑤一
样将"E"和"L"
接线端接好外，还
需将电缆中间绝缘
层用裸铜线缠绕数
匝后接于"G"
端钮
　图所示为测电缆
头的相线对地绝缘
电阻

图 2-101　测量电缆线路

图 2-103所示，摇动仪表摇把后，指针向左偏转，此时边摇边调整
标度盘旋钮，当指针与中心刻度线重合时，指针应指标度盘上的
"0"，即指针、中心刻度线和标度盘上"0"刻度线三位一体成直
线。若指针与中心刻度线重合时未指"0"，如差一点或过一点则说
明仪表本身就不准确，测出的数值也不会准确。

3. 用接地电阻测试仪测量接地装置的电阻值

（1）测量前的准备工作

① 将被测量的电气设备停电，被测的接地装置应退出使用。

② 断开接地装置的干线与支线的分接点（断接卡子）。如果测

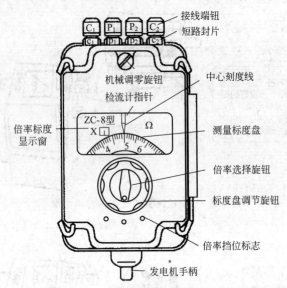

图 2-102　ZC-8 型 4 端钮接地电阻测量仪面板

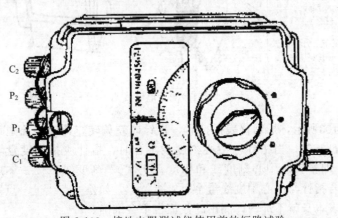

图 2-103　接地电阻测试仪使用前的短路试验

量接线处有氧化膜或锈蚀，要用砂纸打磨干净。

　③ 在距被测接地体 20m 和 40m 处，分别向大地打入两根金属棒作为辅助电极，并保证这两根辅助电极与接地体在一条直线上。

（2）正确接线方法　将3根测试线（5m、20m、40m线）先分别与接地体 E′、两个辅助电极 C′、P′ 连接好，再分别按下列要求与表的端钮连接。

① 3 端钮的接地电阻测量仪，其 E、P、C 这 3 端分别与连接接地体 E′ 的 5m 线、电位电极 P′（20m 线）、电流电极 C′（40m 线）相接。如图 2-104 所示。

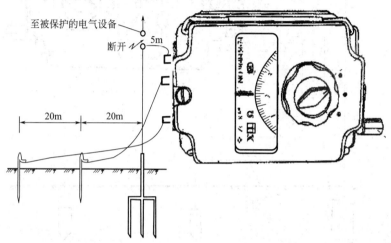

图 2-104　3 端钮接地电阻测量仪接线

② 4 端钮的接地电阻测量仪，先将仪表端 P_2 与 C_2 用短接片短接起来，当做 E 端钮使用，然后将 5m 测试线一端接在该端子上，导线另一端接接地体 E′；将 20m 线接在 P_1 端子上，导线的另一端与电位电极 P′ 连接；将 40m 线接在 C_1 端子上，导线另一端与电流电极 C′ 连接，如图 2-105 所示。

③ 若测量小于 1Ω 的接地电阻，先将接地电阻测量仪接线端 P_2 与 C_1、P_1、P_2、C_2 分别用导线接到被测接地体上，其他两端子接线同②所述，其接线方法如图 2-106 所示。

（3）正确测量　测量步骤如下。

① 慢慢转动发电机手柄，同时调节接地电阻测量仪标度盘调节旋钮，使检流计的指针指向中心刻度线。如果指针向中心刻度线

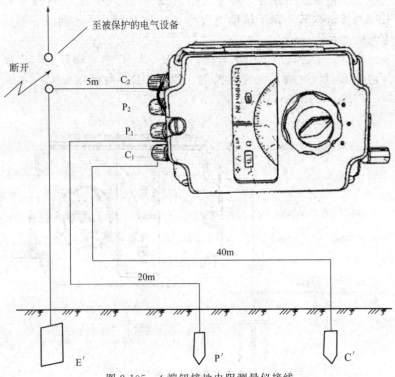

图 2-105　4 端钮接地电阻测量仪接线

左侧偏转，应向右旋转标度盘调节旋钮；如果检流计的指针向中心刻度线右侧偏转，应向左旋转标度盘调节旋钮。随着不断调整，检流计的指针应逐渐指向中心刻度线。

②　当检流计指针接近中心时，应加快转动发电机手柄，使转速达到 120r/min，并仔细调整标度盘调节旋钮，检流计的指针对准中心刻度线之后停止转动发电机手柄。

③　若调节仪表刻度盘时，接地电阻测量仪标度盘显示的电阻值小于 1Ω，应重新选择倍率，并重新调节仪表标度盘调节旋钮，以得到正确的测量结果。

④　正确读数。读取数据时，应根据所选择的倍率和标度盘上指示数来共同确定。所谓指示数为检流计指针对准中心刻度线时标

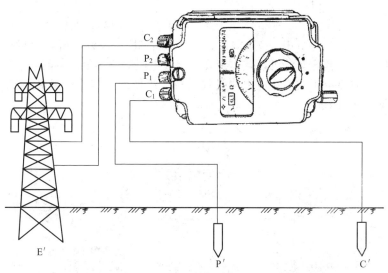

图 2-106　4端钮接地电阻测量仪测量小于 1Ω 电阻的接线

度盘指示的数字，如图 2-107 所示，倍率为 1，图中指示数字为 3.2，则被测接地电阻的阻值为 R_x＝指示数×倍率＝1×3.2Ω＝3.2Ω。

　　测量完毕后，先拆去接地电阻测量仪的接线，然后将 3 条测试线收回，拔出插入大地的辅助电极，放入工具袋里。应将接地电阻测量仪存放于干燥通风、无尘、无腐蚀性气体的场所。

八、直流单臂电桥

1. 常用直流电桥的型号

　　常用的直流电阻电桥有两大类：一类称为单臂电桥，又称为惠斯登电桥，如图 2-108（a）所示；另一类称为双臂电桥，又称为凯尔文电桥，如图 2-108（b）、（c）所示。这里的

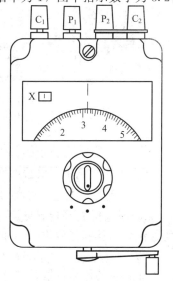

图 2-107　接地电阻测量仪读数

"臂"是指电桥与被测电阻的连线，单臂是每端一条连线；双臂是每端两条连线。单臂电桥用于测量 1Ω 以上的电阻；双臂电桥则用于测量较小的电阻（例如 1Ω 及以下的电阻）；双臂电桥和单臂电桥相比，其优点是可以基本消除引接线电阻对测量值产生的误差。

数显电子式直流电阻测量仪已被广泛使用，其外形规格很多，见图 2-108(d)。

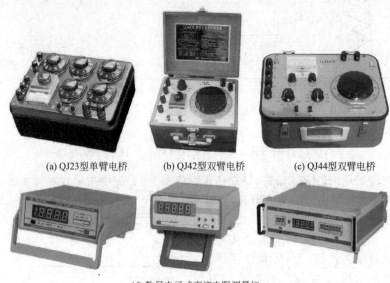

(a) QJ23型单臂电桥　　(b) QJ42型双臂电桥　　(c) QJ44型双臂电桥

(d) 数显电子式直流电阻测量仪

图 2-108　测量电机绕组直流电阻用的仪器仪表

2. QJ23 型直流单臂电桥的面板图

QJ23 型直流单臂电桥的面板如图 2-109 所示。

3. QJ23 型直流单臂电桥的使用

① 把电桥放平稳，断开电源和检流计按钮，进行机械调零，使检流计指针和零线重合，如图 2-110 所示。

② 用万用表电流挡粗测被测电阻值，选取合理的比例臂，使电桥比较臂的四个读数盘都利用起来，以得到 4 个有效数值，保证测量精度。

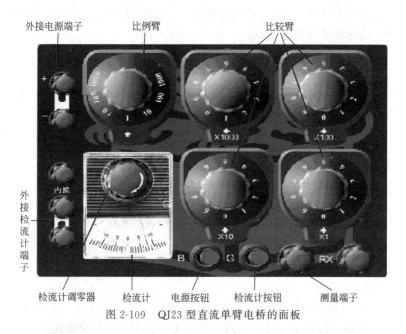

外接电源端子　比例臂　比较臂

外接检流计端子

检流计调零器　检流计　电源按钮　检流计按钮　测量端子

图 2-109　QJ23 型直流单臂电桥的面板

图 2-110　用前检查

如用万用表电阻挡粗测电阻值为 34980Ω，选取的比例臂为 10，调好比较臂电阻 3498Ω。

图 2-111　测量

③ 将被测电阻 R_X 接入接线柱，先按下电源按钮 B，再按检流计按钮 G，若检流计指针摆向"＋"端，需增大比较臂电阻，若指针摆向"－"端，如图 2-111 所示，需减小比较臂电阻；反复调节，直到指针指到零位为止，如图 2-112 所示。

图 2-112　调整

④ 读出比较臂的电阻值再乘以倍率，即为被测电阻值，即读数=3488×10=34880（Ω）。

⑤ 测量完毕后，先断开 G 钮，再断开 B 钮，拆除测量接线。

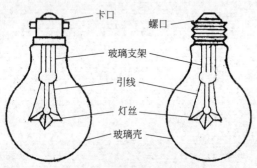

照明线路的安装

Chapter 03

第一节　照明线路与灯具的安装

一、白炽灯照明线路的安装

1. 白炽灯的构成及在电路中的表示符号

（1）白炽灯的构成　白炽灯由灯丝、玻璃壳、玻璃支架、引线、灯头等组成，如图3-1所示。

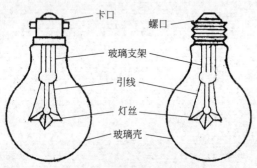

卡口　　螺口

玻璃支架

引线

灯丝

玻璃壳

图3-1　白炽灯的构成

（2）白炽灯在电路中的符号　白炽灯在电路中的符号如图3-2所示。

（3）白炽灯的灯座

① 螺口灯座头，如图3-3所示。

② 卡口灯座头，如图3-4所示。

2. 开关在电路中的表示符号

① 单联开关在电路中的符号如图 3-5 所示。

② 双联开关在电路中的符号如图 3-6 所示。

图 3-2　白炽灯在电路中的符号

图 3-3　螺口灯座

1—灯丝；2—灯壳；3—引线；4—玻璃支架；5—螺口灯头

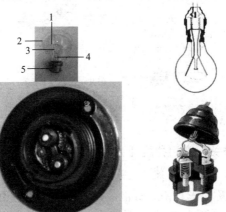

图 3-4　卡口灯座

1—灯丝；2—灯壳；3—引线；4—玻璃支架；5—卡口灯头

单联开关内部结构：

单联开关在电路中的图形符号：

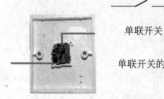

单联开关

单联开关的接线

图 3-5　单联开关及符号

双联开关内部结构：

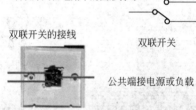

双联开关在电路中的图形符号：

双联开关的接线

双联开关

公共端接电源或负载

图 3-6　双联开关及符号

③ 拉线开关。常用拉线开关如图 3-7 所示。

3. 白炽灯的安装

白炽灯亦称钨丝灯泡，灯泡内充有惰性气体，当电流通过钨丝时，将灯丝加热到白炽状态而发光，白炽灯的功率一般为 15～300W。因其结构简单、使用可靠、价格低廉、便于安装和维修，

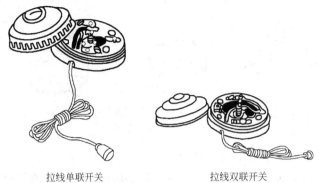

拉线单联开关 拉线双联开关

图 3-7 拉线开关

故应用很广。室内白炽灯的安装方式常有吸顶式、壁式和悬吊式三种，如图 3-8 所示。

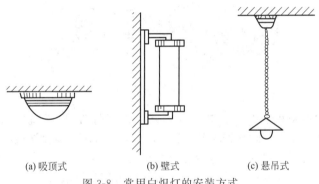

(a) 吸顶式 (b) 壁式 (c) 悬吊式

图 3-8 常用白炽灯的安装方式

下面以悬吊式为例介绍其具体安装步骤。

（1）安装圆木 如图 3-9 所示，先在准备安装吊线盒的地方打孔，预埋木榫或尼龙胀管。在圆木底面用电工刀刻两条槽，在圆木中间钻三个小孔，然后将两根电源线端头分别嵌入圆木的两条槽内，并从两边小孔穿出，最后用木螺丝从中间小孔中将圆木紧固在木榫或尼龙胀管上。

（2）安装吊线盒 如图 3-10 所示，先将圆木上的电线从吊线盒底座孔中穿出，用木螺丝将吊线盒紧固在圆木上。将穿出的电线

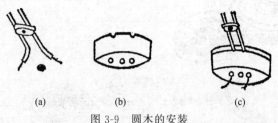

(a)	(b)	(c)

图 3-9　圆木的安装

剥头，分别接在吊线盒的接线柱上。按灯的安装高度取一段软电线，作为吊线盒和灯头的连接线，将上端接在吊线盒的接线柱上，下端准备接灯头。在离电线上端约 5cm 处打一个结，使结正好卡在接线孔里，以便承受灯具重量。

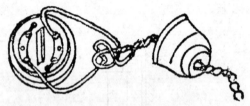

图 3-10　吊线盒的安装

（3）安装灯头　如图 3-11 所示，旋下灯头盖，将软线下端穿入灯头盖孔中。在离线头约 3mm 处也打一个结，把两个线头分别接在灯头的接线柱上，然后旋上灯头盖。若是螺口灯头，相线应接在与中心铜片相连的接线柱上，否则容易发生触电事故。

在一般环境下灯头离地高度不低于 2m，潮湿、危险场所不低于 2.5m，如因生活、工作和生产需要而必须把电灯放低时，其离地高度不能低于 1m，且应在电源引线上加绝缘管保护，并使用安全灯座。离地不足 1m 使用的电灯，必须采用 36V 以下的安全灯。

（4）安装开关　控制白炽灯的开关应串接在相线上，即相线通过开关再进灯头。一般拉线开关的安装高度离地面 2.5m，扳动开关（包括明装或暗装）离地高度为 1.4m。安装扳动开关时，方向要一致，一般向上为"合"，向下为"断"。

安装拉线开关或明装扳动开关的步骤和方法与安装吊线盒大体相同，先安装圆木，再把开关安装在圆木上，如图3-12所示。

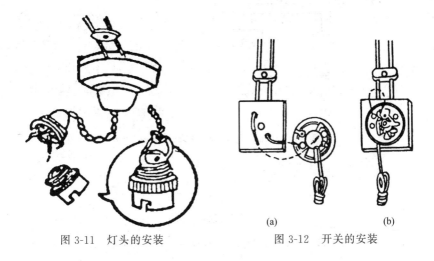

图 3-11　灯头的安装　　　　　　　图 3-12　开关的安装

4. 单联开关控制白炽灯接线原理图

① 单联开关控制白炽灯接线原理图如图3-13所示。

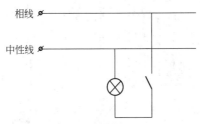

图 3-13　单联开关控制白炽灯接线原理图

② 单联开关控制白炽灯的实际接线如图3-14所示。

5. 两个单联开关分别控制两个灯

① 两个单联开关分别控制两个灯的接线原理图如图3-15所示。多个开关及多个灯可延伸接线。

② 两个单联开关分别控制两个灯实际接线如图3-16所示。

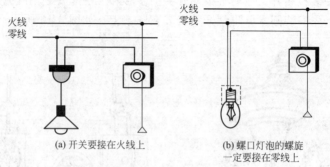

(a) 开关要接在火线上　　(b) 螺口灯泡的螺旋
　　　　　　　　　　　　一定要接在零线上

图 3-14　单联开关控制白炽灯的实际接线

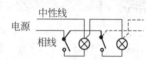

图 3-15　两个单联开关分别控制两个灯的接线原理图

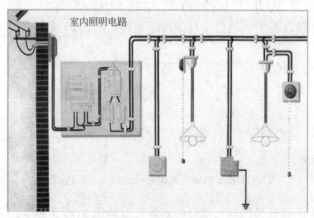

图 3-16　两个单联开关分别控制两个灯实际接线

6．两个双联开关在两地控制一盏灯

两个双联开关在两地控制一盏灯，原理图如图 3-17(a) 所示；接线示意图如图 3-17(b)；实际接线如图 3-17(c) 所示。

可用于楼梯或走廊两端都能开关的场所，现在在楼梯或走廊广泛使用声光控灯。但在居室装修时，门厅和卧室或书房和卧室可根据需要采用两个双联开关在两地控制一盏灯的接线。接线口诀是：开关之间三条线，零线经过不许断，电源与灯各一边。

7. 3 个开关控制一盏灯的线路

在三处控制电灯的线路原理图如图 3-18 所示。

8. 4 个开关控制一盏灯的线路

4 个开关控制一盏灯的线路原理图如图 3-19 所示。

9. 数码分段开关控制白炽灯的接线

数码分段开关控制白炽灯的接线原理图如图 3-20 所示。

接线时，首先把灯具中的灯泡分成三组；分别是：蓝线组、黄线组和白线组。然后按图 3-20 所示连接电路，灯亮顺序（每开启一次）为：蓝色——→（蓝色＋黄色）——→（蓝色＋白色）——→（蓝色＋黄色＋白色）。

10. 光源的发展

众所周知，白炽灯是爱迪生的重要发明，这个重要的发明使人类从此告别了黑暗，迎来了光明，但是白炽灯太耗电了，它大概只有不到十分之一的能量才变成了光能，其他都是热能白白的被浪费掉了，所以人们都在想办法要用新的光源来替代白炽灯，至此节能灯就应运而生了。由于它相比而言便宜又好制作，所以就得到了大量的应用，有逐步取代白炽灯的趋势。节能灯取代白炽灯被称为照明领域的第二次革命，同时，LED 照明产品以更加优质的性能取代传统节能灯也是一种趋势，被称为照明领域的第三次革命。

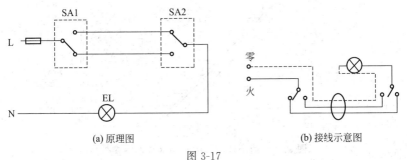

(a) 原理图　　　　　　　　(b) 接线示意图

图 3-17

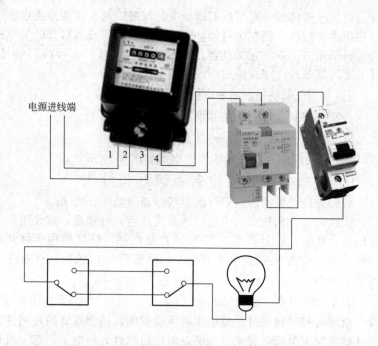

电源进线端

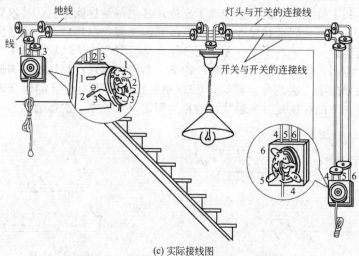

地线

线

灯头与开关的连接线

开关与开关的连接线

(c) 实际接线图

图 3-17 两个双联开关在两地控制一盏灯

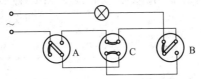

图 3-18　3 个开关控制一盏灯的线路

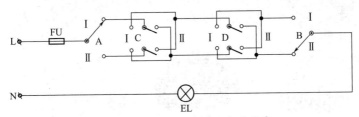

图 3-19　4 个开关控制一盏灯的线路

图 3-20　数码分段开关控制白炽灯的接线原理图

（1）白炽灯　白炽灯将灯丝通电加热到白炽状态，利用热辐射发出可见光的电光源。自 1879 年，美国的 T. A. 爱迪生制成了碳化纤维（即碳丝）白炽灯以来，经人们对灯丝材料、灯丝结构、充填气体的不断改进，白炽灯的发光效率也相应高。1959 年，美国在白炽灯的基础上发展了体积和衰光极小的卤钨灯。白炽灯的发展趋势主要是研制节能型灯泡。不同用途和要求的白炽灯，其结构和部件不尽相同。白炽灯的光效虽低，但光色和集光性能好，是产量最大、应用最广泛的电光源。

（2）节能灯　又称为省电灯泡、电子灯泡、紧凑型荧光灯及一体式荧光灯，是指将荧光灯与镇流器组合成一个整体的照明设备。节能灯的尺寸与白炽灯相近，与灯座的接口也和白炽灯相同，所以可以直接替换白炽灯。节能灯的光效比白炽灯高得多，同样照明条件下，前者所消耗的电能要少得多，所以被称为节能灯。如图3-21所示。

图3-21 节能灯

（3）LED灯 LED又称发光二极管，它们利用固体半导体芯片作为发光材料，当两端加上正向电压，半导体中的载流子发生复合，放出过剩的能量而引起光子发射产生可见光。LED灯如图3-22所示。

图3-22 LED灯

二、荧光灯照明线路的安装

1. 荧光灯接线原理图和接线图

荧光灯又称日光灯，它是由灯管、启辉器、镇流器、灯座和灯架等部件组成的。在灯管中充有水银蒸气和氩气，灯管内壁涂有荧光粉，灯管两端装有灯丝，通电后灯丝能发射电子轰击水银蒸气，使其电离，产生紫外线，激发荧光粉而发光。

荧光灯发光效率高、使用寿命长、光色较好、经济省电，故也被广泛使用。日光灯按功率分，常用的有 6W、8W、15W、20W、30W、40W 等多种；按外形分，常用的有直管形、U 形、环形、盘形等多种；按发光颜色分，又分有日光色、冷光色、暖光色和白光色等多种。

荧光灯的安装方式有悬吊式和吸顶式，吸顶式安装时，灯架与天花板之间应留 15mm 的间隙，以利通风，如图 3-23 所示。

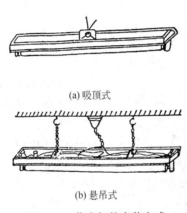

(a) 吸顶式

(b) 悬吊式

图 3-23　荧光灯的安装方式

具体安装步骤如下。

① 安装前的检查　安装前先检查灯管、镇流器、启辉器等有无损坏，镇流器和启辉器是否与灯管的功率相配合。特别注意，镇流器与日光灯管的功率必须一致，否则不能使用。

② 各部件安装　悬吊式安装时，应将镇流器用螺钉固定在灯架的中间位置；吸顶式安装时，不能将镇流器放在灯架上，以免散热困难，可将镇流器放在灯架外的其他位置。

镇流器的作用是在启动时与启辉器配合，产生瞬时高压；工作时限制灯管中的电流。镇流器的结构分为单线圈式和双线圈式，外形如图 3-24 所示。

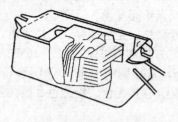
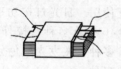

(a) 单线圈式　　　　　　　　　(b) 双线圈式

图 3-24　镇流器的结构

将启辉器座固定在灯架的一端或一侧边上，两个灯座分别固定在灯架的两端，中间的距离按所用灯管长度量好，使灯脚刚好插进灯座的插孔中。如图 3-25 所示。

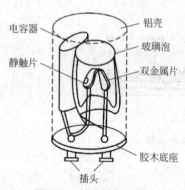

电容器　　　　　　铝壳
玻璃泡
静触片　　　　　　双金属片

胶木底座
插头

图 3-25　启辉器的结构

启辉器的作用是使电路接通，并能自动断开，相当于一个自动开关。电容的作用是避免启辉器两触片断开时产生火花烧坏触片和减弱荧光灯对无线电设备的干扰。

启辉器座如图 3-26 所示；灯座如图 3-27 所示。

③ 电路接线　各部件位置固定好后，按如图 3-28 所示进行接线。接线完毕要对照电路图仔细检查，以防接错或漏接。然后把启辉器和灯管分别装入插座内。接电源时，其相线应经开关连接在镇流器上，通电试验正常后，即可投入使用。

2. 一般镇流器荧光灯的接线

采用一般镇流器荧光灯的接线如图 3-29 所示。

3. 两只线圈的镇流器荧光灯的接线

采用两只线圈的镇流器荧光灯的接线如图 3-30 所示。

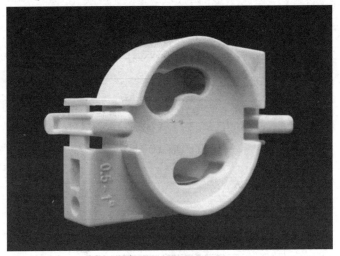

图 3-26 启辉器座

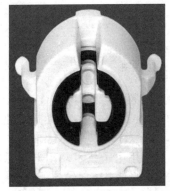

图 3-27 灯座

4. 电子镇流器荧光灯的接线

电子镇流器基本原理是将工频 50Hz 的交流电源经整流滤波，再变换成 20～50kHz 高频交流，经串联谐振电路产生高压脉冲点燃灯管。电路串入很小的电感线圈，用单孔磁芯绕 100 多圈，电感量很少，耗电 1W 左右，从而节省电力，由功率因数校正电路而使

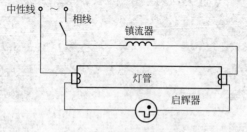

(a) 单线圈式单管电路

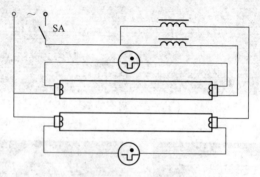

(b) 单线圈式双管电路

图 3-28　荧光灯接线原理图

cosφ 提高, 启动电压低, 且无噪声、无闪频。

目前市场出售的电子镇流器有灯座式 (无壳式)、有壳式两种。有壳式电子镇流器接线如图 3-31 所示。

电子镇流器是镇流器的一种, 是指采用电子技术驱动电光源, 使之产生所需照明的电子设备。与之对应的是电感式镇流器 (或镇流器)。现代日光灯越来越多地使用电子镇流器, 轻便小巧, 甚至可以将电子镇流器与灯管等集成在一起, 同时, 电子镇流器通常可以兼具启辉器功能, 故此又可省去单独的启辉器。电子镇流器还可以具有更多功能, 比如可以通过提高电流频率或者电流波形 (如变成方波) 改善或消除荧光灯的闪烁现象; 也可通过电源逆变过程使得日光灯可以使用直流电源。

电子镇流器如图 3-32 所示, 是使用半导体电子元件, 将直流

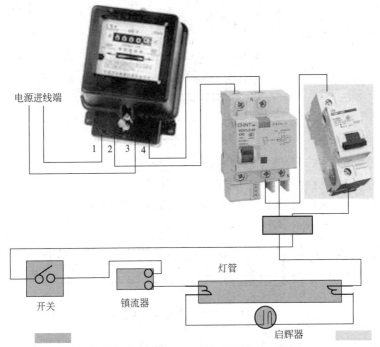

电源进线端

灯管

开关　　　　镇流器

启辉器

图 3-29　采用一般镇流器荧光灯的接线

或低频交流电压转换成高频交流电压，驱动低压气体放电灯（杀菌灯）、卤钨灯等光源工作的电子控制装置。应用最广的是荧光灯电子镇流器。

电子镇流器分：荧光灯电子镇流器、高压钠灯电子镇流器、金属卤化物灯电子镇流器。由于采用现代软开关逆变技术和先进的有源功率因数矫正技术及电子滤波措施，具有很好的电磁兼容性，降低了镇流器的自身损耗。

三、高压汞灯的安装

高压汞灯分镇流器式和自镇流式两种。高压汞灯功率在 125W 以下的，应配用 E27 型瓷质灯座，功率在 175W 以上的，应配用 E40 型瓷质灯座。

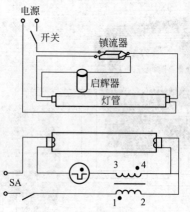

图 3-30　两只线圈的镇流器荧光灯的接线

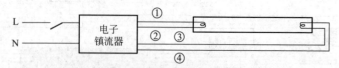

图 3-31　有壳式电子镇流器接线（单管）

接灯丝：①、②一种颜色（如黑色）接灯管一端灯脚；

③、④另一种颜色（如灰色）接灯管另一端灯脚；

接电源：L、N（如红色）

1. 镇流器式高压汞灯

镇流器式高压汞灯是普通荧光灯的改进型，是一种高压放电光源，与白炽灯相比具有光效高、用电省、寿命长等优点，适用于大面积照明。

它的玻璃外壳内壁上涂有荧光粉，中心是石英放电管，其两端有一对用杜钨丝制成的主电极，主电极旁装有启动电极，用来启动放电。灯泡内充有水银和氩气，在辅助电极上串有一个 4kΩ 的电阻，其结构如图 3-33 所示。

安装镇流器式高压汞灯时，其镇流器的规格必须与灯泡的功率一致，镇流器应安装在灯具附近，并应安装在人体触及不到的位置，在镇流器接线端上应覆盖保护物，若镇流器装在室外，应有防

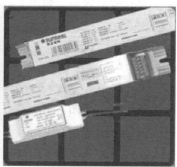

(a) 电子镇流器外观

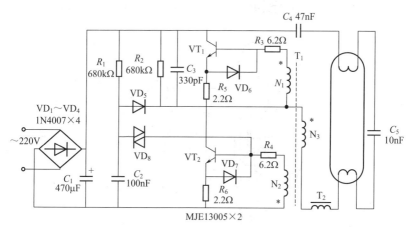

(b) 电子镇流器原理图

图 3-32　电子镇流器

雨措施。其接线方法如图 3-34 所示。

2. 自镇流式高压汞灯

　　自镇流式高压汞灯是利用水银放电管、白炽体和荧光质三种发光元素同时发光的一种复合光源，故又称复合灯。它与镇流器式高压汞灯外形相同，工作原理基本一样。不同的是它在石英放电管的周围串联了镇流用的钨丝，不需要外附镇流器，像白炽灯一样使用，并能瞬时起燃，安装简便，光色也好。但它的发光效率低，不耐震动，寿命较短。如图 3-35 所示。

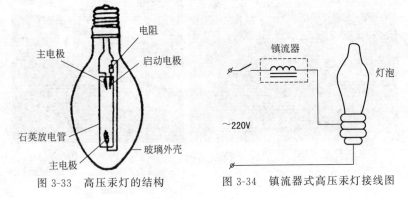

图 3-33　高压汞灯的结构

图 3-34　镇流器式高压汞灯接线图

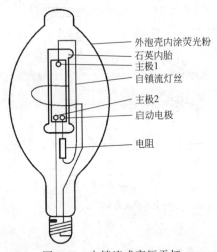

图 3-35　自镇流式高压汞灯

四、其他灯具的安装

1. 吸顶灯在混凝土棚顶上的安装

（1）预埋木砖法　在混凝土棚面上施工时，安装前应根据图纸要求，在浇筑混凝土前把木砖预埋在里面，如图 3-36（a）在安装灯具时，可以把灯具的底台（即绝缘台，有木制和塑料制的）先安装上，吸顶灯可选用紧固螺栓或木螺钉在预埋木砖上紧固。如果灯具底台直径超过 100mm，必须用 2 枚螺钉，灯具底台必须安装牢固。灯具底台安装采用预埋螺栓，螺栓不得小于 M6。灯具在底台固定可以采用木螺钉，木螺钉数量不得少于灯具给定的安装孔数。小型单头吸顶灯的灯具直接依靠铁支架安装在混凝土棚面上。首先按铁支架给定的安装孔数用胀管螺栓紧固，然后安装吸顶灯的灯具。

（2）用胀管螺栓安装　大型或多头吸顶灯允许采用金属胀管螺栓紧固，但膨胀螺栓规格不得小于 M6。圆形底盘吸顶灯紧固螺栓数量不得少于 3 枚；方形或矩形底盘吸顶灯紧固螺栓不得少于 4 枚。螺栓布置如图 3-36（b）所示。

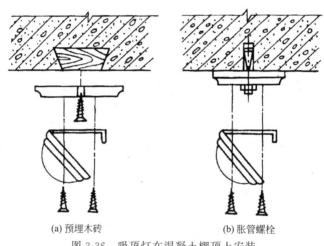

(a) 预埋木砖　　　　　　(b) 胀管螺栓

图 3-36　吸顶灯在混凝土棚顶上安装

2. 小型、轻体吸顶灯在吊顶上安装

小型、轻体吸顶灯可以直接安装在吊顶棚上，但不得用吊顶棚罩面板作为螺钉的紧固基面。安装时应在罩面板上面加装木方，木方规格为 60mm×40mm，木方要固定在吊棚的主龙骨上。安装灯具的紧固螺钉拧紧在木方上，安装情况如图 3-37 所示。

3. 较大型吸顶灯在吊顶上安装的方法

较大型吸顶灯应在吊棚上安装，原则是不让吊棚承受更大的重

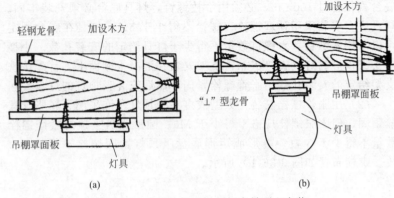

图 3-37　小型、轻型吸顶灯在吊顶上安装

力。其安装方法有三种：一是用吊杆将灯具悬吊固定在建筑物主体顶棚上；二是在吊棚的主龙骨上加设悬吊灯具附件装置，类似吊灯在顶棚上安装的方法；三是采用轻钢龙骨上紧固灯具，不仅快捷、省力而且规范，是值得推广的工艺模式。图 3-38 示出了安装程序、节点图示和所含配件的外形。

4. 安装大型吊灯

吊灯分为大型吊灯和小型吊灯两种类型。大型吊灯，如豪华枝形吊灯有较大的体积和重量，而且绝大部分属现场组装型。小型吊灯大多数可以在安装前一次装配成形整体安装。

大型吊灯安装时要特别注意吊钩的承重力，按照国家标准规定，吊钩必须能挂超过灯具重量 14 倍的重物，只有这样，才能被确认是安全的。大型吊灯因体积大、灯体重必须固定在建筑物的主体棚面上（或具有承重能力的构架上），不允许在轻钢龙骨吊棚上直接安装。大型吊灯在混凝土棚面上安装，要事先预埋铁件或放置穿透螺栓，如图 3-39 所示，并同其连接附件一起，作为灯具的承重紧固装置。紧固装置要位置正确、牢固可靠，同时应有足够的调整余地，用以调整灯具位置的误差。

5. 小型吊灯在混凝土顶棚上安装

小型吊灯体积小、重量轻，在混凝土顶棚上安装除采用埋件、穿透螺栓外，还可以用胀管螺栓紧固。安装时可视灯具的体积、重量，决定所采用胀管螺栓的规格，但最小不宜小于 M6，多头小型吊灯不宜小于 M8，螺栓数量至少要 2 枚，不能采用轻型自攻型胀管螺钉。紧固螺栓在混凝土板面布置情况，如图 3-40 所示。

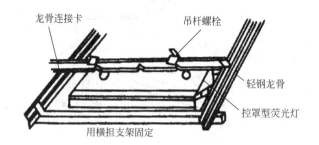

龙骨连接卡　吊杆螺栓　轻钢龙骨　控罩型荧光灯

用横担支架固定

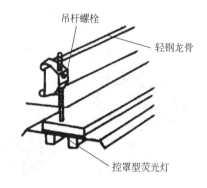

吊杆螺栓　轻钢龙骨

控罩型荧光灯

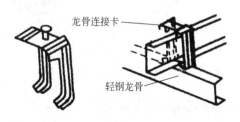

龙骨连接卡　轻钢龙骨

(a) 吊杆螺栓在横竖支架上固定

图 3-38

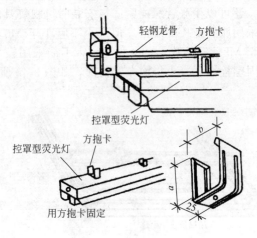

控罩型荧光灯

控罩型荧光灯　　方抱卡

用方抱卡固定

(b) 用方抱卡在轻钢龙骨上固定

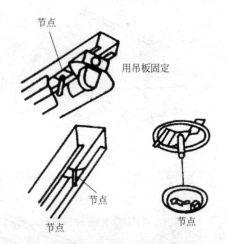

节点

用吊板固定

节点

节点

节点

(c) 定形卡件在轻钢龙骨上固定

图 3-38　较大型吸顶灯在吊顶上安装

6. 小型吊灯在吊顶上安装

　　小型吊灯在吊棚上安装必须在吊棚主龙骨上设灯具紧固装置，可将吊灯通过连接件悬挂在紧固装置上，其紧固装置在主龙骨上的

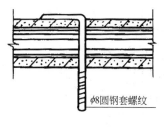

(a) 预制板透螺栓

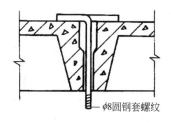

(b) 在楼板缝里放置螺栓

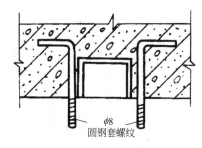

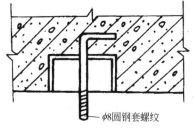

(c) 现浇板里预埋螺栓

图 3-39　在混凝土板里预埋螺栓

支持点应对称加设吊杆，以抵消灯具加在吊棚上的重力，使吊棚不至于下沉、变形。其安装如图 3-41 所示。

7. 在墙面、柱面上安装壁灯应注意的事项

在墙面、柱面上安装壁灯，可以用灯位盒的安装螺孔旋入螺钉来固定，也可在墙面上打孔置入金属或塑料胀管螺钉。壁灯底台固定螺钉一般不少于 2 个。体积小、重量轻、平衡性较好的壁灯可以用 1 个螺栓，采取挂式安装。过道壁灯安装高度一般为灯具中心距地面 2.2m 左右；床头壁灯以 1.2～1.4m 高度较为适宜。壁灯安装如图 3-42 所示。

8. 行灯变压器的安装

① 变压器应具有加强绝缘结构（如图 3-43 所示）。这时变压器二次边保持独立，既不接地也不接零，更不接其他用电设备。

② 当变压器不具备加强绝缘结构时（如图 3-44 所示），其二次的一端应接地（接零）。

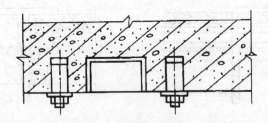

(a) 胀管螺栓布置情况

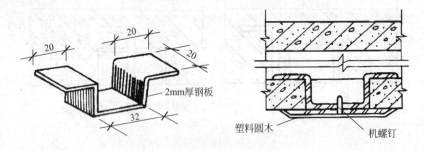

2mm厚钢板

塑料圆木

机螺钉

(b) 弓形板紧固螺栓布置情况

图 3-40　在混凝土板面紧固螺栓布置

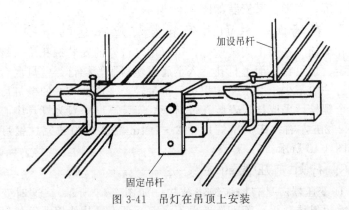

加设吊杆

固定吊杆

图 3-41　吊灯在吊顶上安装

③ 一、二次应分开敷设，一次侧采用护套三芯软铜线，长度不宜超过 3m。二次侧应采用不小于 0.75mm² 的软铜线或护套

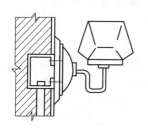

(a) 利用灯位盒螺孔固定灯具

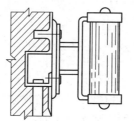

(b) 用胀管螺钉固定灯具

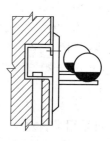

(c) 1枚螺栓将灯具悬挂固定

图 3-42　壁灯安装

软线。

④ 一、二次均应装短路保护。

⑤ 不宜将变压器带入金属容器中使用。

⑥ 绝缘电阻应合格。

a. 加强绝缘的变压器：1 次与 2 次之间，不低于 5MΩ；1 次、2 次分别对外壳不低于 7MΩ。

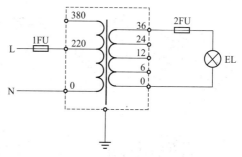

图 3-43　加强绝缘变压器

b. 普通绝缘的变压器，上述各部位绝缘地阻均不应低于 0.5MΩ。

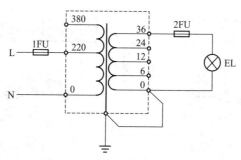

图 3-44　普通绝缘的变压器

⑦ 行灯应有完整的保护网。应有耐热、耐湿的绝缘手柄。

9. 明配线管的几种敷设方式

明配线管有沿墙敷设、吊装敷设和管卡槽敷设。

（1）沿墙敷设 一般采用管卡将线管直接固定在墙壁或墙支架上，其基本方法如图3-45(a)、(b)、(d)所示。

（2）吊装敷设 多根管子或管径较粗的线管在楼板下敷设时，可采用吊装敷设。其做法如图3-45(c)、(e)、(f)及图3-46所示。

（3）管卡槽敷设 将管卡板固定在管卡槽上，然后将线管安装在管卡板上，即为管卡槽敷设，如图3-47所示，它适用于多根线管的敷设。

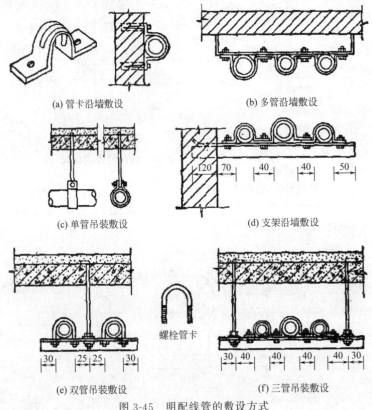

(a) 管卡沿墙敷设　　　　　　(b) 多管沿墙敷设

(c) 单管吊装敷设　　　　　　(d) 支架沿墙敷设

螺栓管卡

(e) 双管吊装敷设　　　　　　(f) 三管吊装敷设

图3-45　明配线管的敷设方式

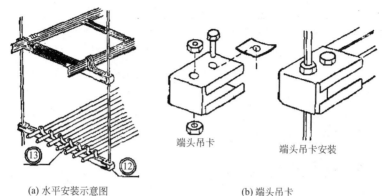

端头吊卡　　　　　端头吊卡安装

(a) 水平安装示意图　　　　　　　　(b) 端头吊卡

图 3-46　吊装敷设

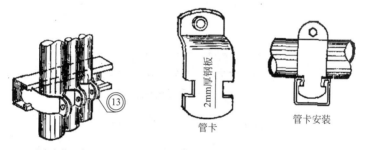

2mm厚钢板

管卡　　　　　管卡安装

(a) 垂直安装示意图　　　　　　　(b) 夹板式管卡

图 3-47　明配线管的管卡槽的敷设

10. 暗配线管的几种敷设方法

暗配线管有线管敷设、灯头盒敷设和接线盒敷设。

（1）线管敷设　现浇混凝土结构敷设线管时，应在土建施工前将管子固定牢靠，并用垫块（一般厚约 15mm）将管子垫高，使线管与土建模板保持一定距离。然后可用铁丝将线管固定在（或直接焊接在）土建结构的钢筋上，或用铁钉将其固定在木模板上，如图 3-48 所示。

（2）灯头盒敷设　在现浇板内敷设时，灯头盒的固定可参照图 3-49 所示。

（3）接线盒敷设　接线盒和开关盒的预埋安装可参照图 3-50 灯头盒的方法进行。

线管与箱体在现浇混凝土内埋设时应固定牢靠，以防土建振捣混凝土时使其移位。也可在墙壁粉刷前凿沟槽、孔洞，将管子和器件埋入后，再用水泥砂浆抹平。

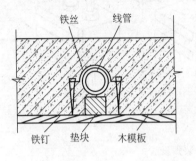

图 3-48　线管在木模板上的固定

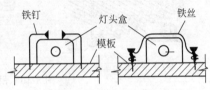

图 3-49　灯头盒在木模板上的固定

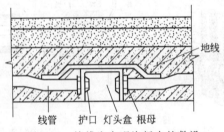

图 3-50　接线盒在现浇板内的敷设

11. 金属配管管间或与箱体连接

（1）管间连接　管间宜采用管箍连接，尤其直埋地和防爆线管更应采用图 3-51 所示。有时为保证管口的严密性，管子丝扣部分应顺螺纹方向缠上麻丝再涂上一层白漆，然后用管钳拧紧，使两管端部吻合。

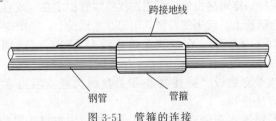

图 3-51　管箍的连接

（2）管盒连接　先在线管上旋一个锁紧螺母（俗称根母），然后把盒上敲落孔打掉将管手穿入孔内，再旋上盒内螺母（俗称护口），最后用两把扳手将锁紧螺母和盒内螺母反向拧紧，如图 3-52所示。如需密封时，可分别垫入封口垫圈。

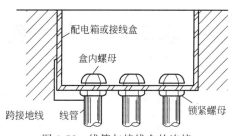

图 3-52　线管与接线盒的连接

（3）接地连接　当配管有接地要求时，因螺纹连接会降低导电性能，保证不了接地的可靠性。

为了安全用电，管间及管盒间的连接处，应按图 3-51 所示的方法焊接跨接地线，其跨接地线的规格可参照表 3-1 选择。

表 3-1　跨接地线选择

公称直径/mm		跨接线/mm	
电线管	钢管	圆钢	扁钢
＜32	＜25	$\phi 6$	
40	32	$\phi 8$	
50	40～50	$\phi 10$	
70～80	70～80		25×4

12. 扫管穿线

扫管穿线工作一般在土建地坪和粉刷完毕后进行。

（1）清扫线管　土建施工中，管内难免进入尘埃和污水。为避免损伤导线和顺利穿线，在穿线前最好用压缩空气吹入管路中，以除去灰土杂物和积水；或在引线钢丝上绑以擦布，来回拉动数次，将管内灰尘和水分擦净。管路扫清后，可向管内吹入滑石粉，使得导线润滑以利穿线。

（2）导线穿管　导线穿管工作应由两个人合作。将绝缘导线绑在线管一端的钢丝上，由一人从另一端慢慢拉引钢丝，另一人同时在导线绑扎处慢慢牵引导线入管，如图 3-53 所示。穿线时，应采用前述的放线方法放线，不能将导线弄乱、使导线有缠绕和急弯现象。

管螺母

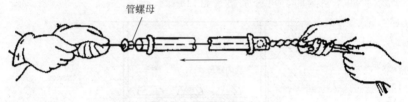

图 3-53　导线穿管方法

（3）剪断导线　导线穿好后，要剪断多余导线，并留有适当余量，以便于以后的接线安装。当管内导线根数较多时，应进行校线工作，以免产生接线错误。

13. 应装设线路补偿装置的场所

① 当线管经过建筑物的沉降伸缩缝时，为防止建筑物伸缩沉降不匀而损坏线管，需在变形缝旁装设补偿装置（图 3-54）。补偿装置连接管的一端用根母和护口拧紧固定，另一端无需固定，如图 3-54(a) 所示。当为明配线管时，可采用金属软管补偿，如图 3-54(b) 所示。

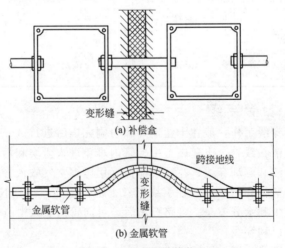

变形缝

(a) 补偿盒

跨接地线

变形缝

金属软管

(b) 金属软管

图 3-54　变形缝补偿装置

② 由于硬塑料管的热膨胀系数较大（约为钢管的 5～7 倍），所以当线管较长时，每隔 30m 要装设一个温度补偿装置（在支架上架空敷设除外），如图 3-55 所示。

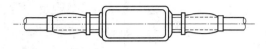

图 3-55　硬塑料管温度补偿盒

第二节　其他电器的安装

一、插座的安装

1. 常用明装插座

明装插座如图 3-56 所示。

2. 常用暗装插座

暗装插座如图 3-57 所示。

3. 带开关插座

带开关插座如图 3-58 所示。

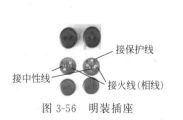

图 3-56　明装插座

图 3-57　暗装插座

4. 插头与插座

插头与插座的连接如图 3-59 所示。

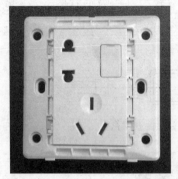
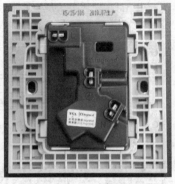

图 3-58　带开关插座

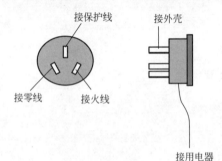

接保护线　　接外壳

接零线　　接火线

接用电器

图 3-59　插头与插座的连接

5. 插座的安装

插座安装方式有明装和暗装两种，在住宅电气设计中，尤以暗装插座居多。普通家用插座的额定电流为10A。

① 两孔插座在水平排列安装时，应零线接左孔，相线接右孔，即左零右火；垂直排列安装时，应零线接上孔，相线接下孔，即上零下火，如图3-60(a)所示。三孔插座安装时，下方两孔接电源线，零线接左孔，相线接右孔，上面大孔接保护接地线，如图3-60(b)所示。

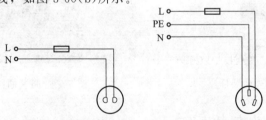

(a) 单相两孔插座电路　　　　(b) 单相三孔扁插座电路

图 3-60　电源插座及接线

② 插座的安装高度，明装插座距地面应不小于 1.8m，暗装插座应不小于 0.3m，儿童活动场所应用安全插座。不同电压等级的插座在结构上应有明显区别，以防插错。严禁翘扳插座，靠近安装。在爆炸危险场所，应使用防爆插座。施工现场，移动式用电设备，插座必须带保护接地线，室外应有防雨设施。插座接线如图 3-61 所示。

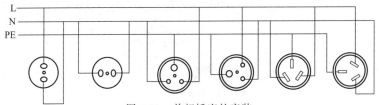

图 3-61　单相插座的安装

③ 在同一块木台上安装多个插座时，每个插座相应位置和插孔相位必须相同，接地孔的接地必须正规，相同电压和相同相数的插座，应选用统一的结构形式，不同电压或不同相数的插座，应选用有明显区别的结构形式，并标明电压。

二、照明灯与插座的安装

1. 单控灯与插座的安装

① 单控灯与插座的安装如图 3-62 所示。

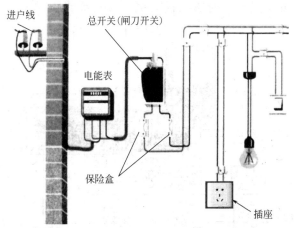

图 3-62　单控灯与插座的安装（一）

② 一个开关控制一盏灯，插座不受开关控制；如图 3-63 所示。

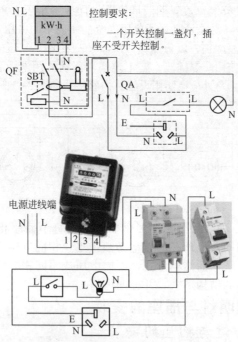

图 3-63　单控灯与插座的安装（二）

2. 单控灯、双控灯与插座的安装

单控灯、双控灯与插座的安装如图 3-64 所示。

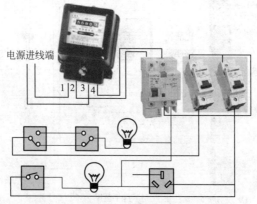

图 3-64　单控灯、双控灯与插座的安装

3. 单控灯、双控灯、荧光灯与插座的安装

单控灯、双控灯、荧光灯与插座的安装如图 3-65 所示。

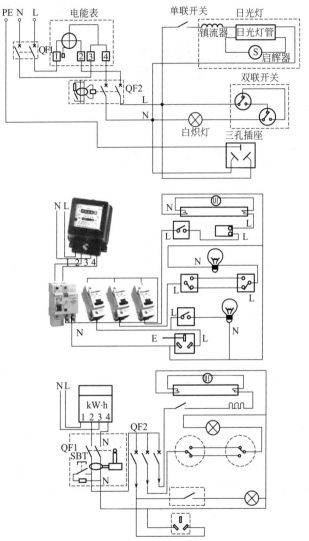

图 3-65　单控灯、双控灯、荧光灯与插座的安装

Chapter 04　低压电器

一、低压断路器

1. 低压断路器的作用

断路器曾称自动开关，是指能接通、承载以及分断正常电路条件下的电流，也能在规定的非正常电路条件（例如短路）下接通、承载一定时间和分断电流的一种机械开关电器。按规定条件，断路器是能对配电电路、电动机或其他用电设备实行通断操作并起保护作用，即当电路内出现过载、短路或欠电压等情况时能自动分断电路的开关电器。

通俗地讲，断路器是一种可以自动切断故障线路的保护开关，它既可用来接通和分断正常的负载电流，也可用来接通和分断短路电流，在正常情况下还可以用于不频繁地接通和断开电路。

断路器具有动作值可调整、兼具控制和保护两种功能、安装方便、分断能力强，特别是在分断故障电流后一般不需要更换零部件等优点，因此应用非常广泛。断路器的外形如图 4-1 所示。

2. 常用低压断路器的图形符号和文字符号

常用低压断路器的图形符号和文字符号如图 4-2 所示。

3. 断路器的脱扣器的种类

脱扣器是指开关电器中能接受电路非正常情况的电量信号或操作指令，以机械动作或触发电路的方法使脱扣机构动作的部件，是

DZ10断路器

DZS断路器

NM1系列塑壳式断路器

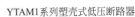
YTAM1系列塑壳低压断路器

DW45断路器

图 4-1　断路器外形

图 4-2　常用低压断路器的图形符号和文字符号

与开关电器机械连接的，用以释放锁扣件并使开关电器断开或闭合的装置。

　　断路器脱扣器是断路器的感测元件，也是断路器的保护装置，当接到操作人员的指令或继电保护信号后，可通过传递元件使断路器跳闸而切断电路。常用的脱扣器有过电流脱扣器、欠电压脱扣器、分励脱扣器、半导体脱扣器等。

　　（1）过电流脱扣器　过电流脱扣器是指当脱扣器中的电流超过预定值时，引起开关电器有延时或无延时动作的脱扣器。它能反映过电流的大小，当过电流达到一定数值时，脱扣器经过一定时间后动作，使断路器断开，过电流越大，动作时间越短，当电流大到一定程度时可发生瞬时断开。前者称为反时限过电流脱扣器，后者称为瞬动过电流脱扣器。

反时限过电流脱扣器一般由发热元件与双金属片组成，这种脱扣器又称为热脱扣器。当一定的过载电流流过发热元件时，发热元件产生热量并传递给双金属片，引起双金属片受热膨胀、弯曲，推动顶杆动作，顶开搭钩，主触头则在释放弹簧的作用下很快断开，将电路切断，其结构如图4-3所示。瞬动过电流脱扣器一般利用电磁原理制成，故又称其为电磁脱扣器，其结构如图4-4所示，它主要由衔铁、铁芯、线圈和油阻尼器等组成。正常情况下，流过脱扣器线圈的电流在整定值以内，线圈产生的电磁力不足以吸引衔铁；而当发生短路或过载时，流过线圈的电流超过整定值，强磁场的吸力克服弹簧的拉力，衔铁被铁芯吸引过去，同时将连杆抬高，使其作用于脱扣轴，推动自由脱扣机构，将主触头分断。利用调整螺母，可使螺杆上下移动，从而能改变释放弹簧的拉力，以达到改变整定电流的目的。如果需要延时脱扣，可在瞬动电磁式过电流脱扣器中增设阻尼机构，可得到短延时动作，以实现选择性断开，短延时一般为0.1～1s。

近年发展起来的半导体脱扣器可实现反时限和瞬动两种动作。一般断路器每极都串有过电流脱扣器，三极断路器有三个脱扣器，但也可装设两个脱扣器。过电流脱扣器主要用于对负载进行短路和严重过载保护。

（2）欠电压（失电压）脱扣器　欠电压脱扣器也是一种保护装置，可以对负载进行欠电压和零电压保护，一般为电磁式结构。正常情况下，线路电压在额定值，欠电压脱扣器的线圈产生的电磁力可以将衔铁吸合，使断路器处于闭合状态；而当电源电压低于额定值或为零时，其电磁吸力不足以维持吸合衔铁，在弹簧力的作用下，衔铁的顶板推动脱扣器脱扣而使断路器断开。

欠电压脱扣器的结构如图4-5所示。当操动手柄使断路器闭合时，手柄压着滚轮，使衔铁靠向铁芯，帮助铁芯吸引衔铁。在闭合过程中，断路器的辅助触头将欠电压脱扣器的线圈接到电源上。只

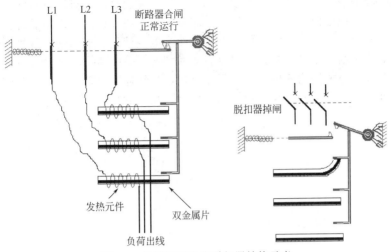

图 4-3　反时限过电流脱扣器结构示意

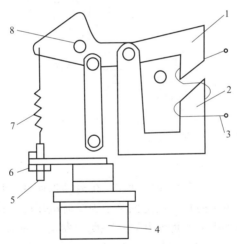

图 4-4　瞬动过电流脱扣器结构示意

1—衔铁（动铁芯）；2—铁芯（静铁芯）；3—线圈；4—油阻尼器；

5—螺杆；6—调整螺母；7—释放弹簧；8—连杆

要配电回路电压正常，铁芯就能把已经靠拢过来的衔铁吸住。此后，手柄就离开滚轮，继续运动，使断路器闭合。如果配电回路电压低于额定值甚至没有电压，铁芯就不可能吸住衔铁，断路器也就无法闭合。若在正常工作时电压突然降低或消失，衔铁便在释放弹簧的作用下脱离铁芯，并带动拉杆推动脱扣轴，将撞击机构释放。于是，撞击机构便推动自由脱扣机构，最终使断路器分断。调节调整螺母，可以改变释放弹簧的作用力，从而调整释放电压。

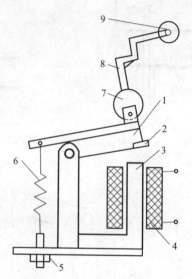

图 4-5　欠电压脱扣器结构示意

1—衔铁；2—分磁环；3—铁芯；4—线圈；5—调整螺母；
6—释放弹簧；7—滚轮；8—拉杆；9—脱扣器

欠电压脱扣器也分为瞬时动作与延时动作两种类型。带延时的欠电压脱扣器用于防止弱配电回路中因短时电压降低造成脱扣器误动作而使断路器不适当地断开，这种脱扣器的延时时间一般为 1s、3s、5s 三挡，通常由电容器单元实现。

欠电压脱扣器的动作电压范围是，当电源电压下降到欠电压脱扣器额定电压的 35％～70％时，欠电压脱扣器能使断路器脱扣；当电源电压低于欠电压脱扣器额定电压的 35％时，欠电压脱扣器能保证断路器不闭合；当电源电压达到欠电压脱扣器额定电压的

85%以上时，欠电压脱扣器能保证断路器正常工作。因此，当受保护电路中电源电压发生一定的电压降时，欠电压脱扣器能自动断开断路器，切断电源，使该断路器以下的负载电器或电气设备免受损坏。

（3）分励脱扣器 分励脱扣器是指由电压源激励的脱扣器，它也是一种电磁式脱扣器，可以按照操作人员的指令或根据继电保护信号使线圈通电、衔铁动作，从而使断路器分断。

分励脱扣器是一种可实现远距离操作的断路器附件。正常工作时，分励脱扣器的线圈是不通电的，而当外施电压为分励脱扣器额定控制电压的70%～110%时，就能可靠地分断断路器。因此，分励脱扣器一般用于应急状态下对断路器进行远距离断开操作或作为漏电继电器等保护电器的执行元件，目前广泛用于配电柜开门断电保护电路中。

（4）半导体脱扣器 半导体脱扣器又称电子脱扣器，一般由信号检测、过电流保护、欠电压延时、触发、执行元件和电源等环节组成，其框图如图4-6所示。其中，电流电压变换器负责信号检测，将一次侧的大电流变换成低电压供其他环节使用。信号取出后，经桥式整流电路变成直流电压，经电阻分压，输入信号比较环节——常用硅稳压管或单结晶体管（双基极单极半导体管）实现。当信号电压超过稳压管的转折电压或单结晶体管的峰点电压时，它们就会导通，并有信号输出。再经瞬时、长延时和短延时等过电流保护环节，然后到触发环节。当触发器导通后，将使电磁式脱扣器等执行元件动作，最终使断路器分断。

（5）复式脱扣器 同时具有电磁脱扣器（即过电流脱扣器）和热脱扣器的开关，称为复式脱扣器。其中，电磁脱扣器具有瞬时特性，可保护短路；热脱扣器具有延时特性，可保护过载。也就是说，复式脱扣器具有两段保护特性。

4. 断路器操作机构的种类

操作机构是指用来直接或间接使开关电器触头动作的机构。断路器的操作机构是实现断路器的闭合与断开动作的执行机构，它一般由传动机构和自由脱扣机构两部分组成。

（1）传动机构 断路器的传动机构一般为四连杆机构，按操作

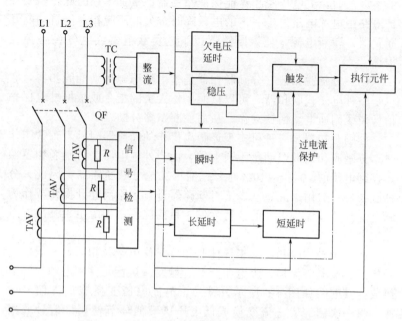

图 4-6　DT1 系列半导体脱扣器工作原理框图

TAV—电流电压变换器；TC—电源变压器；QF—断路器

方式不同，传动机构可分为手柄传动机构（手动）、电磁铁传动机构、电动机传动机构、气动或液压传动机构五种。其中，手柄传动机构一般用于小容量断路器；电磁铁传动机构和电动机传动机构多用于大容量断路器，进行远距离操作。

按闭合方式不同，传动机构又分为储能闭合和非储能闭合两种。其中，储能闭合是预先将弹簧压缩，然后利用弹簧释放的能量使触头闭合，它所得到的闭合速度和力与操作者所施加力的大小和速度无关，能保证恒定的闭合力和闭合速度；非储能闭合传动机构所得到的闭合速度和力，取决于所施加力的大小和速度，它要求由熟练操作人员进行操作。

（2）自由脱扣机构　断路器的自由脱扣机构是一种实现传动机构与触头系统之间联系的机构，通过它的作用使触头分断和闭合。当自由脱扣机构扣上时，传动机构能带动触头系统一起运动，即通过手柄使触头闭合或断开；而当自由脱扣器脱扣后，则传动机构与触头系统失去联系，即使再操作手柄，开关也不能闭合。图 4-7 为自由脱扣机构的示意图，它的动作分为"再扣"、"闭合"和"断开"三个步骤。

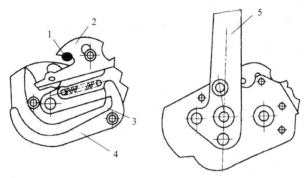

图 4-7　自由脱扣机构示意图
1—销钉；2～4—杠杆；5—手柄

"再扣"是断路器断开后，自由脱扣机构就由闭合位置沿逆时针方向旋转，它的杠杆 2 将主轴杠杆的销钉 1 钩住，并借销钉给杠杆 2 的作用力使三个杠杆相互搭接，形成再扣状态，为下一次闭合做准备。

"闭合"是当自由脱扣机构再扣以后，将手柄向顺时针方向转动，直到杠杆 2 与操作机构中的掣子扣住为止，至此，断路器又重新闭合。如果配电回路电压过低或者没有电压，失电压脱扣器的铁芯则会吸不住衔铁，断路器就不能闭合。

"断开"是电路发生故障时，断路器的保护装置发出信号，使自由脱扣机构杠杆 3 与杠杆 4 之间解脱，触头迅速断开。

综上所述，要使断路器闭合，必须先使自由脱扣器处于再扣位置，方有可能使闭合力传递给动触头，使之闭合；在发生故障时，要使开关断开，通过其他脱扣器（过电流脱扣器或失电压脱扣器）会使自由脱扣机构脱扣而自动断开。而在正常工作时，无论有无负载，均可通过操作手柄断开，或通过分励脱扣器实现断开。

5. 万能式低压断路器

万能式低压断路器有固定式、抽屉式两种安装方式，手动和电动两种操作方式，具有多段式保护特性，主要用于配电回路的总开关和保护。万能式低压断路器容量较大，可装设较多的脱扣器，辅助触头的数量也较多。不同的脱扣器组合可产生不同的保护特性，有选择型或非选择型配电用断路器及有反时限动作特性的电动机保护用断路器。容量较小（如 600A 以下）的万能式低压断路器多用电磁机构传动；容量较大（如 1000A 以上）的万能式低压断路器则多用电动机机构传动。图 4-8 所示为 DW15HH-2000 型多功能断路器的结构示意。

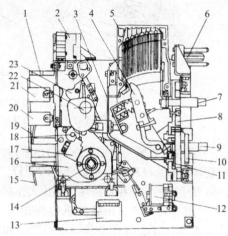

图 4-8　DW15HH-2000 型多功能断路器结构示意

1—手柄；2—辅助触头；3—罩；4—动触头；5—灭弧室；6—辅助电路动隔离触头；
7—上母线；8—基座；9—下母线；10—速饱和互感器；11—空心互感器；
12—分励脱扣器；13—释能电磁铁；14—机构方轴；15—储能指示牌；
16—机构；17—磁通变换器；18—脱扣半轴；19—分合闸指示牌；
20—断开按钮；21—闭合按钮；22—主轴；23—反回弹机构

DW15HH 系列断路器适用于交流 50Hz、额定电压 400V（690V）、额定电流 630～4000A 的配电网络中，用于分配电能和保护线路及使电源设备免受过载、欠电压、短路、单相接地等故障的危害。该断路器具有多种智能保护功能，做到选择性保护，可避免不必要的停电，提高电网运行的安全性、可靠性。

6. 塑壳式低压断路器

塑壳式低压断路器的主要特征是有一个采用聚酯绝缘材料模压而成的外壳，所有部件都装在这个封闭型外壳中。接线方式分为板前接线和板后接线两种。大容量产品的操作机构采用储能式，小容量（50A 以下）常采用非储能式闭合，操作方式多为手柄扳动式。塑壳式低压断路器多为非选择型，根据断路器在电路中的不同用途，分为配电用断路器、电动机保护用断路器和其他负载（如照明）用断路器等。常用于低压配电开关柜（箱）中，作配电线路、电动机、照明电路及电热器等设备的电源控制开关及保护。在正常情况下，断路器可分别作为线路的不频繁转换及电动机的不频繁启动之用。几种塑壳式低压断路器外形如图 4-9 所示。

  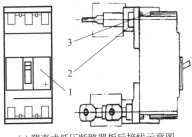

(a) NZM型　　　　(b) DZ20C 400型　　　(c) 塑壳式低压断路器板后接线示意图

图 4-9　塑壳式低压断路器外形结构示意
1—断路器；2—接线座；3—绝缘罩

以 DZ20 系列塑壳式低压断路器为例，说明其基本结构特点。断路器由绝缘外壳、操作机构、灭弧系统、触头系统和脱扣器五个部分组成。断路器的操作机构采用传统的四连杆结构方式，具有弹簧储能，快速"合"、"分"的功能。具有使触头快速合闸和分断的功能，其"合"、"分"、"再扣"和"自由脱扣"位置以手柄位置来区分。灭弧系统由灭弧室和其周围绝缘封板、绝缘夹板所组成。绝缘外壳由绝缘底座、绝缘盖、进出线端的绝缘封板所组成。绝缘底座和盖是断路器提高通断能力、缩小体积、增加额定容量的重要部件。触头系统由动触头、静触头组成。630A 及以下的断路器，其触头为单点式。1250A 断路器的动触头由主触头及弧触头组成。

DZ20 型断路器的脱扣器分过载（长延时）脱扣器、短路（瞬时）脱扣器两种。过载（长延时）脱扣器为双金属片式，受热弯曲推动牵引杆有反时限动作特性。短路脱扣器采用电磁式结构，如图4-10 所示。

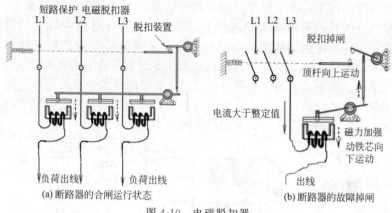

图 4-10　电磁脱扣器

7. 小型断路器

模数化小型断路器是终端电器中的一大类，是组成终端组合电器的主要部件之一，终端电器是指装于线路末端的电器，该处的电器对有关电路和用电设备进行配电、控制和保护等。模数化小型断路器如图 4-11 所示。图 4-11 中，断路器的短路保护由电磁脱扣器完成，过载保护采用双金属片式热脱扣器完成，该系列断路器可作为线路和交流电动机等的电源控制开关及过载、短路等保护之用，广泛应用于工矿企业、建筑及家庭等场所。常用主要型号有 C65、DZ47、DZ187、XA、MC 等系列。图 4-12、图 4-13 是该类断路器的外观、外形尺寸和安装尺寸。

8. 配电用断路器的选用

配电用断路器是指在低压配电回路中专门用于分配电能的断路器，包括电源总开关和负载支路开关。在选用这类断路器时，除应遵循一般选用原则外，还应把限制系统故障范围和防止电路故障的扩大作为考虑的重点。因此，需要增加下列选用原则。

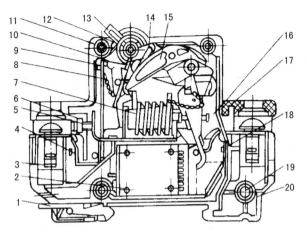

图 4-11 模数化小型断路器内部结构示意

1—安装卡子；2—灭弧罩；3—接线端子；4—连接排；5—热脱扣调节螺栓；
6—嵌入螺母；7—电磁脱扣器；8—热脱扣器；9—锁扣；10，11—复位
弹簧；12—手柄轴；13—手柄；14—U形连杆；15—脱钩；16—盖；
17—防护罩；18—触头；19—铆钉；20—底座

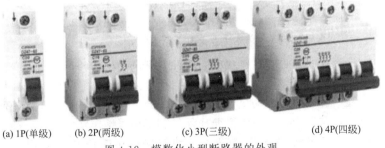

(a) 1P(单级)　　(b) 2P(两级)　　(c) 3P(三级)　　　　(d) 4P(四级)

图 4-12　模数化小型断路器的外观

① 断路器的长延时动作电流整定值不大于导线容许载流量。对于采用电线电缆配电时，可取电线电缆容许载流量的 80%。

② 3 倍长延时动作电流整定值的可返回时间不小于线路中最大启动电流的电动机启动时间。

③ 短延时动作电流整定值 $\geqslant 1.1(I_{jx} + 1.35kI_n)$

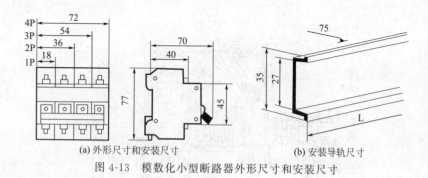

(a) 外形尺寸和安装尺寸　　　　　　(b) 安装导轨尺寸

图 4-13　模数化小型断路器外形尺寸和安装尺寸

式中　I_{jx}——线路计算负载电流；

k——电动机的启动电流倍数；

I_n——电动机额定电流。

④ 瞬时电流整定值$\geqslant 1.1(I_{jx} + 1.35k_1kI_{nm})$

式中　k_1——电动机启动电流的冲击系数，一般取 $k_1 = 1.7 \sim 2$；

I_{nm}——最大的一台电动机的额定电流。

⑤ 短延时的时间阶梯，按配电系统的通断而定。一般时间阶梯为 2～3 级。每级之间的短延时时差为 0.1～0.2s，视断路器延时机构的动作精度而定，其可返回时间应保证各级的选择性动作。短延时阶梯选定后，最好再对被保护对象的热稳定性加以校核。

9. 断路器保护电动机时的选用

选择断路器保护电动机时，应注意到电动机的两个特点，一是它具有一定的过载能力，二是它的启动电流通常是额定电流的几倍到十几倍。因此，电动机保护用断路器分为两类：一类只作保护而不负担正常操作；另一类需兼作保护和不频繁操作之用。后一类情况需考虑操作条件和电寿命。电动机保护用断路器的选用原则如下。

① 长延时电流整定值＝电动机额定电流。

② 瞬时整定电流。对于保护笼型电动机的断路器，瞬时整定电流为 8～15 倍电动机额定电流，其值的大小取决于被保护电动机的型号、容量和启动条件。对于保护绕线转子电动机的断路器，瞬时整定电流为电动机额定电流的 3～6 倍，其值的大小取决于绕线

转子电动机的型号、容量和启动条件。

③ 6 倍长延时电流整定值的可返回时间不小于电动机实际启动时间。按启动时负载的轻重，可选用可返回时间为 1s、3s、5s、8s、15s 中的某一挡。

④ 线路保护断路器选用。照明、生活用线路保护断路器，是指在生活建筑中用来保护配电系统的断路器。由于被保护的线路容量一般都不大，故多采用塑料外壳式断路器。其选用原则为：

a. 长延时整定值不大于线路计算负载电流。

b. 瞬时动作整定值等于 6～20 倍线路计算负载电流。

10. 直流断路器的选用

在选用直流断路器时，应首先考虑应用场所的要求。对动作速度要求不高的场所，应优先考虑选用一般的直流断路器，如交流断路器派生的产品。在电动机-发电机组、蓄电池电源情况下，可采用一般的直流断路器。在可控整流器作电源的情况下，通常由于这些装置的过载能力极低，则必须采用快速断路器。

快速断路器有极性问题：无极性的直流断路器可用于馈电开关、母线联络开关和正极保护开关；正向有极性断路器可用作馈电开关、正极开关、负极开关以及逆变开关，逆向有极性断路器用作逆功率保护。

直流断路器的选用条件如下。

① 额定工作电压大于直流线路的电压。考虑到反接制动和逆变条件，应大于 2 倍电路电压。

② 额定电流不小于直流线路的负载电流：对于短时周期负载，可按其等效发热电流考虑。

③ 过电流动作整定值不小于电路正常工作电流最大值，对于启动直流电动机，应躲过电动机的启动电流。

④ 逆流动作整定值小于被保护对象允许的逆流数值。

⑤ 额定短路通断能力大于电路可能出现的最大短路电流。对于快速断路器，初始电流上升陡度（初始 $\dfrac{\mathrm{d}i}{\mathrm{d}t}$）大于电路可能出现最大短路电流的初始上升陡度。

⑥ 快速断路器分断的 I^2t 小于与其配合的快速熔断器的 I^2t。

11. 断路器与上下级电器保护特性的配合

在配电系统中，并非只有断路器，还存在许多别的电器，因此，需考虑断路器与上下级保护电器特性的配合。最好的办法是将各个电器的保护特性绘制在坐标上，以比较其特性的配合情况。其配合一般应满足下列条件。

① 断路器的长延时特性低于被保护对象（如电线、电缆、电动机、变压器等）的允许过载特性。

② 低压侧主开关短延时脱扣器与高压侧过电流保护继电器的配合级差为 0.4～0.7s，视高压侧保护继电器的形式而定。

③ 低压侧主开关过电流脱扣器保护特性低于高压熔断器的熔化特性。

④ 断路器与熔断器配合时，一般熔断器作后备保护。应选择交接电流 I_B 小于断路器的短路通断能力的 80%，当短路电流小于 I_B 时，应由熔断器动作。

⑤ 上级断路器延时整定电流不小于 1.2 倍下级断路器短延时或瞬时（若下级无短延时）整定电流。

⑥ 上级断路器的保护特性和下级断路器的保护特性不能交叉。在级联保护方式时，可以交叉，但交点短路电流应为下级断路器的 80%。

⑦ 在具有短延时和瞬时动作的情况下，上级断路器瞬时整定电流≤断路器的延时通断能力≤1.1 倍下级断路器进线处的短路电流。

12. 低压断路器的使用要求

① 安装前应先检查断路器的规格是否符合使用要求。

② 安装前先用 500V 绝缘电阻表（兆欧表）检查断路器的绝缘电阻，在周围空气温度为 (20±5)℃ 和相对湿度为 50%～70% 时，应不小于 10MΩ，否则应烘干。

③ 安装时，电源进线应接于上母线，用户的负载侧出线应接于下母线。

④ 安装时，断路器底座应垂直于水平位置，并用螺钉固紧，且断路器应安装平整，不应有附加机械应力。

⑤ 外部母线与断路器连接时，应在接近断路器母线处加以固定，以免各种机械应力传递到断路器上。

⑥ 安装时，应考虑断路器的飞弧距离，即在灭弧罩上部应留有飞弧空间，并保证外装灭弧室至相邻电器的导电部分和接地部分的安全距离。

⑦ 在进行电气连接时，电路中应无电压。

⑧ 断路器使用金属外壳的应可靠接地。

⑨ 不应漏装断路器附带的隔弧板，装上后方可运行，以防止切断电路因产生电弧而引起相间短路。

⑩ 安装完毕后，应使用手柄或其他传动装置检查断路器工作的准确性和可靠性。如检查脱扣器能否在规定的动作值范围内动作，电磁操作机构是否可靠闭合，可动部件有无卡阻现象等。

13. 低压断路器常见故障与修理

低压断路器常见故障及修理见表 4-1。

表 4-1　低压断路器常见故障及修理

序号	故障现象	原因	处理办法
1	手动操作断路器不能闭合	①欠电压脱扣器无电压或线圈损坏 ②储能弹簧变形,导致闭合力减小 ③反作用弹簧力过大 ④机构不能复位再扣	①检查线路电压或更换线圈 ②更换储能弹簧 ③重新调整弹簧反力 ④调整再扣接触面至规定值
2	电动操作断路器不能闭合	①电源电压不符 ②电源容量不够 ③电磁铁拉杆行程不够 ④电动机操作定位开关变位 ⑤控制器中整流管或电容器损坏	①调换电源 ②增大操作电源容量 ③重新调整电磁铁拉杆行程 ④重新调整电动机操作定位开关位置 ⑤更换损坏元件
3	有一相触头不能闭合	①一般型断路器的一相连杆断裂 ②限流断路器拆开机构的可拆连杆之间的角度变大	①更换连杆 ②调整至原技术条件规定值

序号	故障现象	原因	处理办法
4	分励扣器不能使断路器分断	①线圈短路 ②电源电压太低 ③再扣接触面太大 ④螺钉松动	①更换线圈 ②调换电源电压 ③重新调整再扣接触面 ④拧紧松动螺钉
5	欠电压脱扣器不能使用断路器分断	①反力弹簧变小 ②如为储蓄能释放,则储能弹簧变形或断裂 ③机构卡死	①调整弹簧 ②调整或更换储能弹簧 ③消除卡死原因,如生锈等
6	启动电动机时断路器立即分断	①过电流脱扣瞬时整定值太小 ②脱扣器某些零件损坏,如半导体橡胶膜等 ③脱扣器反力弹簧断裂或落下	①重新调整过电流脱扣瞬时整定值 ②损坏更换零件
7	断路器温升过高	①触头压力过低 ②触头表面过分磨损或接触不良 ③两个导电零件连接螺钉松动 ④触头表面油污氧化	①拨正或重新装好触桥 ②更换转动杆或更换辅助开关 ③调整触头,清理氧化膜
8	欠电压脱扣器噪声	①反力弹簧太大 ②铁芯工作面有油污 ③短路环断裂	①重新调整 ②清除油污 ③更换衔铁或铁芯
9	辅助开关不通	辅助开关的动触桥卡死或脱落	拨正或重新装好触桥
10	带半导体脱扣器之断路器误动作	①半导体脱扣器元件损坏 ②外界电磁干扰	①更换损坏元件 ②清除外界干扰,例如邻近的大型电磁铁的操作,接触的分断、电焊等,予以隔离或更换线路

序号	故障现象	原因	处理办法
11	漏电断路器经常自行分断	①漏电动作电流变化 ②线路有漏电	①送制造厂重新校正 ②找出原因,如系导线绝缘损坏,则更换之
12	漏电断路器不能闭合	①操作机构损坏 ②线路某处有漏电或接地	①送制造厂修理 ②清除漏电处或接地处故障

二、漏电保护器

1. 漏电保护器的工作原理

漏电保护器的工作原理如图4-14所示。

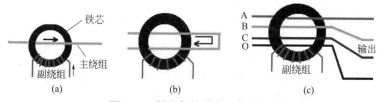

图4-14 漏电保护器的工作原理

如图4-14(a)所示,当主绕组有交变电流时,使铁芯产生交变磁场,副绕组便产生交变电压。

如图4-14(b)所示,如果把主绕组反穿回去,再通入交变电流,副绕组不再有输出,原因是图4-14(b)流过铁芯的电流大小相等方向相反,在铁芯中不能产生磁场,副绕组电压为零。

如图4-14(c)是触电保护器原理示意图,ABCO四线同方向穿入铁芯,正常使用时,不管电流是否平衡,也不管是单相三相还是四相,它们流过铁芯的电流之和为零,副绕组不产生电压,当负载或线路有漏电时,电流由输出端经大地返回变压器没有经铁芯圈内返回,使穿过铁芯的电流之和就会大于或小于零,铁芯中就有磁场产生,使副绕组产生电压,经放大控制开关断电。

2. 漏电保护器的结构

漏电保护器的种类繁多、形式各异。漏电保护器主要包括检测元件（零序电流互感器）、中间环节（包括放大器、比较器、脱扣器等）、执行元件（主开关）以及试验元件等几个部分，其组成方框图如图 4-15 所示。

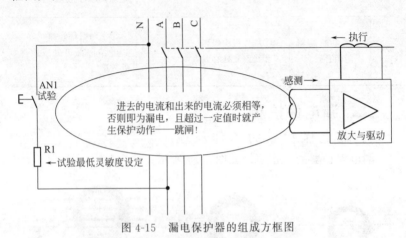

进去的电流和出来的电流必须相等，否则即为漏电，且超过一定值时就产生保护动作——跳闸！

图 4-15　漏电保护器的组成方框图

（1）检测元件　检测元件为零序电流互感器（又称漏电电流互感器），它由封闭的环形铁芯和一次、二次绕组构成，一次绕组中有被保护电路的相、线电流流过，二次绕组由漆包线均匀绕制而成。互感器的作用是把检测到的漏电电流信号（包括触电电流信号，下同）变换为中间环节可以接收的电压或功率信号。

（2）中间环节　中间环节的功能主要是对漏电信号进行处理，包括变换和比较，有时还需要放大。因此，中间环节通常包括放大器、比较器及脱扣器（或继电器）等，某一具体形式的漏电保护器的中间环节是不同的。

（3）执行元件　执行机构为一触头系统，多为带有分励脱扣器的低压断路器或交流接触器。其功能是受中间环节的指令控制，用以切断被保护电路的电源。

3. 常用漏电保护器的主要型号及规格

（1）电磁式漏电断路器　电磁式漏电断路器是一种无需经过中

间环节，直接用电流互感器检测漏电电流所获取的能量去推动纯电磁结构的脱扣器而使主断路器动作的漏电断路器，典型产品有DZ15L系列等。单相电子式漏电保护器外观及结构如图 4-16 所示。

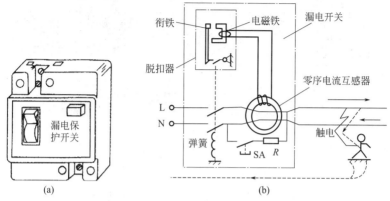

图 4-16 单相电子式漏电保护器外观及结构

DZ15L 系列漏电断路器（见图 4-17）适用于交流 380V 及以下，频率 50（或 60）Hz，额定电流 63A 及以下的电路作漏电保护用，并兼有线路和电动机的过载与短路保护功能。

DZ15L 系列漏电断路器与其他形式的漏电保护器相比有如下特点。

① 抗电源电压波动性能好。即使在三相电源缺相情况下，仍能可靠动作。

② 绝缘耐压性能好。

③ 能承受严重的漏电短路电流的冲击。

④ 具有良好的平衡性。瞬时通以 6 倍额定电流时，不发生误动作。

⑤ 使用寿命长，损坏率低。

DZ15L 系列漏电断路器的缺点是体积较大、加工工艺要求偏高、售价偏高。

（2）电子式漏电断路器　电子式漏电断路器是一种用电子电路作中间能量放大环节的漏电保护器，其内部电路种类较多，功能也不尽相同，故电子式漏电断路器类型很多。DZL18-20 系列漏电断

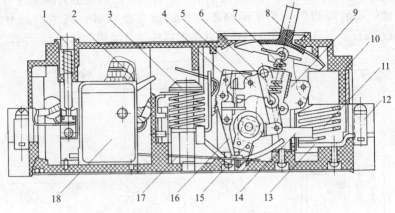

图 4-17　DZ15L 系列漏电断路器的结构

1—试验按钮部分；2—零序电流互感器；3—过电流脱扣器；4—锁扣及再扣；5—跳扣；
6—连杆部分；7—拉簧；8—手柄；9—摇臂；10—塑料外壳；11—灭弧室；
12—接线端；13—静触头；14—动触头；15—与转轴相连的复位推摆；
16—推动杆；17—脱扣复位杆；18—漏电脱扣器

路器是使用最广泛的一种漏电保护器。

DZL18-20 系列漏电断路器由零序电流互感器、专用集成电路、漏电脱扣器和主开关等几个主要部分组成。其电路原理图如图 4-18 所示。

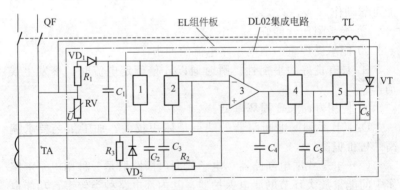

图 4-18　DZL18-20 系列集成电路漏电断路器电子线路原理图

4. 剩余电流动作（漏电）保护装置

剩余电流动作保护装置俗称漏电保护装置，是一种用于按TN、TT、IT要求接地的系统中，当配电回路对地泄漏电流过大、用电设备发生漏电故障及人体触电的情况下，防止事故进一步扩大的一种防护装置。它分为有剩余电流动作保护开关和剩余电流动作保护继电器两类。剩余电流俗称为漏电电流，一般的，人体触电表现为一个突变量，配电回路对地泄漏电流表现为一个缓变量。剩余电流的大小是指通过剩余电流保护器主回路的 AC、50Hz 交流电流瞬时值的复数量有效值。对漏电流信号的检测通常采用零序电流互感器，将其一次侧漏电电流变换为其二次侧的交流电压，这一电压表现为一个突变量或缓变量，由电子电路将这一突变量或缓变量进行检波、放大等，再由执行电路控制执行电器（断路器或交流接触器）接通或分断线路，实现漏电保护器的基本功能，检测部分有电磁式和电子式两种，其原理如图 4-19(a) 所示。

零序电流互感器是漏电保护器的关键部件，通常用软磁材料坡莫合金制作，它具有很好的伏安特性，能正确反映突变漏电和缓变漏电，并且温度稳定性好、抗过载能力强，动作值范围在 10～500mA 之间线性度较好，可不失真地进行变换。

用电设备漏电容易引起火灾，人体触电会造成人身伤亡事故。漏电故障包括配电回路对地泄漏电流过大、电气设备因绝缘损坏而使金属外壳或与之连接的金属构件带电，及人体触及电气设备的带电部位的电击等。因此，剩余电流动作保护器的正常工作状态应当是，当用电设备工作时没有发生漏电故障，漏电保护部分不动作；一旦发生漏电故障，漏电保护部分应迅速动作切断电路，以保护人体及设备的安全，并避免因漏电而造成火灾。反之，如果没有发生漏电故障，剩余电流动作保护器由于本身动作特性的改变或由于各种干扰信号而发生误动作而将电路切断，将导致用电电路不应有的停电事故或用电设备不必要的停运。这将降低供电可靠性，造成一定的经济损失。显然，漏电故障是不应频繁发生的，因此，剩余电流动作保护装置在较长的工作时间内都不会动作，一旦动作应当是准确可靠地动作，所以剩余电流动作保护装置属不频繁动作的保护电器。通常与低压断路器组合，构成漏电断路器。

漏电断路器在正常情况下的功能、作用与低压断路器相同，作为不频繁操作的开关电器。当电路泄漏电流超过规定值时或有人被电击时，它能在安全时间内自动切断电源起到保障人身安全和防止设备因发生泄漏电流造成火灾等事故。

漏电断路器由操作机构、电磁脱扣器、触头系统、灭弧室、零序电流互感器、漏电脱扣器、试验装置等部件组成。所有部件都置于一绝缘外壳中；模数化型断路器的漏电保护功能，是以漏电附件的结构形式提供的，需要时可与断路器组合而成。漏电脱扣器分电磁式和电子式两种，它们之间的区别是前者的漏电电流能直接通过脱扣器分断主开关，后者的漏电电流要经过电子放大线路放大后才能使脱扣器动作以分断主开关。漏电断路器的工作原理如图 4-19 (b) 所示。

5. 使用漏电保护器的要求

（1）安装前的检查

① 根据电源电压、负荷电流及负载要求，选用 R.C.D 的额定电压、额定电流和极数。

② 根据保护的要求，选用 R.C.D 的额定漏电动作电流（$I_{\Delta N}$）和额定漏电动作时间（Δt）；如图 4-20 所示。

③ 检查漏电保护器的外壳是否完好，接线端子是否齐全，手动操作机构是否灵活有效等。

（2）安装与接线注意事项

① 应按规定位置进行安装，以免影响动作性能。在安装带有短路保护的漏电保护器时，必须保证在电弧喷出方向有足够的飞弧距离。

② 注意漏电保护器的工作条件，在高温、低温、高湿、多尘以及有腐蚀性气体的环境中使用时，应采取必要的辅助保护措施，以防漏电保护器不能正常工作或损坏。

③ 注意漏电保护器的负载侧与电源侧。漏电保护器上标有负载侧和电源侧时，应按此规定接线，切忌接反。

④ 注意分清主电路与辅助电路的接线端子。对带有辅助电源的漏电保护器，在接线时要注意哪些是主电路的接线端子，哪些是辅助电路的接线端子，不能接错。

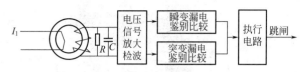

(a) 剩余电流动作保护器原理方框图

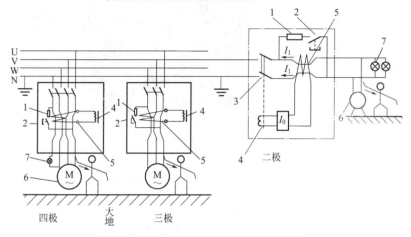

(b) 二极、三极、四极漏电断路器工作原理示意图

图 4-19　剩余电流动作保护装置原理图

1—试验电阻；2—试验按钮；3—断路器；4—漏电脱扣器；

5—零序电流互感器；6—电动机；7—电灯负载

⑤ 注意区分工作中性线和保护线。对具有保护线的供电线路，应严格区分工作中性线和保护线。在进行接线时，所有工作相线及工作中性线必须接入漏电保护器，否则，漏电保护器将会产生误动作。而所有保护线绝对不能接入漏电保护器，否则，漏电保护器将会出现拒动现象。因此，通过漏电保护器的工作中性线和保护线不能合用。

⑥ 漏电保护器的漏电、过载和短路保护特性均由制造厂调整好，用户不允许自行调节。

⑦ 使用之前，应操作试验按钮，检验漏电保护器的动作功能，只有能正常动作方可投入使用。

⑧ 漏电保护器的接线如图 4-21 所示。

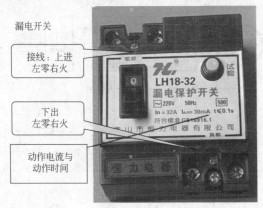

漏电开关

接线：上进
左零右火

下出
左零右火

动作电流与
动作时间

图 4-20　漏电保护器保护的要求

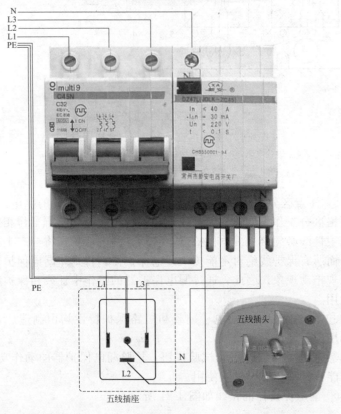

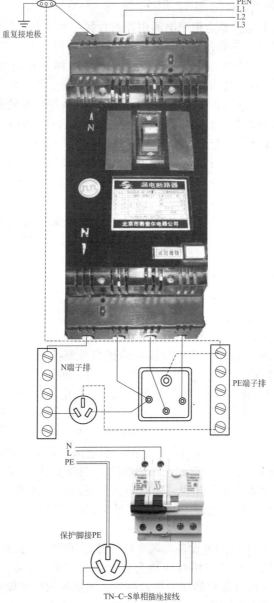

图 4-21　漏电保护器的接线

6. 漏电保护器使用的注意事项

① 漏电保护器适用于电源中性点直接接地（TN-C 系统、TN-S 系统、TN-C-S 系统、TT 系统）或经过电阻、电抗接地的低压配电系统。对于电源中性点不接地的系统，则不宜采用漏电保护器。因为后者不能构成泄漏电气回路，即使发生了接地故障，产生了大于或等于漏电保护器的额定动作电流，该保护器也不能及时动作切断电源回路；或者依靠人体接能故障点去构成泄漏电气回路，促使漏电保护器动作，切断电源回路。但是，这对人体仍不安全。显而易见，必须具备接地装置的条件，电气设备发生漏电时，且漏电电流达到动作电流时，就能在 0.1s 内立即跳闸，切断了电源主回路。

② 漏电保护器保护线路的工作中性线 N 要通过零序电流互感器。否则，在接通后，就会有一个不平衡电流使漏电保护器产生误动作。

③ 接零保护线（PE）不准通过零序电流互感器。因为保护线路（PE）通过零序电流互感器时，漏电电流经 PE 保护线又会穿过零序电流互感器，导致电流抵消，而互感器上检测不出漏电电流值。在出现故障时，造成漏电保护器不动作，起不到保护作用。

④ 控制回路的工作中性线不能进行重复接地。一方面，重复接地时，在正常工作情况下，工作电流的一部分经由重复接地回到电源中性点，在电流互感器中会出现不平衡电流。当不平衡电流达到一定值时，漏电保护器便产生误动作；另一方面，因故障漏电时，保护线上的漏电电流也可能穿过电流互感器的中性线回到电源中性点，抵消了互感器的漏电电流，而使保护器拒绝动作。

⑤ 漏电保护器后面的工作中性线 N 与保护线（PE）不能合并为一体。如果二者合并为一体时，当出现漏电故障或人体触电时，漏电电流经由电流互感器回流，结果又雷同于情况③，造成漏电保护器拒绝动作。

⑥ 被保护的用电设备与漏电保护器之间的各线互相不能碰接。如果出现线间相碰或零线间相交接，会立刻破坏了零序平衡电流值，而引起漏电保护器误动作；另外，被保护的用电设备只能并联安装在漏电保护器之后，接线保证正确，也不许将用电设备接在实

验按钮的接线处。漏电保护的接线方式见表 4-2。

表 4-2　漏电保护的接线方式

接地型式		单相（单极或双极）	三相	
			三线（三极）	四线（三极或四极）
TT		L1 L2 L3 N RCD RCD	L1 L2 L3 N RCD RCD	L1 L2 L3 N RCD RCD
TN	TNC	L1 L2 L3 PEN RCD RCD PE	L1 L2 L3 PEN RCD RCD PE	L1 L2 L3 N PEN RCD RCD PE
	TN-S	L1 L2 L3 N PE RCD RCD PE	L1 L2 L3 N PE RCD RCD PE	L1 L2 L3 N PE RCD RCD PE
	TN-C-S	L1 L2 L3 N PE RCD RCD PE	L1 L2 L3 N PE RCD RCD PE	L1 L2 L3 N PE RCD RCD PE

注：1. L1、L2、L3 为相线；N 为中性线；PE 为保护线；PEN 为中性线和保护线合一；⌷为单相或三相电气设备；⊗为单相照明设备；RCD 为漏电保护器；⏚为不与系统中接地点相连的单独接地装置，作保护接地用。

2. 单相负载或三相负载在不同的接地保护系统中的接线方式图中，左侧设备为未装有漏电保护器，中间和右侧为装用漏电保护器的接线图。

3. 在 TN 系统中使用漏电保护器的电气设备，其外露可导电部分的保护线可接在 PEN 线，也可以接在单独接地装置上形成局部 TT 系统，如 TN 系统接线方式图的右侧设备的接线。

7. 漏电保护器三级配置的接线

漏电保护器三级配置的接线示意图如图 4-22 所示。

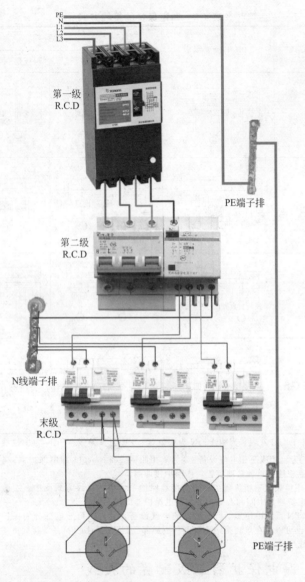

PE
N
L1
L2
L3

第一级
R.C.D

PE端子排

第二级
R.C.D

N线端子排

末级
R.C.D

PE端子排

图 4-22　漏电保护器三级配置的接线示意图

三、交流接触器

1. 交流接触器的作用

接触器是一种遥控电器,在机床电气自动控制中常用它来频繁地接通和切断交直流电路。它具有低电压释放保护功能、控制容量大、能实现远距离控制等优点,因此在自动控制系统中,它的应用非常广泛。如图 4-23 所示。

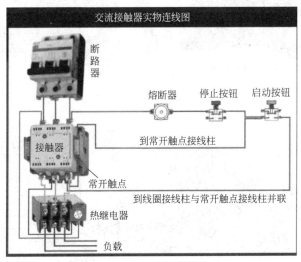

图 4-23　交流接触器的作用

2. 接触器的结构

接触器主要由电磁系统、触头系统、灭弧装置等部分组成。如图 4-24 所示。

(1) 电磁系统　电磁系统是用来控制触头闭合与断开的,包括线圈、动铁芯和静铁芯。如图 4-25 所示。

(2) 触头系统　交流接触器的触头起断开或闭合电路的作用,因此,要求触头的导电性能良好,所以触头通常用纯铜制成。铜的表面容易氧化而生成氧化铜,使之接触不良。而银的接电阻小,且银的黑色氧化层对接触电阻影响不大,故在触头的上半部分镶嵌银块。触头系统可分为主触头和辅助触头两种,主触头用以通断电流

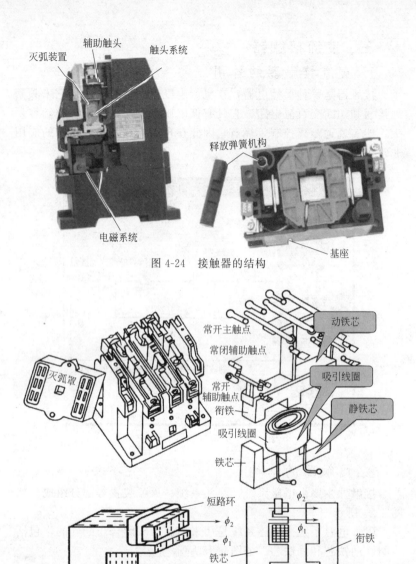

辅助触头　触头系统

灭弧装置

释放弹簧机构

电磁系统

基座

图 4-24　接触器的结构

常开主触点

常闭辅助触点

动铁芯

灭弧罩

常开
辅助触点

吸引线圈

衔铁

静铁芯

吸引线圈

铁芯

短路环

ϕ_2

ϕ_1

铁芯

线圈

ϕ_2

ϕ_1

衔铁

图 4-25　电磁系统

较大的主电路，体积较大，一般由三对动合触头组成；辅助触头用以通断小电流的控制线路，体积较小，它有动合和动断两种触头。所谓动合、动断是指电磁系统未通电动作前触头的状态。动合和动断触头是一起动作的，当线圈通电时，动断触头先断开，动合触头随即闭合，如图4-26所示。

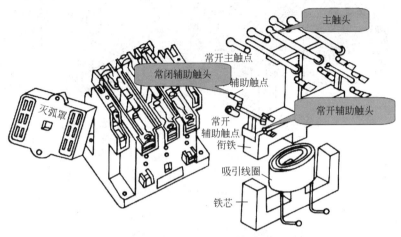

主触头

常开主触点

常闭辅助触头

辅助触点

常开辅助触头

常开辅助触点

衔铁

吸引线圈

铁芯

灭弧罩

图4-26　触头系统

（3）灭弧装置　交流接触器在断开大电流电路或高电压电路时，在动、静触头之间会产生很大的电弧。电弧是触头间气体在强电场作用下产生的放电现象，会发光发热，灼伤触头并使电路切断时间延长，甚至会引起其他事故，因此，为使电弧能迅速熄灭，如图4-27所示，设有灭弧装置。灭弧装置内有灭弧栅片，灭弧栅片装置的结构如图4-28所示。

3. 接触器的工作原理

接触器的电磁系统未通电时，主触头、动合触点和动断触点的状态如图4-29所示。

当线圈通电时，动静铁芯吸合，主触头、动合触点和动断触点的状态如图4-30所示；主触头、动合触点和动断触点是一起动作的，动断触点先断开，动合触点随即闭合。

当线圈断电时，动合触点先恢复到断开状态，随即主触头、动断触点恢复原来的闭合状态。

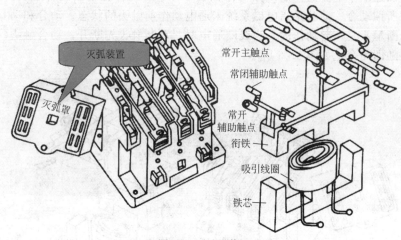

图 4-27　灭弧装置

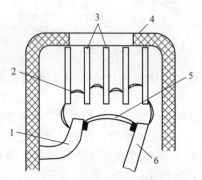

图 4-28　灭弧栅片装置

1—静触头；2—短电弧；3—灭弧栅片；4—灭弧罩；5—电弧；6—动触头

4. 常用交流接触器

（1）CJ20 系列交流接触器　CJ20 系列交流接触器的外形如图 4-31 所示。

CJ20 系列交流接触器用于交流 50Hz、额定电压至 660V（个别等级至 1140V）、电流至 630A 的电力线路中供远距离频繁接通和分断电路以及控制交流电动机，并适宜于与热继电器或电子保护

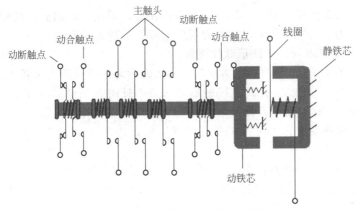

图 4-29　接触器的电磁系统未通电

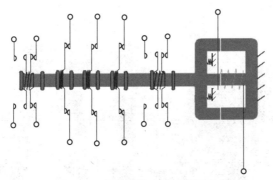

图 4-30　接触器的电磁系统通电

图 4-31　CJ20 系列交流接触器的外形

装置组成电磁启动器，以保护电路或交流电动机可能发生的过负荷及断相。

触头灭弧系统：不同容量等级的接触器采用不同的灭弧结构。

① CJ20-10 和 CJ20-16 为双断点简单开断灭弧室。

② CJ20-25 为 U 形铁片灭弧。

③ CJ20-40～160 在 380V、660V 时均为多纵缝陶土灭弧罩。

④ CJ20-250 及以上接触器在 380V 时用多纵缝陶土灭弧罩，在 660V 时用栅片灭弧罩，在 1140V 时均采用栅片灭弧罩。

电磁系统：① CJ20-40 及以下接触器用双 E 形铁芯，迎击式缓冲；

② CJ20-63 及以上用 U 形铁芯，硅橡胶缓冲。

CJ20-10 的辅助触头可任意组合，有五种组合：四常闭、三常闭一常开、二常开二常闭、一常闭三常开、四常开。

（2）CJ12 系列交流接触器　CJ12 系列交流接触器的外形如图 4-32所示。

图 4-32　CJ12 系列交流接触器的外形

CJ12 系列交流接触器用于交流 50Hz、额定电压至 380V、额定电流至 600A 的电力线路中。主要供冶金、轧钢企业起重机等的电器设备中作远距离接通和分断电路，并作为交流电动机频繁地启动、停止和反接之用。

结构特点：CJ12的结构为条架平面布置，在一条安装用扁钢上电磁系统居左，主触头系统居中，辅助触头居右，并装有可转动的停挡，整个布置便于监视和维修。接触器的电磁系统由U形动、静铁芯及吸引线圈组成。动、静铁芯均装有缓冲装置，用以减轻磁系统闭合时碰撞力，减少主触头的振动时间和释放时的反弹现象。接触器的主触头为单断点串联磁吹结构，配有纵缝式灭弧罩，具有良好的灭弧性能。辅助触头为双断点式，有透明防护罩。触头系统的动作，靠磁系统经扁钢传动，整个接触器的易损零部件具有拆装简便和便于维护检修等特点。

（3）CJX1（3TB/3TF）交流接触器　CJX1（3TB/3TF）交流接触器的外形如图4-33所示。

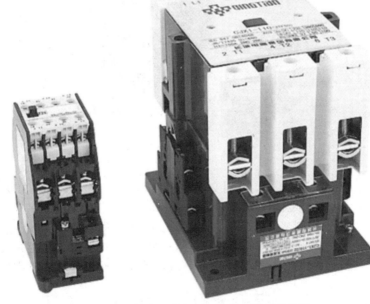

图4-33　CJX1（3TB/3TF）交流接触器的外形

CJX1系列交流接触器用于交流50Hz（或60Hz）、额定电压至660V、在AC-3使用类别下额定电压为380V时额定电流至170A

的电路中，供远距离接通和分断电路及频繁启动和控制交流电动机，并可与适当的热过载继电器组成电磁启动器，以保护可能发生操作过负荷电路。

结构特征：接触器为双断点触头的直动式运动结构，动作机构灵活，手动检查方便，结构紧凑。触头、磁系统采用封闭结构，粉尘不易进入，能提高寿命。接线端均有防护罩覆盖，使用安全可靠。安装可用螺钉紧固，也可扣装在35mm的安装轨上，装卸迅速方便。

（4）CJX2-N（LC1-D）系列交流接触器　CJX2-N（LC1-D）系列交流接触器的外形如图4-34所示。

图4-34　CJX2-N（LC1-D）系列交流接触器的外形

CJX2-N（LC1-D）系列交流接触器用于交流50Hz或60Hz，电压至660V、电流至95A的电路中，供远距离接通与分断电路及频繁启动，控制交流电动机，接触器还可组装积木式辅助触头组、空气延时头、机械联锁机构等附件，组成延时接触器、可逆接触器、星三角启动器，并且可以和热继电器直接插接安装组成磁启动器。

（5）3TB、3TF系列交流接触器　3TB和3TF（国内型号为CJX3）系列接触器采用立式直动式结构设计，其外形结构如图4-35所示。触头系统在上部。磁系统在下部。额定电流32A以上的接触器采用装有金属隔板的灭弧罩；额定电流45～630A的接触器采用封闭式灭弧室，并有阻燃型材料阻挡电弧向外喷出。接触器的主触头和辅助触头，均采用桥式双断点结构。各接线端都采用新型的自升螺钉、瓦形垫圈压接结构，使接线可靠，并可大大减少接线时间。接触器的绝缘外壳采用抗冲击性好、耐高温、耐电弧性好的塑料制造而成，并在线圈接线处标有明显的电压规格标志。全系列接触器均可采用螺钉固定，但额定电流小于 32A 的接触器可用 35mm 标准安装卡轨固定，45～75A 的接触器可用 75mm 标准安装卡轨固定。该产品常与 3UA 系列热继电器配套使用。3TB 和 3TF 除额定参数和外形上有一些区别外，其他基本相同。

图 4-35　3TB、3TF 系列交流接触器外形示意

5. 常用交流接触器的图形符号和文字符号

常用交流接触器的图形符号和文字符号如图 4-36 所示。

四、控制按钮

1. 控制按钮的作用

控制按钮又称按钮开关，是一种短时间接通或断开小电流电路的手动控制器，一般用于电路中发出启动或停止指令，以控制电磁

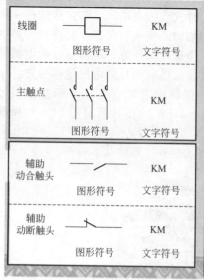

	图形符号	文字符号
线圈		KM
主触点		KM
辅助动合触头		KM
辅助动断触头		KM

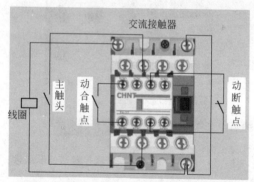

图 4-36 交流接触器的图形符号和文字符号

启动器、接触器、继电器等电器线圈电流的接通或断开，再由它们去控制主电路；按钮也可用于信号装置的控制，如图 4-37 所示。

2. 控制按钮的结构

控制按钮的外形及结构如图 4-38 所示，它主要由按钮帽、复位弹簧、触点、接线柱和外壳等组成。

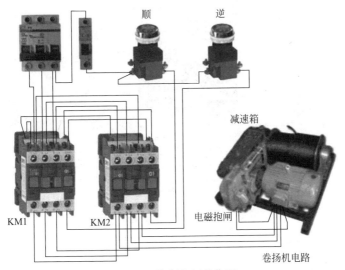

图 4-37　控制按钮的作用

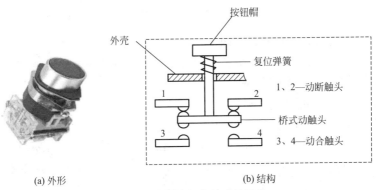

(a) 外形　　　　　　　　(b) 结构

图 4-38　控制按钮的外形及结构

3. 常用控制按钮的图形符号及文字符号

常用控制按钮的图形符号和文字符号如图 4-39 所示。

4. 控制按钮的工作原理

控制按钮的工作原理：当用手按下按钮帽时，动断触点断开之

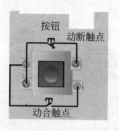

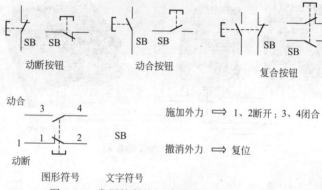

图 4-39　常用控制按钮的图形符号和文字符号

后，动合触点再接通，如图 4-40(a) 所示；而当手松开后，复位弹簧便将按钮的触点恢复原位，此时动合触点先断开，动断触点再闭合，如图 4-40(b) 所示。

5. 常用控制按钮

为了标明各个按钮的作用，避免误操作，通常将按钮帽做成不同的颜色，以示区别，其颜色有红、绿、黑、黄、蓝、白等。如红色表示停止按钮，绿色表示启动按钮，如图 4-41 所示。另外还有形象化符号可供选用，如图 4-42 所示。

五、行程开关

1. 行程开关的作用

生产机械中，常需要控制某些运动部件的行程，或运动一定行程使其停止，或在一定行程内自动返回或自动循环。这种控制机械行程的方式叫"行程控制"或"限位控制"。行程开关又叫限位开

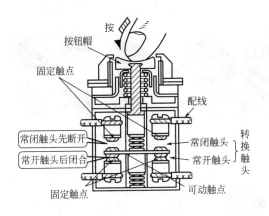

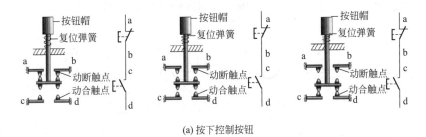

(a) 按下控制按钮

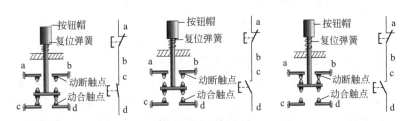

(b) 松开控制按钮

图 4-40　控制按钮的工作原理

关，是实现行程控制的小电流（5A 以下）主令电器，其作用与控制按钮相同，只是其触头的动作不是靠手按动，而是利用机械运动部件的碰撞使触头动作，即将机械信号转换为电信号，通过控制其他电器来控制运动部件的行程大小、运动方向或进行限位保护，如

图 4-41 常用控制按钮

启动；闭合　停止；断开　点动；仅在按下　启动停止共用　直线运动　自动循环；自动
　　　　　　　　　　　　　时动作

　泵　　　冷却泵　　液压泵　　　润滑泵　　　转动　　半自动循环；自动

图 4-42　常用控制按钮符号

图 4-43 所示工作台自动往返控制。

2. 行程开关的结构

常用行程开关的外形如图 4-44 所示，JLXKI 系列行程开关结构原理如图 4-45 所示，它主要由滚轮、杠杆、转轴、凸轮、撞块、调节螺钉、微动开关和复位弹簧等部件组成。

其结构形式多种多样，但其基本结构可以分为三个主要部分：摆杆（操作机构）、触头系统和外壳。其中摆杆形式主要有直动式、杠杆式和万向式三种，每种摆杆形式又分多种不同形式，如直动式又分金属直动式、钢滚直动式和热塑滚轮直动式等，滚轮又有单轮、双轮等形式。触头类型有一常开一常闭、一常开二常闭、二常开一常闭、二常开二常闭等形式。动作方式可分为瞬动、蠕动、交叉从动式三种。

3. 常用行程开关

目前国内生产的行程开关有 LXK3、3SE3、LX19、LXW、

WL、LX、JLXK 等系列。其中，3SE3 系列为引进西门子公司技术生产的。常用行程开关如图 4-46 所示。

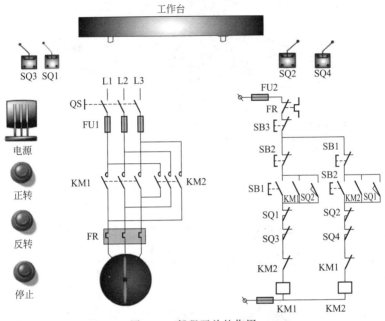

图 4-43　行程开关的作用

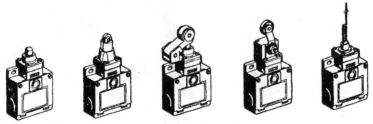

图 4-44　常用行程开关外形

4. 行程开关的图形符号及文字符号

行程开关的图形符号和文字符号如图 4-47 所示。

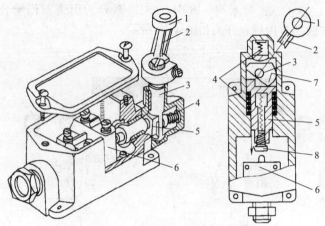

图 4-45　JLXKI 系列行程开关结构原理

1—滚轮；2—杠杆；3—转轴；4—复位弹簧；5—撞块；
6—微动开关；7—凸轮；8—调节螺钉

图 4-46　常用行程开关

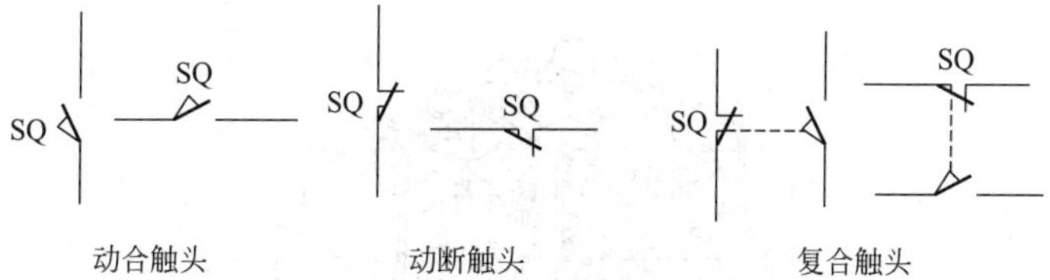

动合触头　　　　　动断触头　　　　　复合触头

图 4-47　常用行程开关的图形符号和文字符号

六、中间继电器

1. 中间继电器的结构

中间继电器也采用电磁结构，主要由电磁系统和触头系统组成。从本质上来看，中间继电器也是电压继电器，仅触头数量较多、触头容量较大而已。中间继电器种类很多，而且除专门的中间继电器外，额定电流较小的接触器（5A）也常被用作中间继电器。

图 4-48 为 JZ7 系列中间继电器的结构，其结构与工作原理与小型直动式接触器基本相同，只是它的触头系统中没有主、辅之分，各对触头所允许通过的电流大小是相等的。由于中间继电器触头接通和分断的是交、直流控制电路，电流很小，所以一般中间继电器不需要灭弧装置。

2. 常用中间继电器

常用的中间继电器主要有 JZ15、JZ17、JZ18 等系列产品（如图 4-49 所示），其中，JZ15 系列中间继电器的电磁系统为直动式螺管铁芯，交直流两用。交流的铁芯极面开了槽，并嵌有分磁环（短路环），而直流的磁极端部为圆锥形的。其触头在电磁系统两侧。

常用中间继电器大都可以采用卡轨安装，安装和拆卸方便；触头闭合过程中，动、静触头间有一段滑擦、滚压过程，可以有效地清除触头表面的各种生成膜及尘埃，减小了接触电阻，提高了接触的可靠性（如 JZ18 等系列）；输出触头的组合形式多样，有的还可加装辅助触头组（如 JZ18 等系列）；插座形式多样，方便用户选择；有的还装有防尘罩，或采用密封结构，提高了可靠性。

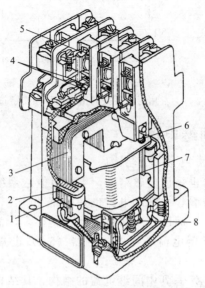

图 4-48　JZ7 系列中间继电器的结构

1—静铁芯；2—短路环；3—动铁芯；4—动合触点；5—动断触点；
6—复位弹簧；7—线圈；8—反作用弹簧

(a) JZ15中间继电器　　　　(b) JZ17中间继电器　　　　(c) JZ18中间继电器

图 4-49　中间继电器

3. 中间继电器的图形符号及文字符号

常用中间继电器的图形符号和文字符号如图 4-50 所示。

线圈　　　　　动合触头　　　　动断触头

图 4-50　常用中间继电器的图形符号和文字符号

4．中间继电器的作用

中间继电器一般用来控制各种电磁线圈使信号得到保持、放大、记忆或保持等，进行电路的逻辑控制或者将信号同时传递给几个控制元件，它根据输入量（如电压或电流），利用电磁原理，通过电磁机构使衔铁产生吸合动作，从而带动触点动作，实现触点状态的改变，使电路完成接通或分断控制。如图 4-51 所示。

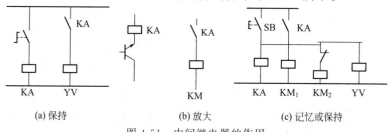

(a) 保持　　　　　　　(b) 放大　　　　　　(c) 记忆或保持

图 4-51　中间继电器的作用

七、时间继电器

1．时间继电器的作用

时间继电器是一种自得到动作信号起至触头动作或输出电路产生跳跃式改变有一定延时、该延时又符合其准确度要求的继电器，即从得到输入信号（线圈的通电或断电）开始，经过一定的延时后才输出信号（触头的闭合或断开）的继电器。时间继电器被广泛应用于电动机的启动控制和各种自动控制系统。常用时间继电器的外形如图 4-52 所示。

2．时间继电器的分类

（1）按动作原理分类　有电磁式、同步电动机式、空气阻尼

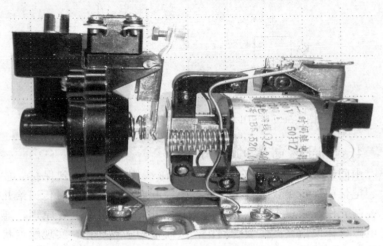

图 4-52　时间继电器的外形

式、晶体管式（又称电子式）等。

　　① 空气阻尼式时间继电器又称气囊式时间继电器，其结构简单、价格低廉，延时范围较大（0.4～180s），有通电延时和断电延时两种，但延时准确度较低。如图 4-53 所示。

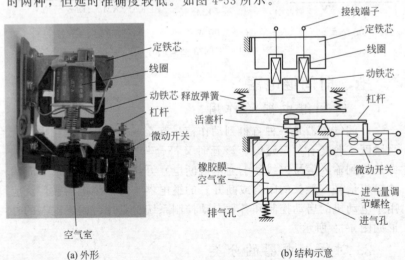

（a）外形　　　　　　　　　　（b）结构示意

图 4-53　JS7 系列空气阻尼式时间继电器（通电延时型）

② 晶体管式时间继电器又称电子式时间继电器，其体积小、精度高、可靠性好。晶体管式时间继电器的延时可达几分钟到几十分钟，比空气阻尼式长，比电动机式短；延时精确度比空气阻尼式高，比同步电动机式略低。随着电子技术的发展，其应用越来越广泛。如图 4-54 所示。

图 4-54　JS20 系列晶体管式时间继电器

③ 同步电动机式时间继电器（又称电动机式或电动式时间继电器）的延时精确度高、延时范围大（有的可达几十小时），但价格较昂贵。如图 4-55 所示。

（2）按延时方式分类

① 通电延时：时间继电器接受输入信号后延迟一定的时间，输出信号才发生变化；当输入信号消失后，输出瞬时复原。如图 4-56（a）所示。

② 断电延时：时间继电器接受输入信号时，瞬时产生相应的输出信号；当输入信号消失后，延迟一定时间，输出才复原。如图 4-56（b）所示。

3. 时间继电器的图形符号及文字符号

常用时间继电器的图形符号和文字符号如图 4-57 所示。

图 4-55　JS11 系列同步电动机式时间继电器

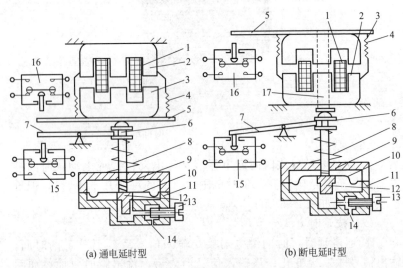

(a) 通电延时型　　　　　　　　　(b) 断电延时型

图 4-56　时间继电器

1—线圈；2—静铁芯；3—动铁芯；4—反力弹簧；5—推板；6—活塞；7—杠杆；
8—塔形弹簧；9—弱弹簧；10—橡胶膜；11—空气室壁；12—活塞；13—调节螺钉；
14—进气孔；15，16—微动开关；17—推杆

4. 空气阻尼式时间继电器的结构

空气阻尼式时间继电器的结构主要由电磁系统、延时机构和触

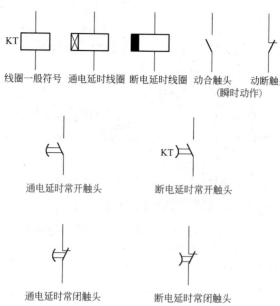

图 4-57　常用时间继电器的图形符号和文字符号

头系统等三部分组成。它是利用空气的阻尼作用进行延时的，图 4-58 为 JS7-A 系列空气阻尼式时间继电器的结构。其电磁系统为直动式双 E 型，触头系统是借用微动开关，延时机构采用气囊式阻尼器。

5. JS7-A 系列空气阻尼式通电延时型时间继电器的工作原理

JS7-A 系列时间继电器通电延时的工作原理如图 4-59（a）所示。当线圈得电后，动铁芯克服反力弹簧的阻力与静铁芯吸合，如图 4-59（b）所示；活塞杆在塔形弹簧的作用下向上移动，使与活塞相连的橡胶膜也向上移动，由于受到进气孔进气速度的限制，这时橡胶膜下面形成空气稀薄的空间，与橡胶膜上面的空气形成压力差，对活塞的移动产生阻尼作用，如图 4-59（c）所示；空气由进气孔进入气囊（空气室），经过一段时间，活塞才能完成全部行程而通过杠杆压动微动开关，使其触头动作，起到通电延时作用，如

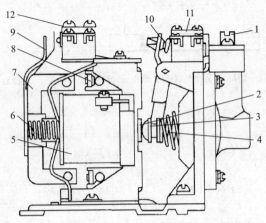

图 4-58　JS7-A 系列空气阻尼式时间继电器的结构

1—调节螺钉；2—推板；3—推杆；4—宝塔弹簧；5—线圈；6—反力弹簧；
7—衔铁；8—铁芯；9—弹簧片；10—杠杆；11—延时触头；12—瞬时触头

图 4-59(d)所示。

　　从线圈得电到微动开关动作的一段时间即为时间继电器的延时时间，其延时时间长短可以通过调节螺钉调节进气孔气隙大小来改变，进气越快，延时越短。

　　当线圈断电时，动铁芯在反力弹簧 4 的作用下，通过活塞杆将活塞推向下端，这时橡胶膜下方气室内的空气通过橡胶膜、弱弹簧和活塞的局部所形成的单向阀迅速从橡胶膜上方气室缝隙中排掉，使活塞杆、杠杆和微动开关等迅速复位。从而使得微动开关的动断触点瞬时闭合，动合触点瞬时断开，如图 4-59(a) 所示。在线圈通电和断电时，微动开关在推板的作用下都能瞬时动作，其触头即为时间继电器的瞬动触头。

6. JS7-A 系列空气阻尼式断电延时型时间继电器的工作原理

　　图 4-60(a) 所示为断电延时型的时间继电器（可将通电延时型的电磁铁翻转 180°安装而成）。当线圈通电时，动铁芯被吸合，带动推板压合微动开关，使其动断触点瞬时断开，动合

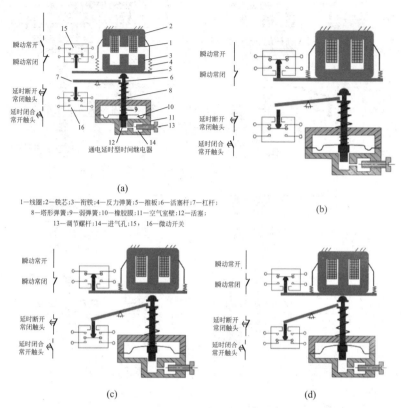

瞬动常开
瞬动常闭

延时断开
常闭触头
延时闭合
常开触头

通电延时型时间继电器

(a)

瞬动常开
瞬动常闭

延时断开
常闭触头
延时闭合
常开触头

(b)

1一线圈;2一铁芯;3一衔铁;4一反力弹簧;5一推板;6一活塞杆;7一杠杆;
8一塔形弹簧;9一弱弹簧;10一橡胶膜;11一空气室壁;12一活塞;
13一调节螺杆;14一进气孔;15，16一微动开关

瞬动常开
瞬动常闭

延时断开
常闭触头
延时闭合
常开触头

(c)

瞬动常开
瞬动常闭

延时断开
常闭触头
延时闭合
常开触头

(d)

图 4-59　JSA-7 系列空气阻尼式通电延时型时间继电器的工作原理

触点瞬时闭合;与此同时,动铁芯压动推杆,使活塞杆克服塔形弹簧的阻力向下移动,通过杠杆使微动开关也瞬时动作,其动断触点断开,动合触点闭合,没有延时作用,如图 4-60(b)所示。

当线圈断电时,衔铁在反力弹簧的作用下瞬时释放,通过推板使微动开关的触头瞬时复位,如图 4-60(c)所示。与此同时,活塞杆在塔形弹簧及气室各部分元件作用下延时复位,使微动开关各触头延时动作,如图 4-60(d)所示。

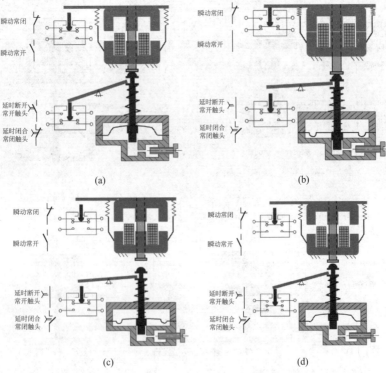

瞬动常闭

瞬动常开

延时断开
常开触头

延时闭合
常闭触头

(a)

瞬动常闭

瞬动常开

延时断开
常开触头

延时闭合
常闭触头

(b)

瞬动常闭

瞬动常开

延时断开
常开触头

延时闭合
常闭触头

(c)

瞬动常闭

瞬动常开

延时断开
常开触头

延时闭合
常闭触头

(d)

图 4-60　JS7-A 系列空气阻尼式断电延时型时间继电器的工作原理

八、速度继电器

1. 速度继电器的作用

速度继电器是当转速达到规定值时动作的继电器。它常被用于电动机反接制动的控制电路中，当反接制动的转速下降到接近零时，它能自动地及时切断电源。

2. JFZ0 系列速度继电器的结构

图 4-61 为 JFZ0 系列速度继电器的外形及结构，其结构主要由转子、定子和触头三部分组成。转子是一个圆柱形永久磁铁。定子是一个笼型空心圆环，由硅钢片叠压而成，并装有笼型绕组。

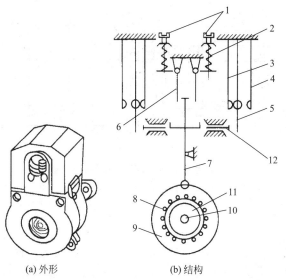

(a) 外形　　　　　　　　(b) 结构

图 4-61　JFZ0 系列速度继电器的外形及结构

1—螺钉；2—反力弹簧；3—动断触点；4—动合触点；5—静触头；6—返回杠杆；
7—杠杆；8—定子导体；9—定子；10—转轴；11—转子；12—推杆

3. 速度继电器的图形符号及文字符号

速度继电器的图形及文字符号如图 4-62 所示。

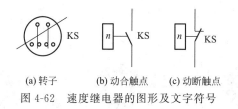

(a) 转子　　　(b) 动合触点　　　(c) 动断触点

图 4-62　速度继电器的图形及文字符号

4. JY1 型速度继电器的结构

JY1 型速度继电器的结构如图 4-63 所示。

5. JY1 型速度继电器的工作原理

JY1 型速度继电器的转子是一块永久磁铁，它和被控制的电动

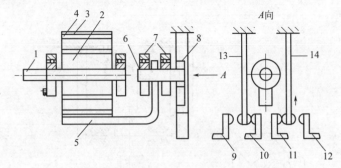

图 4-63　JY1 型速度继电器结构示意

1,6—轴；2—永久磁铁；3—笼型定子；4—短路绕组；5—支架；7—轴承；

8—顶块；9-13,12-14—动合触点；10-13,11-14—动断触点；

13,14—动触头弹簧片

机轴连接在一起，定子固定在支架上。定子由硅钢片叠压而成，并装有笼型的短路绕组，如图 4-64（a）所示。当电动机轴正向转动时，永久磁块（转子）也一起转动，这样相当于一个旋转磁场，在绕组里感应出电流来，使定子也和转子一起转动，如图 4-64（b）

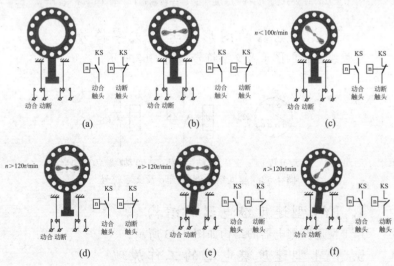

图 4-64　JY1 型速度继电器的工作原理图

所示；转速逐渐加快，如图 4-64（c）所示；当转速大于 120r/min 时，如图 4-64（d）所示；胶木摆杆也跟着转动，动断触点断开，如图 4-64（e）所示；最终使动合触点闭合，如图 4-64（f）所示。静触头又作为挡块来使用，它限制了胶木摆杆继续转动。总之，永久磁铁转动时，定子只能转过一个不大的角度，当轴上转速接近于零（小于 100r/min）时，胶木摆杆回复原来状态，触头又分断，如图 4-64（a）所示。

JY1 型速度继电器的转速在 3000r/min 以下时能可靠地工作，当转速小于 100r/min 时，触头就回复原状。这种速度继电器在机床中用得较广泛。速度继电器的动作转速一般不低于 300r/min，复位转速约在 100r/min 以下。使用速度继电器时，应将其转子安装在被控制电动机的同一轴上，而将其动合触头串联在控制电路中，通过接触器就能实现反接制动。

第二节　低压保护电器

一、低压熔断器

1. 低压熔断器的作用

熔断器是一种起保护作用的电器，它串联在被保护的电路中，当线路或电气设备的电流超过规定值足够长的时间后，其自身产生的热量能够熔断一个或几个特殊设计的和相应的部件，断开其所接入的电路，切断电源，从而起到保护作用。

2. 常用低压熔断器的结构

熔断器的产品系列、种类很多，常用产品系列有 RC 系列瓷插式熔断器，RL 系列螺旋式熔断器，R 系列玻璃管式熔断器，RT 系列有填料密封管式熔断器，NT（RT）系列高分断能力熔断器，RLS、RST、RS 系列半导体器件保护用快速熔断器，HG 系列熔断器式隔离器和特殊熔断器（如具有断相自动显示熔断器、自恢复式熔断器）等。

（1）瓷插式熔断器　瓷插式熔断器如图 4-65 所示。常用为 RCIA 系列瓷插式熔断器，这种熔断器一般用于民用交流 50Hz、额定电压至380V，额定电流至200A的低压照明线路末端或分支电路中，作为短路保护及高倍过电流保护。RCIA系列熔断器由瓷盖、瓷底座1、动触头2、熔体3、瓷插件4和静触头5组成。

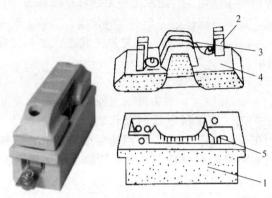

图 4-65　瓷插式熔断器

1—瓷底座；2—动触头；3—熔体；4—瓷插件；5—静触头

（2）螺旋式熔断器　螺旋式熔断器广泛应用于工矿企业低压配电设备、机械设备的电气控制系统中作短路和过电流保护。常用产品系列有RL5、RL6系列螺旋式熔断器，如图4-66所示。螺旋式熔断器由瓷帽、熔管、瓷套、上接线端、下接线端、底座组成。熔体是一个瓷管，内装有石英砂和熔丝，熔丝的两端焊在熔体两端的导电金属端盖上，其上端盖中有一个染有漆色的熔断指示器，当熔体熔断时，熔断指示器弹出脱落，透过瓷帽上的玻璃孔可以看见。

（3）有填料高分断能力熔断器　有填料高分断能力熔断器广泛应用于各种低压电气线路和设备中作为短路和过电流保护。其结构一般为封闭管式，由瓷底座1、弹簧片2、管体3、绝缘手柄4、熔体5等组成，并有撞击器等附件，其结构如图4-67所示。

RT14、RT18、RT19、HG30系列圆筒帽形熔断路器适用于交流50Hz、额定电压至交流380V（500V）、额定电流至125A的配电线路中，作输送配电设备、电缆、导线过载和短路保护。RT19中AM系列可作为电动机启动保护，其外形结构如图4-68所示。

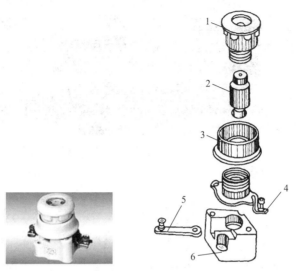

图 4-66　螺旋式熔断器

1—瓷帽；2—熔管；3—瓷套；4—上接线端；5—下接线端；6—底座

① RT0 系列有填料封闭管式熔断器　RT0 系列有填料封闭管式熔断器如图 4-69 所示。

特点：熔体是两片网状紫铜片，中间用锡桥连接。熔体周围填满石英砂起灭弧作用。

应用：用于交流 380V 及以下、短路电流较大的电力输配电系统中，作为线路及电气设备的短路保护及过载保护。

② NG30 系列有填料封闭管式圆筒帽形熔断器　NG30 系列有填料封闭管式圆筒帽形熔断器如图 4-70 所示。

特点：熔断体由熔管、熔体、填料组成，由纯铜片制成的变截面熔体封装于高强度熔管内，熔管内充满高纯度石英砂作为灭弧介质，熔体两端采用点焊与端帽牢固连接。

应用：用于交流 50Hz、额定电压 380V、额定电流 63A 及以下工业电气装置的配电线路中。

③ RS0、RS3 系列有填料快速熔断器　RS0、RS3 系列有填料快速熔断器如图 4-71 所示。

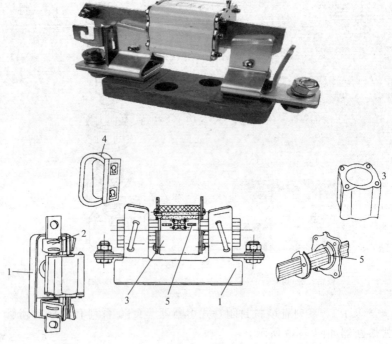

图 4-67　有填料高分断能力熔断器

1—瓷底座；2—弹簧片；3—管体；4—绝缘手柄；5—熔体

特点：在 6 倍额定电流时，熔断时间不大于 20ms，熔断时间短，动作迅速。

应用：主要用于半导体硅整流元件的过电流保护。

（4）无填料封闭管式熔断器　RM10 系列封闭管式熔断器如图 4-72 所示。

特点：熔断管为钢纸制成，两端为黄铜制成的可拆式管帽，管内熔体为变截面的熔片，更换熔体较方便。

应用：用于交流额定电压 380V 及以下、直流 440V 及以下、电流在 600A 以下的电力线路中。

（5）半导体器件保护熔断器　半导体器件保护熔断器是一种快速熔断器。常用的快速熔断器有 RS、NGT 和 CS 系列等，RS0 系

图 4-68 RT 系列外形结构

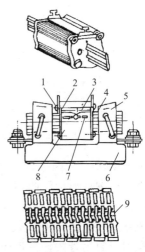

图 4-69 RT0 系列有填料封闭管式熔断器

1—熔断指示器；2—石英砂填料；3—指示器熔丝；4—夹头；
5—夹座；6—底座；7—熔体；8—熔管；9—锡桥

列［见图 4-73(a)］快速熔断器用于大容量硅整流元件的过电流和
短路保护，而 RS3 系列快速熔断器用于晶闸管的过电流和短路保

图 4-70　NG30 系列有填料封闭管式圆筒帽形熔断器

图 4-71　RS0、RS3 系列有填料快速熔断器

护，RS77［见图 4-73(b)］是引进国外技术生产，常用于装置中做半导体器件保护。此外，还有 RLS1 和 RLS2 系列的螺旋式快速熔断器，其熔体为银丝，它们适用于小容量的硅整流元件和晶闸管的短路或过电流保护。NGT 系列［见图 4-73(c)］熔断器的结构也是有填料封闭管式，在管体两端装有连接板，用螺栓与母线排相接。该系列熔断器功率损耗小，特性稳定，分断能力高，可达 100kA，可带熔断指示器或微动开关。

（6）自恢复熔断器　自恢复熔断器是一种过流电子保护元件，自恢复保险丝采用高分子有机聚合物在高压、高温、硫化反应的条件下，掺加导电粒子材料后，经过特殊的工艺加工而成。常用于镇

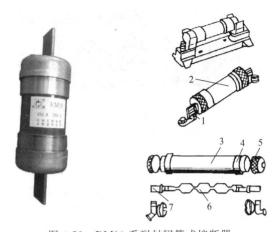

图 4-72　RM10 系列封闭管式熔断器

1—夹座；2—熔断管；3—钢纸管；4—黄铜套管；5—黄铜帽；6—熔体；7—刀型夹头

(a) RSO系列　　　　　　(b) RS77系列　　　　　　(c) NGT系列

图 4-73　半导体器件保护熔断器

1—熔管；2—石英砂填料；3—熔体；4—接线端子

流器、变压器、喇叭、电池的保护，自复保险丝在断开状态（呈高阻态）时相当于一个软开关，在故障消除时，会自动恢复到低阻通路的状态。自恢复熔断器外形如图 4-74 所示。

特点：在故障短路电流产生的高温下，其中的局部液态金属钠

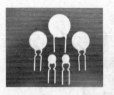

图 4-74 自恢复熔断器

迅速气化而蒸发，阻值剧增，即瞬间呈现高阻状态，从而限制了短路电流。当故障消失后，温度下降，金属钠蒸气冷却并凝结，自动恢复至原来的导电状态。

应用：用于交流 380V 的电路中与断路器配合使用。熔断器的电流有 100A、200A、400A、600A 四个等级。

3. 低压熔断器的图形符号及文字符号

低压熔断器的图形符号和文字符号如图 4-75 所示。

图 4-75 常用低压熔断器的图形符号和文字符号

4. 熔断器使用维护注意事项

① 熔断器的插座和插片的接触应保持良好。

② 熔体烧断后，应首先查明原因，排除故障。更换熔体时，应使新熔体的规格与换下来的一致。

③ 更换熔体或熔管时，必须将电源断开，防触电。

④ 安装螺旋式熔断器时，电源线应接在瓷底座的下接线座上，负载线应接在瓷底座的上接线座上，如图 4-76 所示。这样可保证更换熔管时，螺纹壳体不带电，保证操作者人身安全。

二、热继电器

1. 热继电器的作用

热继电器是热过载继电器的简称，它是一种利用电流的热效应

上接线座 下接线座

图 4-76 螺旋式熔断器的安装

来切断电路的一种保护电器，常与接触器配合使用，热继电器具有结构简单、体积小、价格低和保护性能好等优点，主要用于电动机的过载保护、断相及电流不平衡运行的保护及其他电气设备发热状态的控制。热继电器的作用如图 4-77 所示。

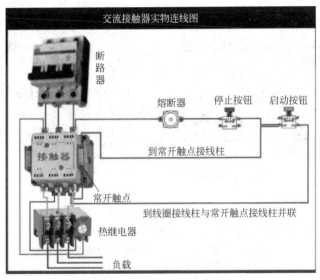

图 4-77 热继电器的作用

2. 热继电器的结构

双金属片式热继电器的结构如图 4-78 所示。

3. 常用热继电器

常用热继电器如图 4-79 所示。

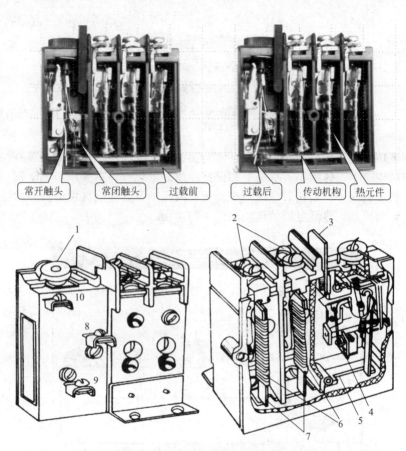

常开触头　　常闭触头　　过载前　　　过载后　　传动机构　热元件

图 4-78　双金属片式热继电器的结构

1—电流整定装置；2—主电路接线柱；3—复位按钮；4—动合触头；
5—动作机构；6—热元件；7—双金属片；8—动合触头接线柱；
9—公共动触头接线柱；10—动断触头接线柱

4. 热继电器的图形符号及文字符号

常用热继电器的图形符号和文字符号如图 4-80 所示。

5. 热继电器的工作原理

发热元件接入电机主电路，若长时间过载，双金属片被烤热。因双金属片的下层膨胀系数大，使其向上弯曲，扣板被弹簧拉回，

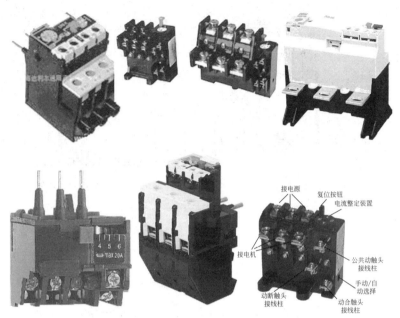

图 4-79 常用热继电器

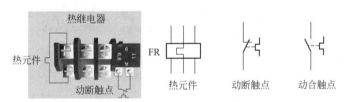

图 4-80 热继电器的图形符号和文字符号

常闭触头断开。

热继电器工作时有电流通过热元件，如图 4-81(a) 所示。由于热继电器两种双金属片线胀系数的不同，双金属片金属紧密地贴合在一起，当产生热效应时，使得双金属片向膨胀系数小的一侧弯曲，由弯曲产生的位移带动触头动作。

热元件 1 串接于电机的定子电路中，通过热元件的电流就是电机的工作电流（大容量的热继电器装有速饱和互感器，热元件串接

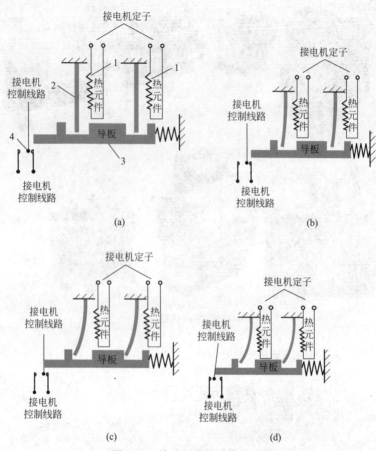

图 4-81　热继电器的工作原理图

1—热元件；2—双金属片；3—导板；4—诊断触点

在其二次回路中）。当电机正常运行时，其工作电流通过热元件产生的热量不足以使双金属片 2 因受热而产生变形，热继电器不会动作，如图 4-81(b) 所示。当电机发生过电流且超过整定值时，双金属片获得了超过整定值的热量而发生弯曲，使其自由端上翘。经过一定时间后，双金属片的自由端推动导板 3 移动。导板 3 将动断触点顶开，如图 4-81(c) 所示。若双金属片受热弯曲位移较大能将动合触点顶闭合，如图 4-81(d) 所示。动断触点通常串接在电机控制电路中的相应接触器线圈回路中，断开接触器的线圈电源，从而切断电机的工作电源。同时，热元件也因失电而逐渐降温，热量减少，经过一段时间的冷却，双金属片恢复到原来状态。若经自动或手动复位，双金属片的自由端返回到原来状态，为下次动作做好了准备。

6. 断相保护型热继电器

断相保护型热继电器是在热继电器的结构基础上增加了断相保护装置的一种保护型热继电器。如图 4-82 所示。

在三相交流电动机的工作电路中若三相中有一相断线而出现过

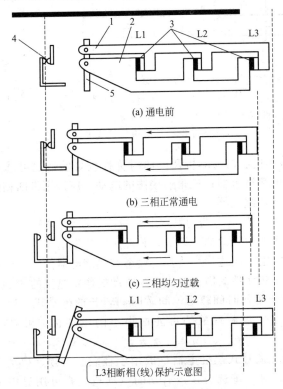

图 4-82　断相保护型热继电器

1—上导板；2—下导板；3—双金属片；4—动断触点；5—杠杆机构

载电流，则因为断线那一相的双金属片不弯曲而使热继电器不能及时动作，有时甚至不动作，故不能起到保护作用。这时就需要使用带断相保护的热继电器。

7. 热继电器接线方式

三相交流电动机的过载保护大多数采用三相式热继电器，由于热继电器有带断相保护和不带断相保护两种，根据电动机绕组的接法，这两种类型的热继电器接入电动机定子电路的方式也不尽相同。如图 4-83 所示。

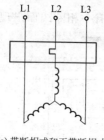 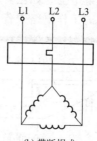 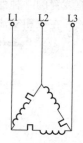

(a) 带断相式和不带断相式　　　　(b) 带断相式　　　　(c) 不带断相式

图 4-83　热继电器接线方式

① 星形接法的电动机及电源对称性较好的情况可选用两相或三相结构的热继电器；三角形接法的电动机应选用带断相保护装置的三相结构热继电器。

② 原则上热继电器的额定电流应按电动机的额定电流来选择。但对于过载能力较差的电动机，其配用的热继电器（主要是发热元件）的额定电流应适当小些，一般选取热继电器的额定电流（实际上是选取发热元件的额定电流）为电动机额定电流的 60%～80%。

③ 对于工作时间较短、间歇时间较长的电动机，以及虽然长期工作但发生过载现象的可能性很小的电动机，可以不设过载保护。

④ 双金属片式热继电器一般用于轻载、不频繁启动电动机的过载保护。对于重载、频繁启动的电动机，则可用过电流继电器（延时动作型的）作它的过载保护和短路保护。因为热元件受热变形需要时间，故热继电器不能作短路保护用。

8. 热继电器的常见故障

热继电器的常见故障见表 4-3。

表 4-3　热继电器的常见故障

序号	故障现象	产生原因	处理方法
1	热继电器接入后电路不通	热元件烧断	更换热元件
		进出线脱焊	重新焊好
		接线螺钉未拧紧	拧紧
2	热继电器控制电路不通	刻度调整旋钮位置不合适	重新调整
		触头烧坏或动触杆弹性消失,触头接触不上	修理触头或动触头杆,必要时更换
3	热继电器拒绝动作	热继电器选配不当	重新选择
		整定值偏大	重新整定
		热元件烧断或脱焊	更换热元件
		动作机构卡住	修理调整,但应防止动作特性变化
		导板脱出	重新放入并校验
		触头接触不良	清除表面尘垢或氧化物
4	热继电器误动作	整定值偏小	合理调整或更换规格
		电动机拖动时间过长	按电动机启动时间要求选择具有适合可返回时间的热继电器,或启动时将热继电器短接
		操作频率过高	按前述方法选用
		有强烈的冲击振动	采用防振或选用防冲击性热继电器
		连接导线太细	按说明书要求选用

序号	故障现象	产生原因	处理方法
4	热继电器误动作	可逆运转,反接制动或频繁通断	改用半导体温度热继电器保护
		热继电器与电动机安装处温差太大	按温差配置适当的热继电器
5	热元件烧断	负荷侧短路	排除故障,更换产品
		操作频率过高	合理选用热继电器
		机构有故障,使热机电器不能动作	更换

9. 电动机综合保护器

电动机综合保护器（如图 4-84 所示）系列是在消化吸收国内外电动机保护先进技术的基础上，采用电流取样型并结合先进的电子线路来对三相电动机进行断相（缺相）、过压、过流保护。本保护器具有断相保护灵敏、动作可靠、抗三相电源不平衡干扰能力强，并具有良好的反时限特性等优点。保护器并设有运行指示灯、断相故障指示和过载报警指示，使保护器安装调试方便，省目直观。因而具有较高的经济价值、使用价值。

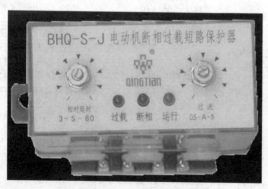

图 4-84　电动机综合保护器

10. 常用低压电器代表符号

见表 4-4。

表 4-4　常用低压电器代表符号

类别	名称	图形符号	文字符号
开关	单极控制开关		SA
	手动开关一般符号		SA
	三极控制开关		QS
	三极隔离开关		QS
	三极负荷开关		QS
	组合旋钮开关		QS
	低压断路器		QF
	控制器或操作开关		SA

类别	名称	图形符号	文字符号
行程开关	动合触点		SQ
	动断触点		SQ
	复合触点		SQ
按钮	动合按钮	E-\	SB
	动断按钮	E-\	SB
	复合按钮	E-\	SB
	急停按钮		SB
	钥匙操作式按钮		SB

类别	名称	图形符号	文字符号
接触器	吸引线圈		KM
	动合主触点		KM
热继电器	热元件		FR
	动断触点		FR
时间继电器	通电延时(缓吸)线圈		KT
	断电延时(缓吸)线圈		KT
	瞬时闭合的动合触点		KT
	瞬时断开的动断触点		KT
	延时闭合的动合触点	或	KT

类别	名称	图形符号	文字符号
时间继电器	延时断开的动断触点	或	KT
	延时闭合的动断触点	或	KT
	延时断开的动断触点	或	KT
中间继电器	线圈		KA
电流继电器	过电流线圈	$I >$	KA
	欠电流线圈	$I <$	KA
电压继电器	过电压线圈	$U >$	KV
	欠电压线圈	$U <$	KV

类别	名称	图形符号	文字符号
触点	动合触点		
	动断触点		

第五章

常用电动机

一、电动机的分类

1. 按工作电源种类划分

电动机按工作电源种类可以划分为：

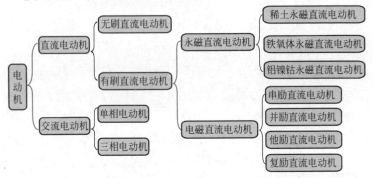

2. 按结构和工作原理划分

电动机按结构和工作原理可以划分为：

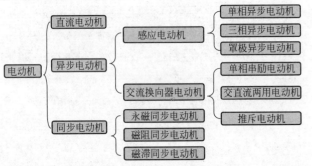

3. 按启动与运行方式划分

电动机按启动与运行方式可以划分为：

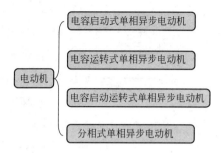

4. 按转子的结构划分

电动机按转子的结构构可以划分为：

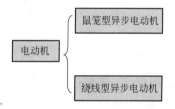

5. 按用途划分

电动机按用途可以划分为：

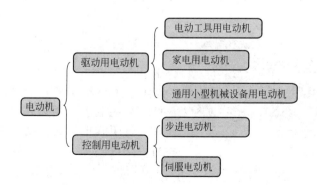

6. 按运转速度划分

电动机按运转速度可以划分为:

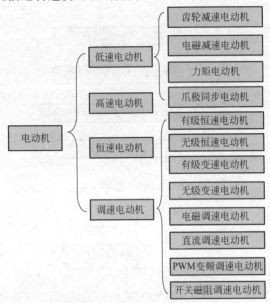

二、电动机的基本结构

1. 三相异步电动机的组成

三相异步电动机的结构比较简单,工作可靠,维修方便,外形结构如图 5-1 所示。它主要由定子和转子两大部分组成,此外还包括机壳和端盖等附件。如果是封闭式电动机,则还有起冷却作用的风扇及保护风扇的端罩,如图 5-2 所示。

定子部分包括机座(机壳)、定子铁芯(如图 5-3 所示)和定子绕组。中小型三相异步电动机的机座和端盖多采用铸铁制造,如果为封闭式电动机,则外壳的表面铸有散热片,用来散发电动机工作时内部产生的热量。

图 5-1　三相异步电动机的外形结构

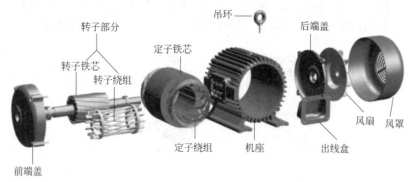

图5-2 三相异步电动机的基本结构

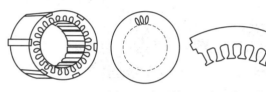

图5-3 定子铁芯及定子铁芯冲片

定、转子铁芯一般是用0.5mm厚D22～D24硅钢片，用成型的模具叠压制成。铁芯的作用是导磁，定子铁芯内圆上槽是用来嵌放定子绕组的，转子外圆边的冲槽是镶嵌导条和铸铝用的。

定子绕组是电动机实现电磁能量转换的关键部件，它是由各种规格铜材制成的表面有绝缘漆的电磁线绕制而成，并镶嵌到定子槽内。三相异步电动机共有三相绕组，转速或功率可根据设计要求制成不同的规格。

转子部分由转子铁芯、转子绕组、转轴和轴承组成。转子铁芯是由铁芯冲片叠压而成，也是电动机磁路的组成部分。转子绕组有两种基本形式：绕线型和笼型。中小型三相异步电动机转子绕组都是笼型的，其绕组是由铜导条或铝导条与端环组成的。假如去掉转子铁芯只看绕组，形如松鼠笼子，如图5-4所示。

导条可以是每槽一根铜条，两端焊上铜环形成转子绕组，如图5-4(a)所示。为了节省铜材和提高生产效率，中小型异步电动机转子绕组多采用铸铝式。用熔化的铝液将导条、端环及用以通风散热的风叶一次铸成，如图 5-4（b）所示。同绕线型相比，笼型转子结构简单，便于制造，工作可靠性强，其优点是启动转矩大。

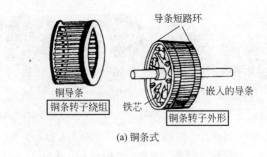

(a) 铜条式

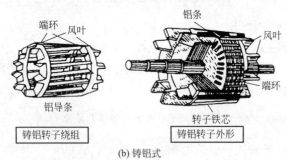

(b) 铸铝式

图 5-4　笼型转子绕组

2. 三相绕线式异步电动机刷握和电刷的检修流程

① 绕线式电机解体后，检查刷架、刷握、电刷（如图 5-5 所示）等的情况，刷握应无裂纹、开焊等情况且固定紧固，摇测刷架对地绝缘电阻应不低于 1MΩ，电刷应无断裂，其铜辫引出线应无断股。

② 各相电刷应调整合适，使电刷在整个滑环的宽度上工作，接触面不可偏向或过于靠近边缘。

③ 在同一台电机的滑环上，不得使用不同型号的电刷。

④ 刷握下边与滑环的距离应在 2～2.5mm 之间，如过大或过小应进行调整，电刷在刷握内应有 0.1～0.2mm 的间隙，使电刷

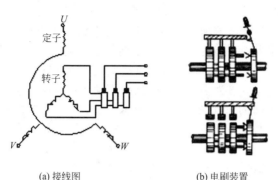

(a) 接线图   (b) 电刷装置

图 5-5　绕线式转子异步电动机示意

上下活动自如，电刷与滑环的接触不小于电刷截面的 75%，弹簧压力应在 0.02～0.03MPa 左右，相差不应大于 10%。

3. 判别三相异步电动机定子绕组首尾端的目的

三相异步电动机的定子绕组必须按一定的规则嵌线和接线。如果接错，绕组中的电流方向相反，就不能产生旋转磁场，因而电动机就不能正常运行。同时由于磁场不平衡，电动机会产生剧烈的震动和异常噪声，此时，定子绕组中三相电流严重不平衡，电流增大，温度上升，甚至会使电动机的定子绕组烧坏。因此，定子绕组首末端的判定十分重要。判别定子绕组首末端的方法有两种：万用表测定法和绕组串接测定法。

4. 判别三相定子绕组的同相绕组

三相异步电动机本身有星形（Y）和三角形（△）两种连接方法，如果电动机的三相定子绕组的 6 个接线端未标出或字样模糊不清，可用下面的实验方法和步骤确定。

用万用表的电阻挡或用带小灯泡的电池测试电动机的任意两个接线端，如果相通说明它们是同一绕组的首、尾端，否则不是。这样可测出每个定子绕组的两个接线端，并做好标记。

5. 用万用表测定三相异步电动机定子绕组首尾端

首先将万用表的转换开关放在欧姆挡上，利用万用表区别出每相绕组的两个出线端，然后将万用表的转换开关置于直流毫安挡上，并将三相绕组接成如图 5-6 所示的电路，如果用手转动转子，则电动机相当于一个发电机，每相绕组中都会产生感生电动势。3个绕组中的 3 个感生电动势互为 120°。若将它们的首、尾端并联，其合成电动势应该为零［万用表指针不动，则说明三相绕组的首末端区分是正确的，如图 5-6(a) 所示］。若有一相绕组首、尾端接反，其合成电动势则不为零［万用表指针动了，说明有一相绕组的首、尾接反了，如图 5-6(b) 所示］。由此可判定 3 个定子绕组的首、尾端，如图 5-6 所示。具体操作步骤如下。

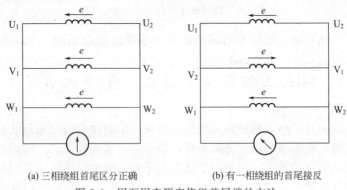

(a) 三相绕组首尾区分正确　　　　(b) 有一相绕组的首尾接反

图 5-6　用万用表测定绕组首尾端的方法

① 将 3 个定子绕组相并联，两端与万用表相连接（万用表调至 mA 挡）。

② 用手转动电动机的转子，观察万用表指针的摆动情况。

③ 若万用表指针不摆动，说明 3 个定子绕组的首、尾端并联正确，否则有一相绕组的首、尾端接反。

④ 若发现万用表指针摆动，则依次调换 3 个定子绕组的两端（每次仅调换一相），同时观察万用表指针的摆动情况，直至指针不摆动为止。

6. 用低压（36V）交流电源法测定三相异步电动机定子绕组首尾端

当某一相定子绕组通电时，另外两相定子绕组中将产生相同极性的感生电动势。如果将这两相定子绕组的首、尾端顺序连接，则总的电动势为两者的相加；若将这两相定子绕组的首、尾端相对连接，则两电动势相互抵消，总电动势为零。据此可判断出三相定子绕组的首、尾端，如图 5-7 所示。具体操作步骤如下。

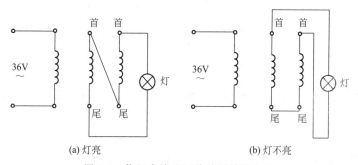

图 5-7　绕组串接法区分首尾端的方法

① 任选一绕组接上 36V 的交流电压。

② 将另外两绕组和灯泡相串联，并观察灯泡发亮情况。

③ 若灯泡发亮，说明总的电动势不为零，两串联绕组的首、尾端顺序相连；否则说明总的电动势为零，两串连绕组首、尾端相对连接。

④ 在检验出的绕组首、尾端上做好记号，再采用同样的方法检验出另一绕组的首、尾端。

7. 用干电池判别法测定三相异步电动机定子绕组首尾端

由于三相定子绕组是对称的，当某一个绕组通电时，另外两个绕组中将会产生相同极性的感生电动势。如果构成回路，回路中将产生相同极性的感生电流。由此可以判别三个定子绕组的首、尾端，如图 5-8 所示。具体操作步骤如下。

① 任选一绕组作为初级，假定其首、尾端。

② 选一绕组作次级，将万用表调至 mA 挡与此绕组两端相连。

③ 再将干电池通过开关 S 及限流电阻 R 接初级绕组的首尾端

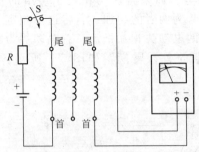

图 5-8 用干电池判别法测定三相异步电动机定子绕组首尾端

（正极接尾端，负极接首端），当 S 闭合瞬间，观察万用表指针的偏转情况。

④ 当万用表指针正偏时，说明感生电流从万用表的正极流入、负极流出，次级绕组的首、尾端如图 5-8 所示；若万用表指针反偏，则其首、尾端与图中的标示相反。

⑤ 用同样的方法再判别其他绕组的首、尾端。

8. 用极性检查法判定三相异步电动机定子绕组首尾端接线是否正确

将定子绕组三个首端（头）连接，三个末端（尾）也相互连接，再将低压直流电源（一般用蓄电池）通入定子三相绕组，用指南针沿着定子铁芯内圆移动。如果指南针经过各极相组时方向交替变化，表示接线正确；如经过相邻的极相组时，指针方向不变，表示极相组接错。如果指针的方向变化不明显，则应提高电源电压后，重新检查。

9. 用电压表判别三相电动机定子绕组首尾端

先用万用表的 $R \times 1\Omega$ 挡查出属于同一相绕组的端子，标出头（始端）、尾（末端），如 W_1（始端）和 W_2（末端）。然后取一块 0～50V 的交流电压表，与其余两相绕组随意串联起来，加上 36V 交流电压，闭合开关 QS，如果 PV 指示 36V 左右，则表明串联的两相绕组是首尾端相接，做好标记，始端为 U_1、V_1，末端则为 U_2、V_2，见图 5-9(a)。倘若 PV 指针不动，则表明串联的两相绕组是始端与始端相接、末端与末端相接，见图 5-9(b)。

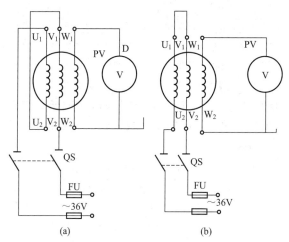

(a)　　　　　　　　(b)

图 5-9　用电压表判别三相电动机定子绕组首尾端

10. 用电压表与电灯泡联合判别三相电动机定子绕组的首尾端

三相异步电动机定子绕组的首尾端判别方法如下。

（1）找出同相绕组　取一只 220V/25W 的白炽灯泡，通电后，当碰到某两个线头使灯泡发光时，则说明这两个线头是同相绕组的两个端子。利用同样的方法，可以依次判别出其他两相绕组，方法见图 5-10(a)。

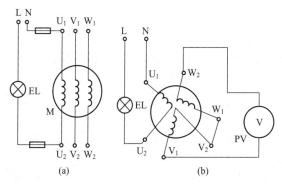

(a)　　　　　　　　(b)

图 5-10　用电压表与电灯泡联合判别三相电动机定子绕组的首尾端

（2）判断绕组的首尾端　如图 5-10（b）所示，将任意两相绕组的端子（引线）相互串联起来，并接一块 0～250V 电压表。然后在第三相绕组两端加上 220V 交流电压；如果所串联的两相是不同的端头（即首尾相连）接在一起，则第三相通电后，电压表有指示。如果是两相绕组的两个始端或两个末端接在一起（如 V_1 与 W_1 接在一起），那么在第三相加上电压时，PV 指针是无显著变化的。在确定出任意两相绕组的端子接头后，再用上述方法即可确定第三相绕组的首尾端。

11. 三相异步电动机的接线要求

三相异步电动机定子绕组的连接方法有 Y 型连接法和 △ 型连接法两种。如图 5-11 所示。对于具体电动机到底采用哪种连接方法，这要由该电动机铭牌上标明的"接法"而确定。电动机安装完毕必须检查接线有否正确。应注意以下几点。

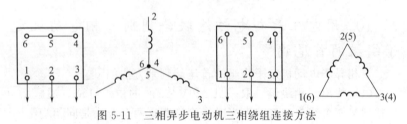

图 5-11　三相异步电动机三相绕组连接方法

① 接线方式与铭牌要求是否一致。

② 接线最好采用铜导线，不要用铝导线，以免电化学锈蚀造成接触不良而发热、打火，铜铝线不可避免时接头部位一定要保证良好接触并缠好绝缘胶带。

③ 接线要牢固，拧紧压线螺母，不要钩搭相接，以免造成虚接或断路。

④ 用电缆供电时，电缆外部应加金属套管，且与接线盒押口密合。

⑤ 不要用绝缘性差的导线供电，接地线应紧固，防止脱落失去接地保护作用。

⑥ 接线盒扣好盖子，防止盒内发生的火花飞溅到外面而引起火灾。

三、直流电机

1. 直流电机的种类

直流电机按励磁方式的不同，可分为他励和自励两大类。而自励电机，按励磁绕组与电枢绕组的连接方式的不同，又可分为并励、串励和复励三种。

(1) 他励直流电机　励磁绕组与电枢绕组无电路上的联系，励磁电流 I_f 由一个独立的直流电源提供，与电枢电流 I_a 无关。如图 5-12(a) 所示，有较好的运行性能。

(2) 并励直流电机　励磁绕组与电枢绕组并联，如图 5-12(b) 所示。对发电机而言，励磁电流由发电机自身提供；对电动机而言，励磁绕组与电枢绕组并接于同一外加电源。

(3) 串励直流电机　励磁绕组与电枢绕组串联，如图 5-12(c) 所示。对发电机而言，励磁电流由发电机自身提供；对电动机而言，励磁绕组与电枢绕组串接于同一外加电源；$I_a = I_f$。

(4) 复励直流电机　励磁绕组的一部分和电枢绕组并联，另一部分与电枢绕组串联。如图 5-12(d) 所示。

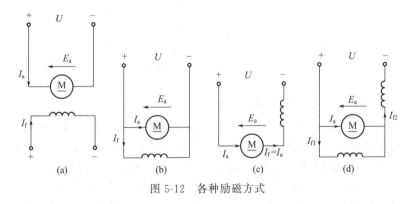

图 5-12　各种励磁方式

直流电机还可以分别按转速、电流、电压、工作定额以及按防护形式、安装结构形式和通风冷却方式等特征来分类。

2. 直流电机的组成

直流电机由定子与转子（电枢）两大部分组成，定子部分包括机座、主磁极、换向极、端盖、电刷等装置；转子部分包括电枢铁芯、电枢绕组、换向器、转轴、风扇等部件。直流电机的基本结构如图 5-13 所示。

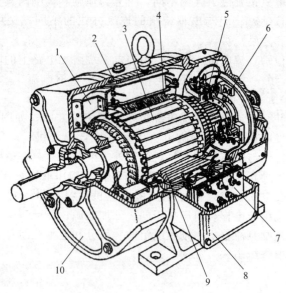

图 5-13　直流电机的基本结构

1—风扇；2—机座；3—电枢；4—主磁极；5—刷架；6—换向器；
7—接线板；8—出线盒；9—换向极；10—端盖

3. 直流电动机的工作原理

　　直流电动机在机械构造上与直流发电机完全相同，图 5-14 是直流电动机的原理图。电枢不用外力拖动。把电刷 A、B 接到直流电源上，假定电流从电刷 A 流入线圈，沿 a→b→c→d 方向，从电刷 B 流出。由电磁力定律可知，载流的线圈将受到电磁力的推动，其方向按左手定则确定，ab 边受力向左，cd 受力向右，形成转矩，结果使电枢逆时针方向转动。如图 5-14(a) 所示。

　　当电枢转过 180°时，如图 5-14(b) 所示，电流仍从电刷 A 流入线圈。沿 d→c→b→a 方向，从电刷 B 流出。与图 5-14(a) 比较，通过线圈的电流方向改变了，但两个线圈边受电磁力的方向却没有

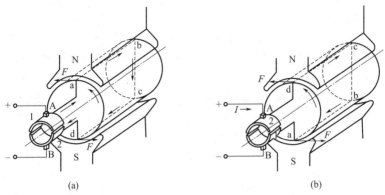

(a)   (b)

图 5-14   直流电动机的原理图

改变，即电动机只向一个方向旋转。若要改变其转向，必须改变电源的极性，使电流从电刷 B 流入，从电刷 A 流出才行。

由以上分析可知：一个线圈边从一个磁极范围经过中性面到相邻的异性磁极范围时，不论是发电机还是电动机，其线圈中的电流方向都要改变一次，而电枢的转动方向却始终不变，通过电刷与外电路连接的电动势、电流方向也不变。这就是换向器的功用了。

4. 启动直流电动机

电动机接入电源后转速从零逐渐上升到稳定转速的过程称为启动过程，简称启动。

他励电动机稳定运行时，其电枢电流

$$I_{aN} = \frac{U_N - E_a}{R_a}$$

因为电枢电阻很小，所以电源电压 U_N 与反电动势 E_a 接近。

在电动机启动的瞬间，$n = 0$，所以 $E_a = C_e \Phi_N n = 0$，这时的电枢电流（即直接启动时的电枢电流）为

$$I_{st} = \frac{U_N}{R_a} \tag{5-1}$$

由于 R_a 很小，直接加额定电压启动，启动电流很大，可达额定电流的 10～20 倍。这样大的启动电流，会使电动机的换向恶化，产生严重的火花。又由于电磁转矩与电流成正比，所以它的启动转

矩非常大，产生机械冲击，损坏传动机构。另外，大电流还会使电网的电压波动，将影响到同一电网上其他用电设备的正常运行。

这种直接加额定电压启动的方法称为直接启动。除了个别容量极小的电动机可以采用直接启动以外，一般直流电动机不允许直接启动。

直流电动机启动的基本要求是：有足够的启动转矩，一般为额定转矩的 1.5～2.5 倍，以便快速启动，缩短启动时间；启动电流不能过大，要在一定的范围内，一般规定启动电流不应超过额定电流的 1.5～2.5 倍；启动设备安全、可靠、经济。

除极小容量的直流电动机可直接启动外，由式(5-1)可知，他励直流电动机的启动方法有电枢回路串电阻启动和降压启动两种。

(1) 电枢回路串电阻启动　启动时，电枢回路串接可变电阻 R_{st}，R_{st} 称为启动电阻。电动机加额定电压，这时的启动电流

$$I_{st} = \frac{U_N}{R_{st} + R_a} \qquad (5\text{-}2)$$

$$R_{st} = \frac{U_N}{I_{st}} - R_a \qquad (5\text{-}3)$$

R_{st} 的数值要使 I_{st} 不大于允许值。

由启动电流产生的启动转矩使电动机开始旋转并加速，随着转速的升高，电枢反电势增大，电枢电流减小，转速上升速度慢下来。为缩短启动时间，保证启动过程中维持电枢电流不变。因此，随着转速的升高应把 R_{st} 平滑地减小，直到稳定运行时全部切除。但是实际上随着转速升高，平滑切除 R_{st} 是难以做到的，一般是把启动电阻分为若干段而逐段加以切除。如图 5-15 所示，图中 $R_1 = R_a + R_{st1}$，$R_2 = R_a + R_{st1} + R_{st2}$。

现在分析一下启动过程。首先电动机加上额定励磁电流，触头 KM 接通，KM_1、KM_2 断开，电枢回路串电阻 $R_{st1} + R_{st2}$ 启动，启动电流为

$$I_{st} = \frac{U_N}{R_a + R_{st1} + R_{st2}}$$

产生启动转矩 T_{st}，$T_{st} > T_L$，电动机开始旋转，随着转速上升，电磁转矩下降［如图 5-15(b) 中启动特性 $a \rightarrow b$］，加速度逐步减

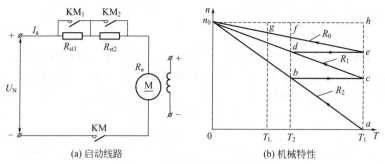

(a) 启动线路   (b) 机械特性

图 5-15   电枢回路串电阻启动

小。为了得到较大的加速度，到达 b 点时，触点 KM_2 接通，将 R_{st2} 切除，电枢总电阻变为 $R_a + R_{st1}$。由于机械惯性，切换瞬间电动机的转速不变，电枢反电势也不变，电枢电流增大，电磁转矩增大，如电阻设计合适，可使这时的电流等于 I_{st}，电磁转矩等于 T_{st}，如图 5-15(b) 中特性 $b \rightarrow c$，电动机又获得较大的加速度，从 c 点加速到 d 点。到达 d 点时，触点 KM_1 接通，切除 R_{st1}，由于机械惯性，运行点由 d 点到固有特性 e 点，电流又一次回升到 I_{st}，电磁转矩又到了 T_{st}，电动机加速到固有特性 g 点，$T = T_L$，稳定运转时 $n = n_N$。

电枢回路串电阻启动，设备简单、初始投资较小，但在启动过程中能量消耗较多，常用于中小容量启动不频繁的电动机。

（2）降压启动   降压启动在电动机有可调直流电源时才能采用。启动时，先把电源电压降低，以限制启动电流。可见，启动电流将与电源电压的降低成正比地减小。电动机启动后，随转速的上升提高电源电压，使之电枢电流维持适合的数值，电磁转矩维持一定数值，电动机按需要的加速度升速，直到额定转速。

降压启动过程的启动电流小，启动时能量消耗小，由于电压连续可调，电动机可以平滑升速。但降压启动需要专用电源，设备投资较大。常用于大容量频繁启动的电机。

必须注意，直流电动机在启动和运行时，励磁电路一定要接通，不能断开。启动时要额定励磁。否则，由于磁路仅有很小的剩磁，可能出现事故。

四、单相电动机

1. 电容运转电动机

如果把电容分相电动机（如图 5-16 所示）的启动绕组按能长期接在电源上工作来设计，则这种电动机称为电容电动机或电容运转电动机，如图 5-17 所示。这时，电动机实质上是一台两相异步电动机，相位上相差 90°的两相电流通过在空间相差 90°电角度的两相绕组，在空气隙中产生的是较好的旋转磁场，使电动机的运行性能有较大的改善，它的功率因数、效率、过载能力都比普通单相电动机高，且运转平稳。因此不仅解决了单相电动机的启动问题，而且有较好的运行性能。由于电容器长期接在电源上，所以应当使用油浸或密封蜡浸纸介电容器，而不能使用交流电解电容器。

电容电动机具有构造简单和功率因素良好等优点，广泛地应用于洗衣机、空调器、电风扇、排气扇等家用电器中。

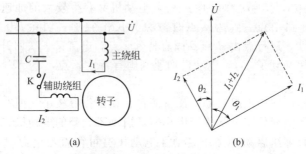

(a)   (b)

图 5-16　电容分相电动机

2. 改变电容启动电动机和电容电动机的转向

电容启动电动机是允许可逆运转的，这种电动机在制造时常将启动绕组和工作绕组的四个线端引出到机座外面。用户希望逆转时，可将启动绕组的两端互换一下，工作绕组的接法维持不变，或者将工作绕组的两个线端互换一下，启动绕组的接法维持不变。

电容电动机也是允许可逆运转的，这种电动机在制造时常将两个绕组的首端和尾端的共同点引出机座之外，构成三引线形式，如图 5-18 所示。当电机朝某一方向运转时，其中一个绕组为工作绕组，另一个则为启动绕组。如果需要改变转向，则将原来的工作绕组改为启动绕组，原来的启动绕组改为工作绕组即可。

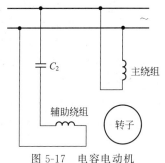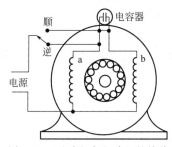

图 5-17　电容电动机　　　　　图 5-18　可逆电容电动机的接线

3. 电容启动电动机和电容电动机的常见故障及原因

（1）电动机启动转矩不足或启动困难，其原因有：①电容器失效；②轴承损坏；③绕组内短路；④转子铜条松弛；⑤线路接错。

（2）接通电源后，熔丝即爆断。可能的原因是：①绕组短路；②电容器短路；③绕组开路；④绕组接地；⑤过载；⑥轴承损坏；⑦离心开关不好。

（3）电动机不能转动，并发出嗡嗡声，大致原因是：①电容器失效；②启动绕组或运转绕组开路；③过载。

（4）运转时冒烟，故障的原因可能是：①绕组内短路；②离心开关失灵，不能切断启动绕组；③轴承有故障；④过载。

4. 罩极电动机定子铁芯的特点

不少台风扇及其派生的台地扇、落地扇、壁扇都采用集中绕组式罩极电动机驱动。这种电机的结构如图 5-19（a）所示，它的定子铁芯与其他单相电机不同，做成凸极式，铁芯由硅钢片压叠而成，每个极上都绕有集中绕组，称为主绕组。极面的上边开有小槽，小槽中放有短路的铜环，把部分磁极（约占全部极面积 1/3）罩起来。主绕组中流过单相电流之后产生磁通，其磁通 Φ_1 是不穿过铜环的，它与主绕组中电流的相位相同，另一部分磁通 Φ_2 则穿过铜环。穿过铜环部分的总磁通是 Φ_2 和 Φ_1 的合成磁通，如图 5-19（b）所示。Φ_K 是铜环中流过的短路电流 I_K 产生的，所以，Φ_K 和 I_K 同相位；I_K 滞后于 E_K 一个相位角，而 E_K 是磁通 Φ_3 在铜环中的感应电势，E_K 在相位上落后于 Φ_3 近 90°。由于 Φ_3 与 Φ_1 在空间分布以及在时间上存在相位差，从而使气隙磁通在空间向一定的方向移动（即从磁极未罩的部分移向被罩部分）。这是由于 Φ_1 在时间上领先于 Φ_3，当 Φ_1 达到最大值时，被罩部分和还比较小，而当 Φ_1 减少后，Φ_3 才达到最大值。整个磁极中，磁力线的中心线向被罩部分移动，相当于一个旋转磁场，因而能产生转矩，使鼠笼转子顺着罩极的方向旋转起来。

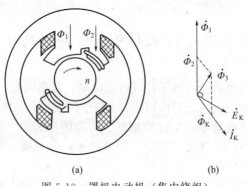

(a)　　　　　(b)

图 5-19　罩极电动机（集中绕组）

5. 分布绕组的罩极电动机

这种电动机的定子铁芯与三相异步电动机一样，用环形的硅钢片压叠而成，上面有均匀分布的槽，槽中放有两套绕组，即主绕组（工作绕组）和辅绕组（启动绕组），它们都不是集中绕组，而是分布在一些定子槽中的分布绕组，如图 5-20 所示。主绕组与辅绕组在空间相距一定的电角度（一般约为 45°电角度）。主绕组的匝数较多，辅绕组的匝数较少（一般 2～8 匝）而导线较粗（常用直径为 1.5mm 左右圆铜线）。头尾相接，自行闭合，所以也叫短路绕组，它与前面讲的短路环一样，穿过短路绕组部分的磁通在相位上落后于主绕组磁通一个角度，所以也能在气隙中产生一个旋转磁场，电机的转向是从主绕组转向短路绕组，因此在下线时必须注意

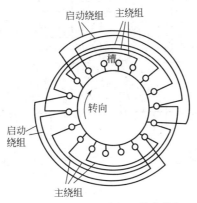

启动绕组　主绕组

槽

转向

启动
绕组

主绕组

图 5-20　罩极电动机（分布绕组）

这两种绕组的相对位置。

　　分布绕组的罩极电机的启动转矩较小，只能用在轻载启动（即启动转矩小于或近于额定转矩 0.5 倍）的情况下，多用于小型鼓风机。

6. 单相串励电动机

　　交流串励电动机的工作原理是建立在直流串励电动机基础上的，因此首先分析直流串励电动机的工作过程。

　　如图 5-21 所示，励磁绕组与电枢绕组串联在一起，接在直流电源上。根据主磁通和电枢电流的方向，利用电动机左手定则，可以决定转子转动的方向。图 5-21(a) 中是逆时针方向旋转，如果将图 5-21(a) 的电源极性反过来则变为图 5-21(b) 所示的形式。由于是串励电机，主磁通及电枢电流 I 将同时改变方向，根据电动机左手定则可知，在磁通和电枢电流同时改变方向的情况下，转子转向不变，仍为逆时针方向旋转。由此可以推论，一台直流串励电动机改接交流电压后，虽然电源极性在反复变化，但转子始终维持一恒定转向，因此也可以作为交流电动机运行，这就是单相交流串励电动机的原理。这种串励电动机若设计成可以应用在交、直流两种电源上，则称为通用电动机。

　　通用电动机的励磁绕组与电枢绕组有两种串联方式，如

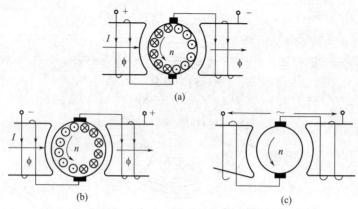

图 5-21　串励电动机

图 5-22所示，这两种方式的电气性能是一样的。要改变通用电动机的旋转方向，只需将电枢绕组两端（或励磁绕组两端）的接线对调一下。通用电动机按交流方式使用时所需励磁绕组匝数比按直流方式使用时所需的匝数少，所以励磁绕组常带有抽头，以便于使用。

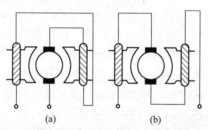

图 5-22　通用电动机的接线

7. 改变单相串励电动机的转向

只需改变磁极线圈电枢中的电流方向，即可改变电动机的旋转方向。一般方法是把两电刷架的引线对调，如图 5-23 原来是顺时针方向旋转的电动机，改接后则为逆时针方向。

图 5-23(a) 所示为顺时针方向旋转的电动机接线图，图 5-23(b) 所示为逆时针方向旋转的电动机接线图。改变旋转方向时，电刷接

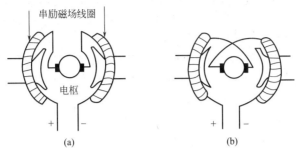

图 5-23　串励电动机接线

触面上容易发生严重的电弧火花，尤其是电刷架不能移动的电动机，更易发生火花，因为这种电机是为特定应用而设计的，只可以朝一个方向旋转。

在这种情形下，要改变电机旋转方向而且不发生火花，只能改变换向器上线圈的引线位置。

8. 单相异步电动机的启动装置

除电容运转式电动机和罩极式电动机外，一般单相异步电动机在启动结束后辅助绕组都必须脱离电源，以免烧坏。因此，为保证单相异步电动机的正常启动和安全运行，就需配有相应的启动装置。

启动装置的类型有很多，主要可分为离心开关和启动继电器两大类。图 5-24 所示为离心开关的结构示意。离心开关包括旋转部

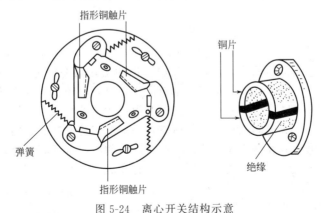

图 5-24　离心开关结构示意

分和固定部分，旋转部分装在转轴上，固定部分装在前端盖内。其工作原理如图 5-25 所示，它利用一个随转轴一起转动的部件——离心块。当电动机转子达到额定转速的 70％～80％时，离心块的离心力大于弹簧对动触点的压力，使动触点与静触点脱开，从而切断辅助绕组的电源，让电动机的主绕组单独留在电源上正常运行。

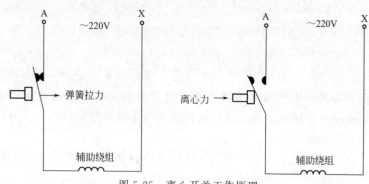

图 5-25　离心开关工作原理

离心块结构较为复杂，容易发生故障，甚至烧毁辅助绕组。而且开关又整个地安装在电机内部，出了问题检修也不方便。故现在的单相异步电动机已较少使用离心开关作为启动装置，转而采用多种多样的启动继电器。启动继电器一般装在电动机机壳上面，维修、检查都很方便。常用的继电器有电压型、电流型、差动型三种。

9. 电压型启动继电器

电压型启动继电器其接线如图 5-26 所示，继电器的电压线圈跨接在电动机辅助绕组上，常闭触点串联接在辅助绕组的电路中。接通电源后，主、辅助绕组中都有电流流过，电动机开始启动。由于跨接在辅助绕组上的电压线圈，其阻抗比辅助绕组大。故电动机在低速时，流过电压线圈中的电流很小。随着转速升高，辅助绕组中的反电动势逐渐增大，使得电压线圈中的电流也逐渐增大，当达到一定数值时，电压线圈产生的电磁力克服弹簧的拉力使常闭触点断开，切除了辅助绕组与电源的连接。由于启动用辅助绕组内的感应电动势，使电压线圈中仍有电流流过，故保持触点在断开位置，从而保证电动机在正常运行时辅助绕组不会接入电源。

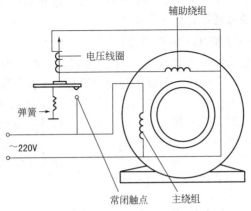

图 5-26　电压型启动继电器原理接线图

10. 电流型启动继电器

电流型启动继电器其接线如图 5-27 所示，继电器的电流线圈与电动机主绕组串联，常开触点与电动机辅助绕组串联，电动机未接通电源时，常开触点在弹簧压力的作用下处于断开状态。当电动机启动时，比额定电流大几倍的启动电流流经继电器线圈，使继电器的铁芯产生极大的电磁力，足以克服弹簧压力使常开触点闭合，使辅助绕组的电源接通，电动机启动，随着转速上升，电流减小。

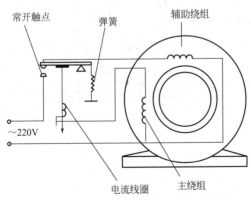

图 5-27　电流型启动继电器原理接线图

当转速达到额定值的 70%～80%时，主绕组内电流减小。这时继电器电流线圈产生的电磁力小于弹簧压力，常开触点又被断开，辅助绕组的电源被切断，启动完毕。

11. 差动型启动继电器

差动型启动继电器其接线如图 5-28 所示，差动型启动继电器有电流和电压两个线圈，因而工作更为可靠。电流线圈与电动机的主绕组串联，电压线圈经过常闭触点与电动机的辅助绕组并联。当电动机接通电源时，主绕组和电流线圈中的启动电流很大，使电流线圈产生的电磁力足以保证触点能可靠闭合。启动以后电流逐步减小，电流线圈产生的电磁力也随之减小。于是电压线圈的电磁力使触点断开，切除了辅助绕组的电源。

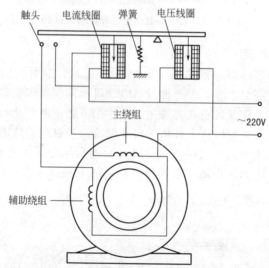

图 5-28　差动型启动继电器原理接线图

第六章

Chapter 06 三相异步电动机的控制
线路的安装与调试

一、电动机点动控制线路的安装与调试

1. 电动机点动控制线路的接线原理图

电动机点动控制线路的接线原理图如图 6-1 所示。

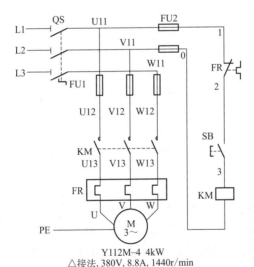

Y112M–4 4kW
△接法, 380V, 8.8A, 1440r/min

图 6-1　电动机点动控制线路的接线原理图

2. 电动机点动的控制过程

（1）工作原理　由图 6-1 可知，如果按下按钮 SB 后电动机运转；松开按钮 SB 后，控制电动机的停转。工作原理如下所述。

① 合上电源开关 QS。

② 启动：按下 SB→KM 线圈得电→电动机 M 启动运转。

③ 停止：松开 SB→KM 线圈失电→电动机 M 停转。

（2）特点　点动控制线路的另一个重要特点是：它具有欠电压与失电压或零电压保护的功能。

① 欠电压保护：若电源电压下降，电动机的电流就会上升，电压下降严重，可能烧坏电动机，甚至发生事故。在具有自锁的控制线路中，当电动机运转时，电源电压将低到一定值（一般低于工作电压的 85%）时，接触器磁通减弱，电磁吸力不足，动铁芯就会释放，使动合触点断开，失去自锁，同时动合主触点也会断开，电动机停转从而得到保护。

② 失电压（或零电压）保护：在具有自锁的电路中，在电源临时停电后再恢复供电时，由于动合触点已断开，接触器线圈不得电，动合主触点不会闭合，因而电动机也不会自行启动运转，可避免意外事故发生。

3. 电动机点动控制线路的实物接线示意图

① 主电路实物接线示意图如图 6-2 所示。

② 电动机的接线示意图如图 6-3 所示。

③ 控制线路实物接线示意图如图 6-4 所示。

4. 电动机点动控制线路的检修

（1）进行故障调研，用观察法检查故障　电动机点动运行控制线路如图 6-4 所示，当电路出现故障时，首先在检修前应对故障发生情况进行尽可能详细的调查。询问操作人员故障发生前后电路和设备的运行状况，发生时的迹象，如有无异常声响、冒烟、火花及异常振动；故障发生前有无频繁启动、过载等现象。然后仔细观察触头是否烧蚀、熔毁；线头是否松动、松脱；线圈是否发高热、烧焦，熔体是否熔断；导线连接螺钉是否松动。利用观察法很容易判断出简单故障，若操作人员提供故障发生前有放炮似的响声，一般可断定是熔断器内部熔体的熔断，进一步查找短路点，排除后更换熔体即可。若操作人员提供故障发生前有频繁启动或切削时进刀量

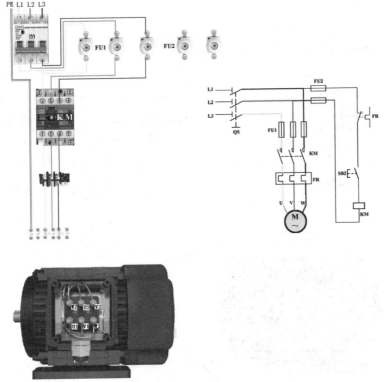

图 6-2　主电路实物接线示意图

较大，一般可断定是过载引起的热继电器动作，热继电器的复位方式若在自动复位则 5min 内热继电器自动复位，热继电器的复位方式若在手动复位则 2min 后，按下热继电器复位按键使热继电器复位即可排除故障。若操作人员提供故障发生前后有臭焦烟味，一般可断定是接触器等元件线圈的烧毁，更换接触器等元件或更换接触器等元件的线圈即可排除故障。总之，观察法检查故障需要积累一定的实际经验。

（2）不通电，用万用表欧姆挡检测主电路故障　如图 6-4 所示不通电，将万用表挡位开关放置在欧姆 $R \times 1\Omega$ 挡检测 U11-U12、V11-V12、W11-W12 的电阻值，若哪次阻值为 ∞，则说明存在对

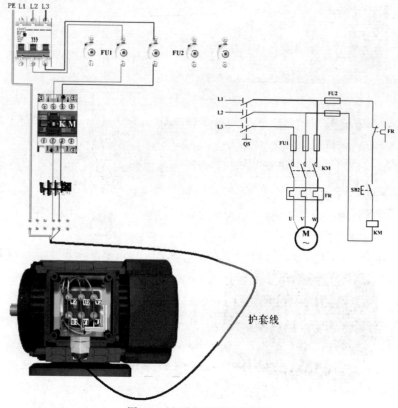

图 6-3　电动机的接线示意图

应地熔断器内的熔体熔断或连接导线松动、脱落等断路故障。进一步查找断路点，排除后更换熔体或紧固压线螺钉即可。

检测 U11-U12、V11-V12、W11-W12 的电阻值，若哪次阻值为 0，则继续检测 U13-U、V13-V、W13-W 的电阻值，若哪次阻值为∞，则说明对应地热继电器的热元件损坏或连接导线松动、脱落等断路故障。进一步查找断路点，更换热继电器或紧固压线螺钉即可。

检测 U13-U、V13-V、W13-W 的电阻值，若哪次阻值为 0，则用改锥按下接触器 KM 的同时，用万用表 $R \times 1\Omega$ 挡检测 U13-

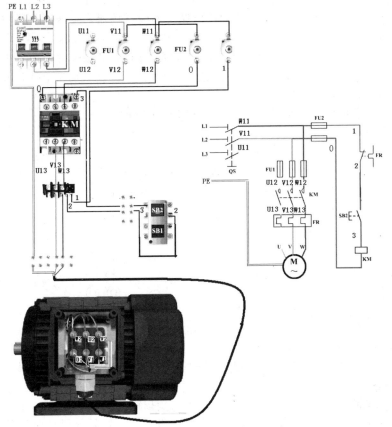

图 6-4　控制线路实物接线示意图

U12、V13-V12、W13-W12 的电阻值，若哪次阻值为∞，则说明对应地接触器 KM 主动合触头的触点接触不良或连接导线松动、脱落等断路故障。更换接触器、修复接触器触点或紧固压线螺钉即可。

　　在实际检修过程中，若上述用万用表 $R \times 1\Omega$ 检测结果均为 0，可用改锥按下接触器 KM 的同时，用万用表 $R \times 1\Omega$ 挡检测 U11-V11、V11-W11、W11-U11 的电阻值，若哪两次阻值为∞，则说明对应那相存在电动机定子绕组或连接导线松动、脱落等断路故障。检测 U11-V11、V11-W11、W11-U11 的电阻值，若每次检测的电阻值均近似为 0，则说明主电路可能没有故障，应继续检修控制电路。

（3）不通电，用万用表欧姆挡检测控制电路故障　如何用万用表电阻测量法迅速有效地找出控制电路的故障，这里只介绍分阶电阻测量法。

分阶电阻测量法：分阶电阻测量法如图 6-5 所示。

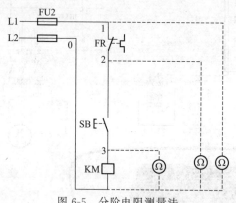

图 6-5　分阶电阻测量法

按下启动按钮 SB，若接触器 KM 不吸合，说明该电气回路有故障。在查找故障点前首先把控制电路两端从控制电源上断开，万用表置于 $R \times 1\Omega$ 挡。检查时，按下启动按钮 SB 不放，测量 0-1 两点间的电阻。如果电阻为 ∞，说明电路断路；然后逐段分阶测量 0-1、0-2 各点间的电阻值。当测量到某标号时，若电阻突然增大，说明表笔刚跨过的触头或连接线接触不良或断路。如测得 0-3 两点之间的电阻值为 ∞，说明 KM 线圈或连接 KM 线圈的导线有断路故障。若测得 0-3 两点之间的电阻值为 200Ω 左右，说明 KM 线圈和连接 KM 线圈的导线无故障。需要继续检测 0-2 两点之间的电阻，如阻值仍为 200Ω 左右，说明启动按钮 SB 和连接启动按钮 SB 的导线无故障；若测得 0-2 两点之间的电阻值为 ∞，说明启动按钮 SB 和连接启动按钮 SB 的导线有断路故障。依此类推，直至找到故障点并排除。

（4）用万用表电压挡检测主电路故障　如图 6-6 所示通电，合上开关 QS，将万用表放置在交流电压 500V 挡，首先检测 U11-V11、V11-W11、W11-U11 的电压，若电压有不为 380V 时说明对应地电源缺相或开关 QS 损坏等，应重点检查电源、更换开关 QS；若电压均为 380V，说明电路正常。然后检测 U12-V12、V12-W12、U12-W12 的电压，若电压有不为 380V 时说明对应地熔断器的熔体熔断或连接导线松动、脱落等，进一步查找短路点，排除后更换熔体或紧固压线螺钉即可；若电压均为 380V，说明电路正常。

按下启动按钮 SB，接触器 KM 接通，检测 U13-V13、V13-W13、W13-U13 的电压，若电压有不为 380V 时，则说明对应地接触器 KM 主触头的触点接触不良，更换接触器或修复接触器触点。若电压均为 380V，说明电路正常。最后检测 U-V、V-W、W-U 的电压，若电压有不为 380V 时，则说明对应地热继电器的热元件损坏或连接导线松动、脱落等，更换热继电器或修复松动、脱落导线。若电压均为 380V，说明电路正常，初步断定为电动机本身故障或连接导线松动、脱落等断路故障。

若按下启动按钮 SB，接触器 KM 接不通，应先检修控制电路。

（5）用万用表电压挡检测控制电路故障　如图 6-6 所示通电，

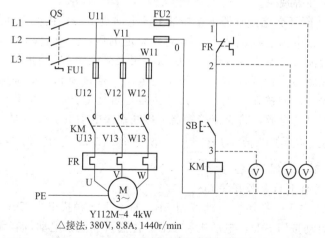

图 6-6　万用表电压挡检测电动机单方向运行线路的控制电路

合上开关 QS，将万用表放置在交流电压 500V 挡，把黑表笔作固定表笔，固定在相线 L2 端，以醒目的红表笔作移动表笔，并触及控制电路中间位置任一触点的任意一端（3、2、1 各点）。在图 6-6 所示的电路中，按下启动按钮 SB，每次测得电压均为 380V 说明电路正常；若测得电压不为 380V 说明红表笔所在上方电路有断开点。如测得 3 点电压为 380V，继续测量 2 点电压，若测得电压不为 380V 说明 2 点至 3 点（2-3）之间有断开点。重点检查停止按钮 SB 接触是否良好、连接导线松动、脱落等，找到故障原因并排除。以此类推，采用逐点排除的办法查找故障点，直至排除故障为止。

5. 电动机点动控制线路试车前应检查的内容

试车前应检查的内容如下。

① 用绝缘电阻测量仪对电路进行测试，检查元器件及导线绝缘是否良好，有无相间或相线与底板之间短路现象。

② 用绝缘电阻测量仪对电动机及电动机引线进行对地绝缘测试，检查有无对地短路现象。断开电动机三相绕组间的连接头，用绝缘电阻测量仪检查电动机引线相间绝缘，检查有无相间短路现象。

③ 用手转动电动机转轴，观察电动机转动是否灵活，有无噪声及卡住等现象。

④ 断开交流接触器下接线端上的电动机引线，接上启动按钮。在电气柜电源进线端通上三相交流额定电压，按下启动按钮 SB，观察交流接触器是否吸合，然后用万用表交流 500V 挡量程，测量交流接触器下接线端有无三相额定电压，是否断相。如果电压正常，松开启动按钮，观察交流接触器是否能断开。一切动作正常后，断开总电源，将交流接触器下接线端头电动机引线复原。

6. 电动机点动控制线路检修后的通电试车及试车过程中的注意事项

① 合上总电源开关 QS。

② 左手手指触摸启动按钮 SB，右手手指触摸开关 QS。左手按下启动按钮 SB2，电动机启动后，注意听和观察电动机有无异常声及转向是否正确。如果有异常声或转向不对，应立即拉开开关

QS，使电动机断电。断电后，电动机依靠惯性仍旧在转动。此时，应注意异常声是否还有：如仍有，可判定是机械部分发生故障；如无，可判断是电动机电气部分故障发生噪声及转向异常。电动机转向不对，可将接线盒打开，将电动机电源进线中的任意两相对调即可。

③ 再次启动电动机前，用钳形电流表卡住电动机三根引线中的一根，测量电动机的启动电流。电动机的启动电流一般是额定电流的 4~7 倍。测量时，钳形电流表的量程应超过这一数值的 1.5 倍，量程过小容易损坏钳形电流表，量程过大使测量结果不准确。

④ 电动机启动并转入正常运行后，用钳形电流表分别依次卡住电动机的三根引线，测量电动机的三相电流是否平衡，空载电流和负载电流是否超过额定值。

⑤ 如果电流正常，使电动机运行 30min。运行中应不断进行测试。对于电动机的外壳温度，应检查长时间运行中的温升是否太高或太快。

二、电动机单方向运行控制线路的安装与调试

1. 电动机单方向运行控制线路的接线原理图

电动机单方向运行控制线路的接线原理图如图 6-7 所示。

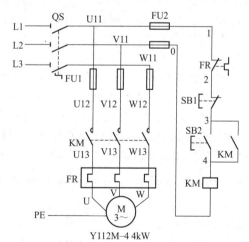

Y112M–4 4kW
△接法，380V，8.8A，1440r/min

图 6-7　电动机单方向运行控制线路的接线原理图

2. 电动机单方向运行的控制过程

（1）特点　上述线路具有短路、欠电压和失电压保护，但这样还不够，因为电动机在运转过程中，如在长期负载过大、操作频繁、断相运行等情况下时，都可能使电动机的电流超过它的额定值。而在这种情况下，熔断器往往并不会熔断，这将引起绕组过热，若温度超过允许温升就会使绝缘损坏，影响电动机的使用寿命，严重的甚至烧坏电动机，因此，对电动机必须采取过载保护。一般采用热继电器作为过载保护元件。

图 6-7 中 FR 为热继电器，它的热元件串接在电动机的主电路中，动断触点则串联在控制电路中。

如果电动机在运行过程中，由于过载或其他原因使负载电流超过额定值时，经过一定时间，串接在主电路的热继电器的双金属片因受热弯曲，使串接在控制电路中的动断触点分断，从而切断控制电路，接触器 KM 的线圈失电，动合主触点断开，电动机 M 停转，达到了过载保护的目的。

（2）工作原理

① 先合上电源开关 QS。

② 按下启动按钮 SB2，KM 线圈得电，KM 的动合辅助触点闭合自锁、KM 的动合主触点闭合，电动机 M 启动运转。

松开启动按钮 SB2，其动合辅助触点恢复分断，由于接触器 KM 的动合辅助触点闭合时已将 SB2 短接，控制电路仍保持接通，KM 线圈继续得电，电动机 M 继续运转。通常将这种用接触器本身的触点来使其线圈保持得电的作用叫自锁（或自保）。与启动按钮 SB2 并联的 KM 的这一对动合辅助触点叫自锁（或自保）触点。

③ 停止：按下停止按钮 SB1，KM 线圈失电，KM 的动合辅助触点断开、KM 线圈失电 KM 的动合主触点断开，电动机 M 停转。

3. 电动机单方向运行控制线路的实物接线示意图

① 主电路实物接线示意图如图 6-8 所示。

② 电动机的接线示意图如图 6-9 所示。

③ 控制线路实物接线示意图如图 6-10 所示。

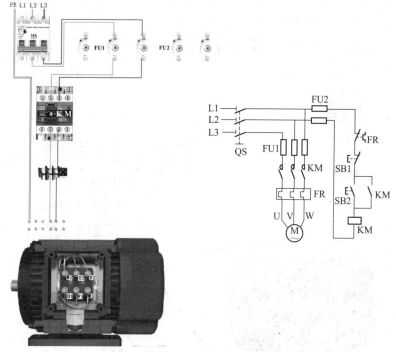

图 6-8　主电路实物接线示意图

4. 电动机单方向运行控制线路的检修

（1）不通电，用万用表欧姆挡检测主电路故障

如图 6-11 所示，不通电，将万用表挡位开关放置欧姆 $R \times 10\Omega$ 挡检测 U11-U12、V11-V12、W11-W12 的电阻值，若哪次阻值为 $\infty\Omega$，则说明存在对应地熔断器内的熔体熔断或连接导线松动、脱落等断路故障。进一步查找断路点，排除后更换熔体或紧固压线螺钉即可。

若检测 U11-U12、V11-V12、W11-W12 的电阻值均为 0Ω，如图 6-12 所示，则说明对应地熔断器内的熔体完好，连接导线无松动、无脱落等故障。

继续检测 U13-U、V13-V、W13-W 的电阻值，如图 6-13 所示，若哪次阻值为 $\infty\Omega$，则说明存在对应地热继电器的热元件损坏或连接导线松动、脱落等断路故障。进一步查找断路点，更换热继

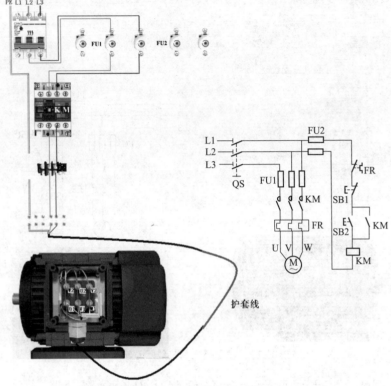

图 6-9　电动机的接线示意图

电器或紧固压线螺钉即可。

　　若检测 U13-U、V13-V、W13-W 的电阻值为 0Ω，如图 6-14 所示，则说明对应地热继电器的热元件完好，连接导线无松动、无脱落等故障。

　　继续检测 U13-U12、V13-V12、W13-W12 的电阻值，用改锥按下接触器 KM 的同时，用万用表 $R \times 10\Omega$ 挡检测 U13-U12、V13-V12、W13-W12 的电阻值，如图 6-15 所示，若哪次阻值为 ∞Ω，则说明对应地接触器 KM 主动合触头的触点接触不良或存在连接导线松动、脱落等断路故障。更换接触器、修复接触器触点或紧固压线螺钉即可。

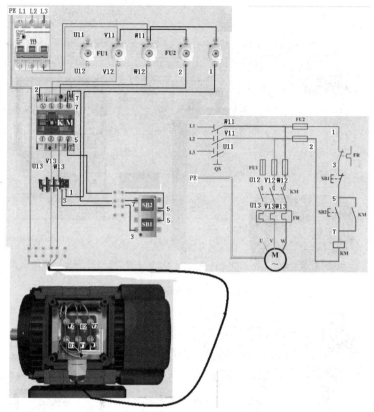

图 6-10　控制线路实物接线示意图

　　若用改锥按下接触器 KM 的同时，用万用表 $R \times 10\Omega$ 挡检测 U13-U12、V13-V12、W13-W12 的电阻值，如图 6-16 所示，若哪次阻值为 0Ω，则说明对应地接触器 KM 主动合触头的触点接触良好，且无连接导线松动、无脱落等断路故障。

　　在实际检修过程中，若上述用万用表 $R \times 10\Omega$ 挡检测结果均为 0Ω，可用改锥按下接触器 KM 的同时，用万用表 $R \times 1\Omega$ 挡检测 U11-V11、V11-W11、W11-U11 的电阻值，如图 6-17 所示，若哪两次阻值为 $\infty\Omega$，则说明对应那相存在电动机定子绕组或连接导线松动、脱落等断路故障。

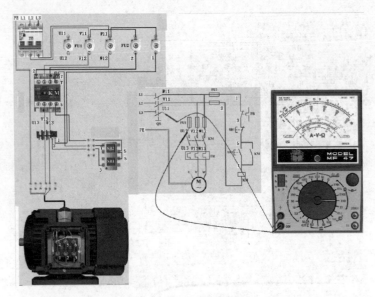

图 6-11　检测主电路故障 1

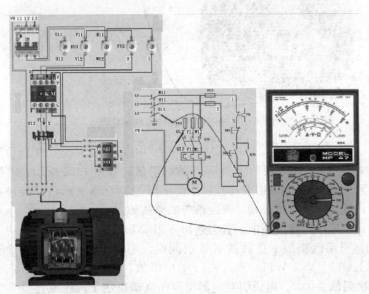

图 6-12　检测主电路故障 2

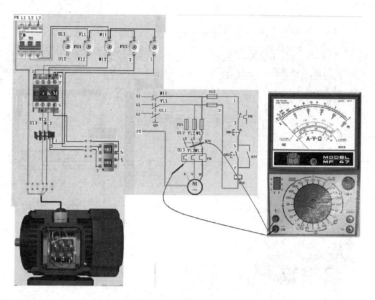

图 6-13 检测主电路故障 3

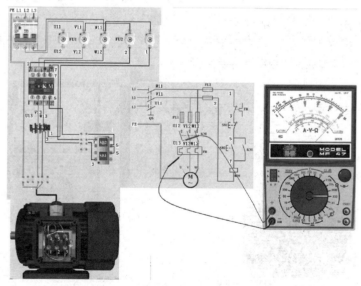

图 6-14 检测主电路故障 4

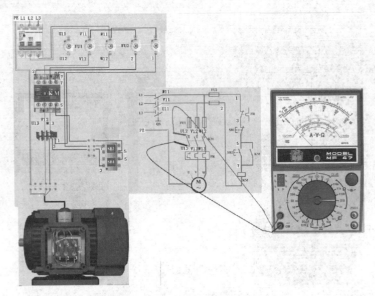

图 6-15　检测主电路故障 5

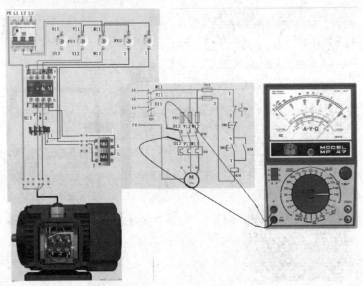

图 6-16　检测主电路故障 6

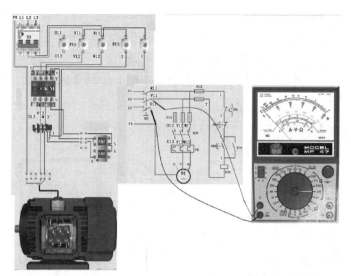

图 6-17　检测主电路故障 7

检测 U11-V11、V11-W11、W11-U11 的电阻值，如图 6-18 所示，若每次检测的电阻值均近似为 0Ω，则说明主电路可能没有故

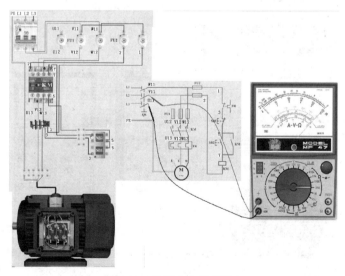

图 6-18　检测主电路故障 8

障，应继续检修控制电路。

（2）不通电，用万用表欧姆挡检测控制电路故障

不通电，将万用表放置欧姆 $R \times 100\Omega$ 挡，首先检测 W11-1、V11-2 的电阻值，如图 6-19（a）、（b）所示，若哪次阻值为 $\infty\Omega$，

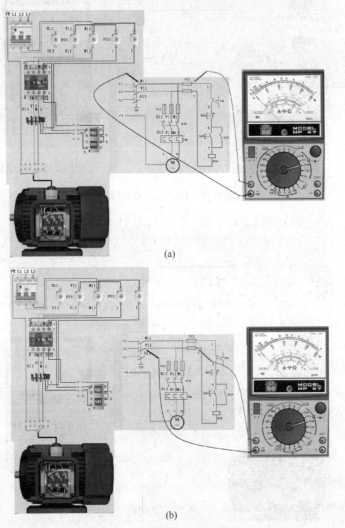

(a)

(b)

图 6-19　检测控制电路故障 1

则说明对应地熔断器的熔体熔断或连接导线松动、脱落等，进一步查找断路点，排除后更换熔体或紧固压线螺钉即可。

如图 6-20(a)、(b) 所示，若电阻值接近 0Ω，说明 FU2 完好，

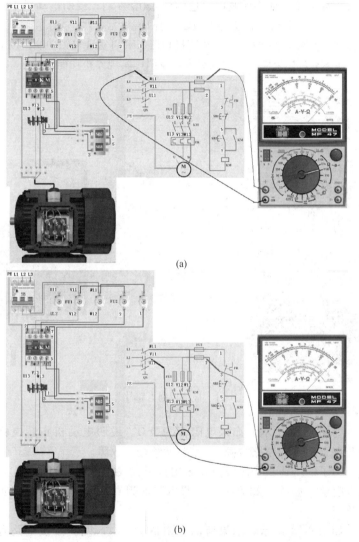

(a)

(b)

图 6-20　检测控制电路故障 2

连接导线无松动、无脱落等故障。

然后将万用表放置欧姆 $R\times100\Omega$ 挡检测 2-1 之间的电阻。将万用表黑、红两表笔分别置于 2、1 两端，按下电动机启动按钮 SB2 不放，如图 6-21 所示，如果所测电阻值约为 450Ω 左右，说明电动机正转电路完好；松开电动机启动按钮 SB2，电阻值为无穷大，按下接触器 KM 时若电阻值约为 450Ω 左右，说明接触器 KM 可实现自锁功能；按下停止按纽 SB1，如果电阻值为无穷大，说明可实现停止功能。

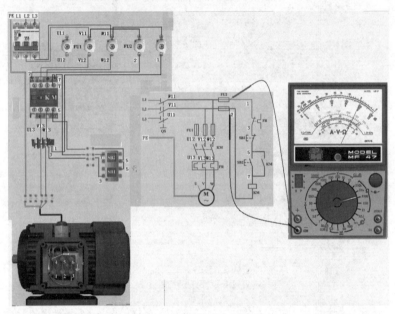

图 6-21　检测控制电路故障 3

如图 6-22 所示，如果电阻值为 $\infty\Omega$，说明电动机正转电路有断开点（即存在断路故障），需要继续查找故障。

为了能迅速找到故障点，采用折中查找的方法，测量 1-5 之间的电阻值，如图 6-23 所示，如果电阻值为 0Ω，说明该段电路正常无故障。

如图 6-24 所示，如果所测电阻值为 $\infty\Omega$，说明该段电路有断开点（即存在断路故障），需要继续折中查找故障。

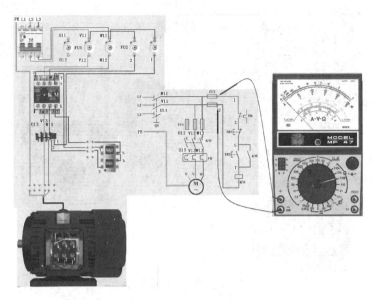

图 6-22　检测控制电路故障 4

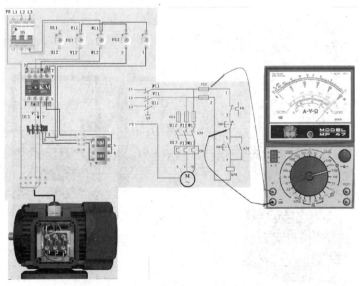

图 6-23　检测控制电路故障 5

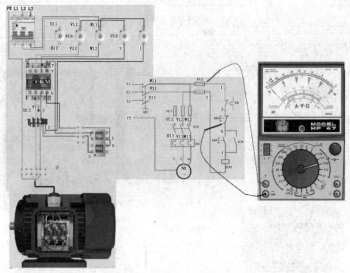

图 6-24　检测控制电路故障 6

再测量 1-3 之间的电阻值。如图 6-25 所示，当测量到某标号时，

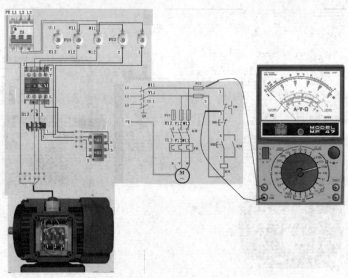

图 6-25　检测控制电路故障 7

若电阻值为∞Ω，说明表笔刚跨过的触头或连接线接触不良或断路。

如图 6-26 所示，如果电阻值为 0Ω，说明该段电路正常。

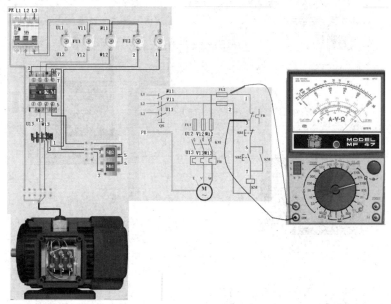

图 6-26　检测控制电路故障 8

若 1-5 之间的电路正常，测量 2-7 之间的电阻值，如图 6-27 所示，如果所测电阻值约为 450Ω 左右，说明该段电路完好无故障。

如图 6-28 所示，如果所测电阻值为∞Ω，说明该段电路有断开点（即存在断路故障），需要继续折中查找故障。

5. 电动机单方向运行控制线路检修后通电试车

① 合上总电源开关，如图 6-29(a)、(b) 所示。

② 左手手指触摸启动按钮 SB2，右手手指触摸停止按钮 SB1。左手按下启动按钮 SB2，电动机启动后，注意听和观察电动机有无异常声及转向是否正确，如图 6-30(a)、(b) 所示，如果有异常声或转向不对，应立即按停止按钮 SB1，使电动机断电。断电后，电动机依靠惯性仍旧在转动。此时，应注意异常声是否还有：如仍有，可判定是机械部分发生故障；如无，可判断是电动机电气部分

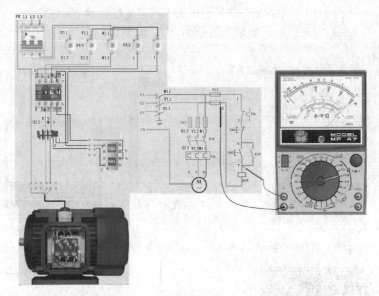

图 6-27　检测控制电路故障 9

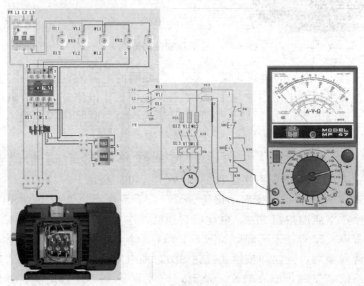

图 6-28　检测控制电路故障 10

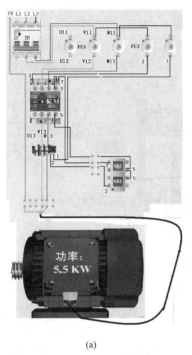
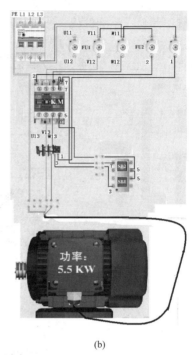

(a)   (b)

图 6-29 试车准备

故障发生噪声及转向异常。电动机转向不对，可将接线盒打开，将电动机电源进线中的任意两相对调即可。

③ 电动机运行正常后，按下停止按钮 SB1，使电动机断电停车，如图 6-31 所示。

三、电动机点动与长动控制线路的安装与调试

1. 电动机点动与长动控制线路的接线原理图

电动机点动与长动控制线路的接线原理图如图 6-32 所示。

2. 电动机点动与长动控制线路的工作原理

在实际工作中，机床既要点动调整，也需要长期工作（又称长动控制）。该线路是在单方向运行控制线路的基础上，增加了一个复合按钮 SB3 来实现点动与长动控制的（见图 6-32）。

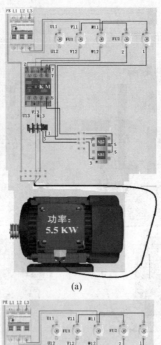

(a)

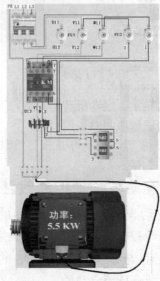

(b)

图 6-30 试车

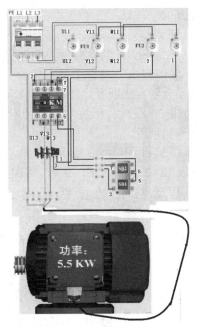

图 6-31　试车结束

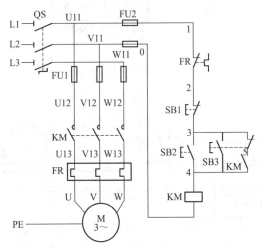

图 6-32　电动机点动与长动控制线路的接线原理图

工作原理如下所述。

① 先合上电源开关 QS。

② 点动：按下按钮 SB3，其动断触点先断开自锁电路，动合触点使接触器 KM 线圈得电，动合主触点闭合，电动机 M 运转。松开按钮 SB3，其动合触点先断开，使接触器 KM 线圈失电，动合主触点断开，电动机 M 停转。而后动断触点闭合，这时接触器 KM 的自锁辅助触点已断开。

③ 长动时：按下按钮 SB2，接触器 KM 吸合并自锁，电动机 M 运转；松开 SB2，电动机 M 仍继续运转。SB1 为停止按钮。

3. 电动机点动与长动控制线路的实物接线示意图

电动机点动与长动控制线路的实物接线示意图如图 6-33 所示。

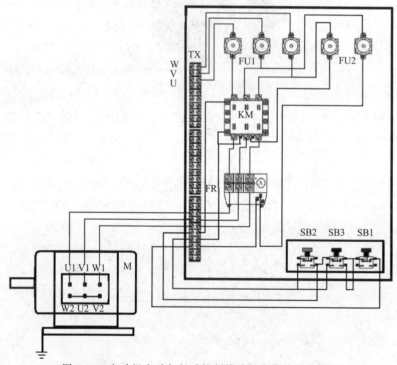

图 6-33　电动机点动与长动控制线路的实物接线示意图

4. 电动机点动与长动控制线路的检修

（1）不通电，用万用表欧姆挡检测主电路故障　如图6-32所示不通电，将万用表挡位开关放置欧姆 $R \times 1\Omega$ 挡，检测 U11-U12、V11-V12、W11-W12 的电阻值，若哪次阻值为∞Ω，则说明对应地熔断器的熔体熔断或连接导线松动、脱落等，进一步查找断路点，排除后更换熔体或紧固压线螺钉即可。检测 U13-U、V13-V、W13-W 的电阻值，若哪次阻值为∞Ω，则说明对应地热继电器的热元件损坏或连接导线松动、脱落等，更换热继电器或紧固压线螺钉即可。用改锥按下接触器 KM 检测 U12-V12、V12-W12、W12-U12 的电阻值，若哪次阻值为∞Ω，则说明对应地接触器 KM 主触头的触点接触不良、连接导线松动脱落或电动机故障；如是接触器故障更换接触器或修复接触器触点；如连接导线松动脱落应紧固压线螺钉；如电动机故障读者可参看第五章电动机的维修。

（2）用万用表电压挡检测控制电路故障　在图6-34所示的电路中，按下启动按钮 SB2，万用表置于 500V 交流电压挡，把黑表笔作固定表笔固定在相线 V11 端，以醒目的红表笔作移动表笔，并触及控制电路中间位置任一触点的任意一端（4、3、2、1 各点），每次测得电压均为 380V 说明电路正常，若测得电压不为

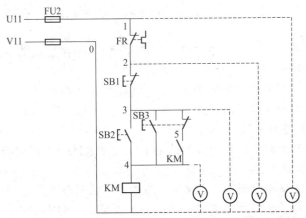

图6-34　用万用表电压挡检测三相异步电动机点动与长动控制线路

380V 说明红表笔所在上方电路有断开点。在图 6-34 所示的电路中，按下启动按钮 SB2，如测得 4 点电压为 380V，则测量 3 点电压，如测得 3 点电压不为 380V，说明红表笔所在下方电路 3 点至 4 点之间（3-4）有断开点，可能是启动按钮 SB2 不能正常闭合接触不良或连接导线松动、脱落等。若电压也为 380V，继续测量 2 点电压，若测得电压不为 380V 说明红表笔所在下方电路 2 点至 3 点之间（2-3）有断开点。重点检查停止按钮 SB1 接触是否良好或连接导线松动、脱落等。以此类推，采用逐点排除的办法查找故障点，直到找到故障原因并排除。

5. 电动机点动与长动控制线路的通电试车检测及试车注意事项

（1）主电路的检查　以接触器 KM 的动合主触头为分界线，分别检查其电源方（与电源进线接线板连通的一方）和负载方（与电动机接线板连通的一方）。可用电阻法检查各根相线的断路点。

（2）控制回路的检查　检测时，万用表测试点一般应放在控制回路的电源进线端（即进火点）两个 FU 之间（见图 6-32）。

① 按下启动按钮 SB2，万用表若有指示，说明控制回路接通。若无指示，则应首先检查 FR 的动断触头是否恢复闭合。

② 按下 SB3，万用表若有指示，说明点动按钮动合触头接对。

③ 松开 SB3（检测完毕恢复其接线），按住接触器 KM 的铁芯，万用表有指示，说明线路自锁良好；再按 SB3，万用表指针返回∞位，说明 SB3 的动断触头与自锁触头 KM 接对。

④ 检查无误后通电试车。

（3）注意事项

① 该线路要求点动按钮的动断触头恢复闭合的时间必须大于接触器的释放时间。

② 被试电动机的外壳接地（或接零）状况必须良好。

③ 电动机绕组必须按其铭牌要求连接成三角形（△）联结或星形（Y）联结。

四、电动机单方向运行两地控制线路的安装与调试

1. 电动机单方向运行两地控制线路的接线原理图

电动机单方向运行两地控制线路的接线原理图如图 6-35 所示。

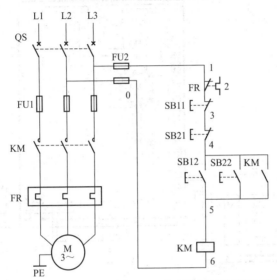

图 6-35　电动机单方向运行两地控制线路的接线原理图

2. 电动机单方向运行两地控制的控制过程

（1）实现两地控制　能在两地点或多地点控制同一台电动机的控制方式叫电动机的多地控制。把启动按钮并联起来，停止按钮串联起来，分别安装在不同两个地点，就可实现两地操作了。例如，在铣床上就采用了两地控制主轴电动机的方式。

（2）操作过程如下（见图 6-35）

① 先合上电源开关 QS。

② 启动：按下启动按钮 SB12 或 SB22，交流接触器 KM 线圈通电吸合，KM 动合主触点闭合，电动机运行。同时 KM 动合触点闭合自锁。

③停止：按下停止按钮 SB11 或 SB21，接触器 KM 线圈失电，KM 的触点全部释放，电动机停止。

3. 电动机单方向运行两地控制线路的实物接线

电动机单方向运行两地控制线路的实物接线示意图如图 6-36 所示。

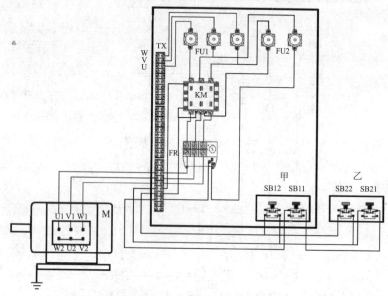

图 6-36　电动机单方向运行两地控制线路的实物接线示意图

五、电动机正、反向点动控制线路的安装与调试

1. 电动机正、反向点动控制线路的接线原理图

电动机正、反向点动控制线路的接线原理图如图 6-37 所示。

2. 电动机正、反向点动控制的控制过程

（1）电动机正、反转的原理　图 6-37 中采用两个接触器，即正转用的接触器 KM1 和反转用的接触器 KM2。当接触器 KM1

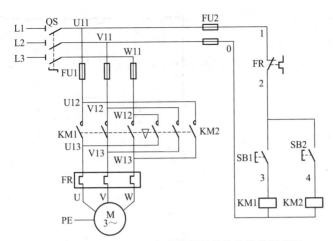

图 6-37　电动机正、反向点动控制线路的接线原理图

得电吸合，动合主触点闭合，三相电源 L1-L2-L3 按 U1-V1-W1
相序接入电动机，使电动机正转。而当接触器 KM2 得电吸合，
动合主触点闭合，三相电源 L1-L2-L3 按 W1-V1-U1 相序接入电
动机，使接入电动机的三相电源和正转时相比有两相接线对调，
使电动机反转。

（2）工作原理

① 合上 QS。

② 正转控制：按下正转启动按钮 SB1，KM1 线圈得电吸
合，KM1 动合主触点闭合，电动机 M 正转；松开启动按钮
SB1，KM1 线圈失电，KM1 的动合主触点断开，电动机 M 停
止正转运行。

③ 反转控制：按下反转启动按钮 SB2，KM2 线圈得电吸
合，KM2 动合主触点闭合，电动机 M 反转；松开启动按钮
SB2，KM2 线圈失电，KM2 的动合主触点断开，电动机 M 停
止反转运行。

3. 电动机正、反向点动控制线路的实物接线

电动机正、反向点动控制线路的实物接线示意图如图 6-38
所示。

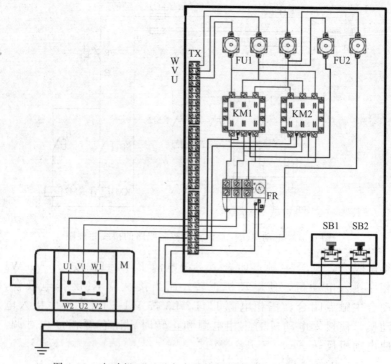

图 6-38 电动机正、反向点动控制线路的实物接线示意图

六、电动机接触器互锁正、反向控制线路的安装与调试

1. 电动机接触器互锁正、反向控制线路的接线原理图

电动机接触器互锁正、反向控制线路的接线原理图如图 6-39 所示。

2. 电动机接触器互锁正、反向的控制过程

（1）如何防止相间短路　从主电路来看，如果接触器 KM1 和 KM2 同时通电，动合主触点同时闭合，将造成 L1、L2 两相电源短路，因此要在接触器 KM1 和 KM2 线圈各自的支路中相互串联

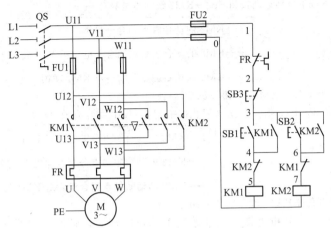

图 6-39　电动机接触器互锁正、反向控制线路的接线原理图

对方的一对动断辅助触点，以保证接触器 KM1 和 KM2 不会同时通电，防止了相间短路。接触器 KM1 和 KM2 这两对动断辅助触点在线路中所起的作用称为联锁（或互锁）作用，这两对触点就叫动断触点。

（2）接触器联锁的正反转控制线路工作原理

① 合上 QS。

② 正转控制：按下正转启动按钮 SB1→KM1 线圈得电吸合

→KM1 的动合触点闭合→自锁

→KM1 的动合主触点闭合→电动机 M 正转

→KM1 的动断触点分断→对 KM2 联锁

松开正转启动按钮 SB1，电动机 M 继续正转运行。

③ 反转控制：先按停止按钮 SB3→KM1 失电释放

→KM1 的动合触点断解除对 KM1 的自锁

→KM1 的动合主触点分断电动机 M 停转

→KM1 的动断触点闭合解除对 KM2 的联锁

松开停止按钮 SB3，电动机 M 已停转。

再按下反转启动按钮 SB2→KM2 线圈得电吸合┐

　　　　　　┌→KM2 的动合触点闭合→自锁

　　　　　　├→KM2 的动合主触点闭合→电动机 M 反转

　　　　　　└→KM2 的动断触点分断→对 KM1 联锁

松开 SB2，电动机 M 继续反转运行。

　　④ 停止控制：　先按停止按钮 SB3→KM2 失电释放┐

　　　　　　┌→KM2 的动合触点分断解除对 KM2 的自锁

　　　　　　├→KM2 的动合主触点分断电动机 M 停转

　　　　　　└→KM2 的动断触点闭合解除对 KM1 的联锁

松开停止按钮 SB3，电动机 M 已停转。

　　由以上分析可知，若要改变电动机的转向，必须先按下停止按钮 SB3，再按下反向按钮 SB1 或 SB2，才能实现反转，显然操作不太方便。

3. 电动机接触器互锁正、反向控制线路的实物接线

　　电动机接触器互锁正、反向控制线路的实物接线示意图如图 6-40 所示。

七、电动机按钮互锁正、反向控制线路的安装与调试

1. 电动机按钮互锁正、反向控制线路的接线原理图

　　电动机按钮互锁正、反向控制线路的接线原理图如图 6-41 所示。

2. 电动机按钮互锁正、反向控制过程

　　(1) 如何实现按钮联锁　将接触器联锁的正反转控制线路中正转按钮 SB1 和反转按钮 SB2 替换为两个复合按钮，并用复合按钮的动断触点代替接触器的动断触点串联在对方的控制电路中，就构成了按钮联锁的正反转控制线路。

　　(2) 按钮联锁的正反转控制线路工作原理

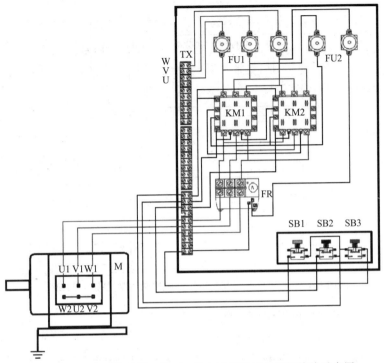

图 6-40　电动机接触器互锁正、反向控制线路的实物接线示意图

① 合上 QS。

② 正转控制：按下正转启动按钮 SB1—

→SB1 动断触点先分断→对 KM2 联锁→松开 SB1 动断触点，闭合解除联锁

→SB1 动合触点后闭合→KM1 线圈得电—

→KM1 动合主触点闭合，电动机 M 正转

→KM1 动合触点闭合自锁

③ 反转控制：　按下反转启动按钮 SB2—

→KM1 线圈失电，KM1 动合触点分断解除自锁

→SB2 动断触点先分断—

→KM1 动合主触点分断，电动机 M 停转

→SB2 动合触点后闭合→KM2 线圈得电—

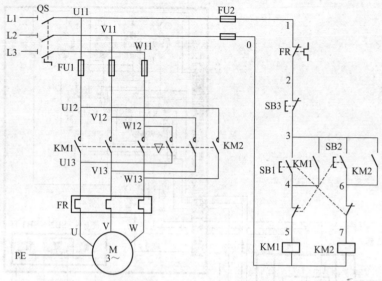

图 6-41　电动机按钮互锁正、反向控制线路的接线原理图

　　┌→KM2 动合触点闭合自锁

　　└→KM2 动合主触点闭合，电动机 M 反转

　松开 SB2 ──→SB2 动断触点闭合──→解除联锁电动机继续反转

　④ 停止：按下停止按钮 SB3→KM2 线圈得电─

　　┌→KM2 动合触点断开，解除自锁

　　└→KM2 动合主触点断开，电动机 M 停止转动

　　这种线路的优点是操作方便，由上面分析可知，要电动机反向运行可直接按下反向按钮即可。其缺点是易产生电源两相短路故障，如正转接触器 KM1 发生动合主触点熔焊或机械卡阻等故障，即使接触器线圈失电，动合主触点也分断不开，若直接按下反转按钮 SB2，KM2 得电动作动合主触点闭合，则会造成 L1、L3 两相电源短路故障。所以此线路还不太安全可靠。

　　3. 电动机按钮互锁正、反向控制线路的实物接线

　　电动机按钮互锁正、反向控制线路的实物接线示意图如图 6-42 所示。

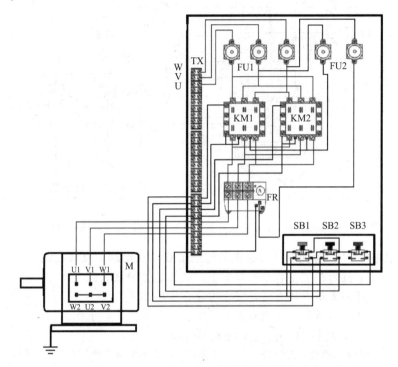

图 6-42　电动机按钮互锁正、反向控制线路的实物接线示意图

八、电动机接触器、按钮双重互锁正、反向控制线路的安装与调试

1. 电动机接触器、按钮双重互锁正、反向控制线路的接线原理图

电动机接触器、按钮双重互锁正、反向控制线路的接线原理图如图 6-43 所示。

2. 电动机接触器、按钮双重互锁正、反向控制过程

（1）特点　把按钮联锁的正反转控制线路和接触器联锁的正反

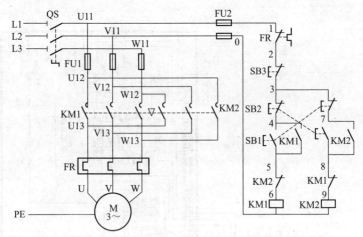

图 6-43　电动机接触器、按钮双重互锁正、反向控制线路的接线原理图

转控制线路的优点结合起来就构成了双重联锁的正反转控制线路。实际上就是在按钮联锁的基础上，增加了接触器联锁。

这种线路操作方便，安全可靠，应用非常广泛。

（2）接触器、按钮双重互锁正、反向控制线路工作原理

① 正转控制：按下正转启动按钮 SB1—

┌─→SB1 动断触点先分断→对 KM2 联锁→松开 SB1 动断触点闭合解除联锁

└─→SB1 动合触点后闭合→KM1 线圈得电—

　　┌─→KM1 动合触点闭合自锁

　　├─→KM1 动合主触点闭合电动机 M 正转

　　└─→KM1 动断触点断开对 KM2 实现联锁

松开 SB1→SB1 动断触点闭合解除联锁，电动机 M 继续正转

② 反转控制：按 SB2→SB2 动断触点先分断→KM1 线圈失电—

　　┌─→KM1 动合触点分断解除自锁

　　├─→KM1 动合主触点分断电动机 M 停转

　　└─→KM1 动断触点闭合解除对 KM2 的联锁

SB2 动合触点后闭合→KM2 线圈得电—

　　┌─→KM2 动合触点闭合自锁

　　├─→KM2 动合主触点闭合电动机 M 反转

　　└─→KM2 动断触点断开对 KM1 实现联锁

松开 SB2→SB2 动断触点闭合解除联锁，电动机 M 继续反转

③ 停止：按下停止按钮 SB3→电动机 M 停止转动。

3. 电动机接触器、按钮双重互锁正、反向控制线路的实物接线

电动机接触器、按钮双重互锁正、反向控制线路的实物接线示意图如图 6-44 所示。

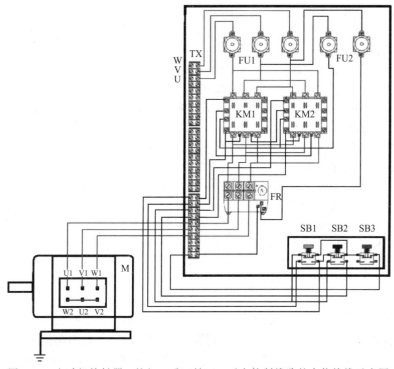

图 6-44   电动机接触器、按钮双重互锁正、反向控制线路的实物接线示意图

4. 检修电动机接触器、按钮双重互锁正、反向控制线路

（1）不通电，用万用表欧姆挡检测主电路故障   如图 6-43 所示不通电，将万用表放置欧姆 $R \times 1\Omega$ 挡检测 U11-U12、V11-V12、

W11-W12 的电阻值，若哪次阻值为∞Ω，则说明对应地熔断器的熔体熔断或连接导线松动、脱落等，进一步查找短路点，排除后更换熔体或紧固压线螺钉即可。

检测 U13-U、V13-V、W13-W 的电阻值，若哪次阻值为∞Ω，则说明对应地热继电器的热元件损坏或连接导线松动、脱落等。更换热继电器或紧固压线螺钉即可。

用改锥按下接触器 KM1 检测 U11-V11、V11-W11、W11-U11 的电阻值，若哪两次阻值为∞Ω，则说明对应地接触器 KM1 主触头的触点接触不良，更换接触器或修复接触器触点。再用改锥按下接触器 KM2 检测 U11-V11、V11-W11、W11-U11 的电阻值，若哪两次阻值为∞Ω，则说明对应地接触器 KM2 主触头的触点接触不良，更换接触器或修复接触器触点。若用改锥按下接触器 KM1、KM2 两次测量结果阻值均为∞Ω，则说明对应那相存在电动机定子绕组或连接导线松动、脱落等断路故障。检测 U11-V11、V11-W11、W11-U11 的电阻值，若每次检测的电阻值均近似为 0Ω，则说明主电路可能没有故障，应继续检修控制电路。

（2）不通电，用万用表欧姆挡检测控制电路故障　如图 6-43 所示不通电，将万用表放置欧姆 $R \times 1\Omega$ 挡，首先检测 U11-1、V11-0 的电阻值，若哪次阻值为∞Ω，则说明对应地熔断器的熔体熔断或连接导线松动、脱落等，进一步查找断路点，排除后更换熔体或紧固压线螺钉即可；若电阻值接近 0Ω，说明 FU2 完好。

然后检测 0-1 之间的电阻。将万用表黑、红两表笔分别置于 0、1 两端，按下电动机正转启动按钮 SB1 不放，如果电阻值为无穷大，说明电动机正转电路断路；然后逐段分阶测量 1-2、1-3、1-4、1-5、1-6 各点间的电阻值。当测量到某标号时，若电阻突然增大，说明表笔刚跨过的触头或连接线接触不良或断路。如果电阻值为 200Ω，KM1 回路正常。用改锥按下接触器 KM2，阻值为∞Ω，则说明对应地接触器 KM2 的动断触头可实现电气联（互）锁，锁住 KM1 回路，松开接触器 KM2；轻轻按下反转启动按钮 SB2，阻值为∞Ω，则说明对应地反转启动按钮 SB2 的动断触头可实现机械联（互）锁，锁住 KM1 回路。松开电动机正转启动按钮 SB1，电阻值为无穷大，按下 KM1 时若电阻值接近 0Ω，说明接触器 KM1 可实现自锁功能。按下停止按钮 SB3，如果电阻值为无穷大，说明可实现停止功能。

　　同理，按下电动机反转启动按钮 SB2 不放，如果电阻值为无穷大，说明电动机反转电路断路；然后逐段分阶测量 1-2、1-3、1-7、1-8、1-9 各点间的电阻值。当测量到某标号时，若电阻突然增大，说明表笔刚跨过的触头或连接线接触不良或断路。如果电阻值为 200Ω，接触器 KM2 回路正常。用改锥按下接触器 KM1，阻值为∞Ω，则说明对应地接触器 KM1 的动断触头可实现电气联（互）锁，锁住接触器 KM2 回路，松开接触器 KM1；轻轻按下正转启动按钮 SB1，阻值为∞Ω，则说明对应地正转启动按钮 SB1 的动断触头可实现机械联（互）锁，锁住 KM2 回路。松开电动机反转启动按钮 SB2，电阻值为无穷大，按下接触器 KM2 时若电阻值接近 0Ω，说明接触器 KM2 可实现自锁功能。按下停止按钮 SB3，如果电阻值为无穷大，说明可实现停止功能。

5. 通电试车前的电路检测及注意事项

　　不通电自检。如图 6-43 所示不通电，将万用表放置欧姆 $R \times 1\Omega$ 挡，黑、红两表笔分别置于 0、1 两点。

　　（1）接触器 KM1 回路的检查

　　① 按下电动机正转启动按钮 SB1，万用表有指示，说明控制回路接通；若无指示，则应首先检查 FU2、FR 是否通路。

　　② 松开电动机正转启动按钮 SB1，按住（不要放手）接触器 KM1 铁芯，万用表有指示，说明正转电路自锁良好，再按下接触器 KM2 铁芯，万用表指针返回∞位说明该电路能实现电气联锁。松开接触器 KM2 铁芯，轻点电动机反转启动按钮 SB2（不要按到底位，只让电动机反转启动按钮 SB2 的动断触点断开），万用表指针返回∞位说明该电路能实现机械联锁。

　　（2）接触器 KM2 回路的检查

　　① 按下电动机反转启动按钮 SB2，万用表有指示，说明控制回路接通。

　　② 松开电动机反转启动按钮 SB2，按住（不要放手）接触器 KM2 铁芯，万用表有指示，说明反转电路自锁良好，再按下接触器 KM1 铁芯，万用表指针返回∞位说明该电路能实现电气联锁。

松开接触器 KM1 铁芯，轻点电动机正转启动按钮 SB1（不要按到底位，只让电动机正转启动按钮 SB1 的动断触点断开），万用表指针返回∞位说明该电路能实现机械联锁。

（3）检测注意事项

① 被测试电动机外壳的接地（或接零）状况必须良好。

② 电动机的绕组必须按其铭牌要求连接成三角形（△）联结或星形（Y）联结。

③ 电动机启动和停车要求，见前面电动机单方向运行控制线路的检修部分相关内容。

④ 接线时，必须先接负载端，后接电源端；先接接地端，后接三相电源相线。

⑤ 接触器联锁触头接线必须正确，否则将会造成主回路中两相电源短路事故。

⑥ 自检工作完毕后，方可通电试运行。

九、三相异步电动机的减压启动

1. 减压启动的概念

减压启动又称降压启动，是指利用启动设备将电压适当降低后加到电动机的定子绕组上进行启动，待电动机启动运转后，再使其电压恢复到额定值正常运转。由于电流随电压的降低而减小，所以减压启动达到了减小启动电流之目的。但是，由于电动机转矩与电压的平方成正比，所以减压启动也将导致电动机的启动转矩大为降低。因此，减压启动需要在空载或轻载下启动。

2. 三相异步电动机常见的减压启动方法

三相异步电动机常见的减压启动方法有四种：定子绕组串接电阻减压启动；自耦变压器减压启动；Y-△减压启动；延边三角形减压启动。其特点是：在启动过程中会出现二次冲击电流。

3. 三相异步电动机减压启动的目的

异步电动机直接启动时，启动电流一般为额定电流的 4～7 倍。在电源变压器容量不够大而电动机功率较大的情况下，直接启动将导致电源变压器输出电压下降，不仅减小电动机本身的启动转矩，而且会影响同一供电线路中其他电气设备的正常工作。因此，较大容量的电动机需采用减压启动。

4. 需要减压启动的三相异步电动机

通常规定：电源容量在 180kV·A 以上，电动机容量在 10kW 以下的三相异步电动机可采用直接启动。

判断一台电动机能否直接启动，还可以用下面的经验公式来确定：

$$\frac{I_{st}}{I_N} \leqslant \frac{3}{4} + \frac{S}{4P}$$

式中　I_{st}——电动机全压启动电流，A；

　　　I_N——电动机额定电流，A；

　　　S——电源变压器容量，kV·A；

　　　P——电动机功率，kW。

凡不满足直接启动条件的，均须采用减压启动。

十、星形-三角形减压启动控制线路的安装与调试

1. 星形-三角形控制线路的接线原理图

星形-三角形控制线路的接线原理图如图 6-45、图 6-46 所示。

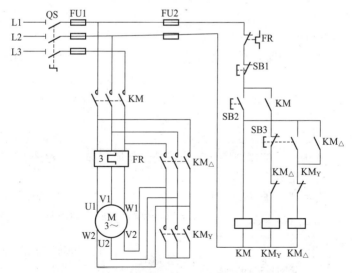

图 6-45　按钮、接触器控制 Y-△减压启动控制线路

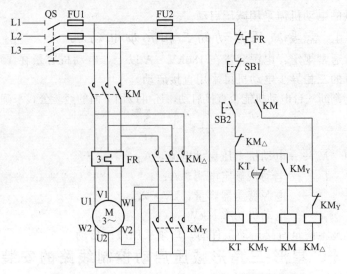

图 6-46　时间继电器控制 Y-△减压启动控制线路

2. 星形-三角形减压启动控制过程

电动机启动时，把定子绕组联结成星形，启动即将完毕时再恢复成三角形。这种启动方法只适用于正常工作时定子绕组为三角形联结的电动机。

电动机启动时，联结成星形，加在每相定子绕组上的电压只有三角形联结的 $1/\sqrt{3}$，启动电流为三角形联结的 $1/3$，故启动转矩也只有三角形联结的 $1/3$，所以这种减压启动方法，也只适用于空载或轻载启动。

（1）按钮、接触器控制线路　图 6-45 所示为按钮、接触器控制 Y-△减压启动控制线路。该线路的工作原理如下所述。

① 合上电源开关 QS。

② 电动机 Y 联结减压启动

③ 电动机△联结全压运行：当电动机转速上升到接近额定值时

④ 停止：按下 SB1 即可实现。

（2）时间继电器控制线路　图 6-46 所示为时间继电器控制 Y-△减压启动控制线路。

该线路的工作原理如下所述。

① 合上电源开关 QS。

② 电动机 Y 启动与△联结全压运行。

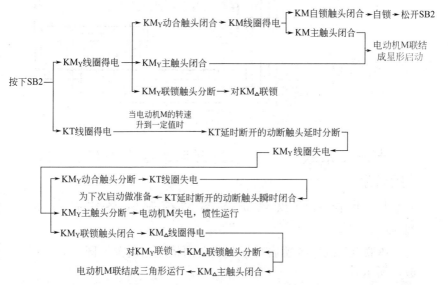

③ 停止：按下 SB1 即可。

必须指出，KM$_Y$ 和 KM$_\triangle$ 实行电气联锁的目的是为避免 KM$_Y$ 和 KM$_\triangle$ 同时通电吸合而造成严重的短路事故。

3. 星形-三角形减压启动控制线路的实物接线

星形-三角形减压启动控制线路的实物接线示意图如图 6-47、图 6-48 所示。

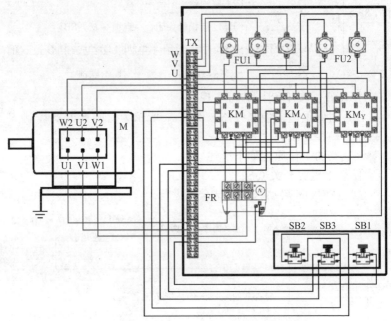

图 6-47　按钮、接触器控制 Y-△减压启动控制线路实物接线图

十一、串联电阻或电抗器启动控制线路的安装与调试

1. 串联电阻或电抗器启动控制线路的接线原理图

串联电阻或电抗器启动控制线路的接线原理图如图 6-49、图 6-50 所示。

2. 串联电阻或电抗器启动控制线路的实物接线

串联电阻或电抗器启动控制线路的实物接线示意图如图 6-51、图 6-52 所示。

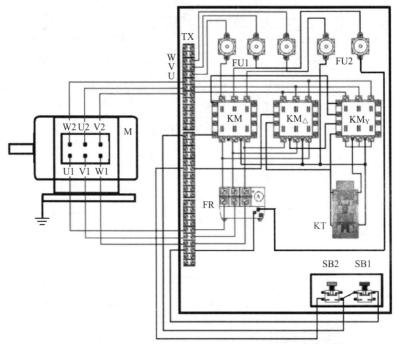

图 6-48　时间继电器控制 Y-△减压启动控制线路实物接线图

十二、电动机的自耦减压启动控制线路的安装与调试

1. 电动机的自耦减压启动的接线原理图

电动机的自耦减压启动的接线原理图如图 6-53、图 6-54 所示。

2. 电动机的自耦减压启动过程

自耦变压器减压启动是利用自耦变压器来降低启动时加在电动机定子绕组上的电压，以达到限制启动电流的目的。电动机启动时，电动机定子绕组得到的电压是自耦变压器的二次电压，一旦启动完毕，自耦变压器便被切除，额定电压直接加到定子绕组上，电动机进入全电压正常运行。这种减压启动分为手动控制和时间继器控制两种。

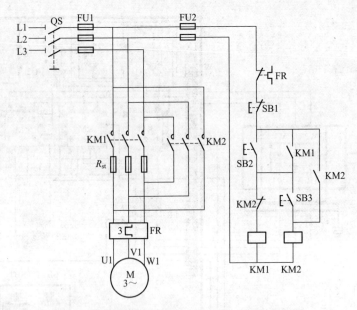

图 6-49　接触器控制串电阻减压启动控制原理图

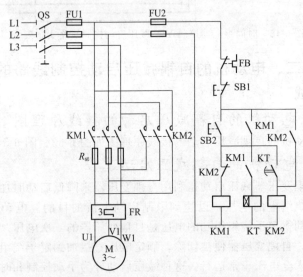

图 6-50　时间继电器控制串电阻减压启动控制原理图

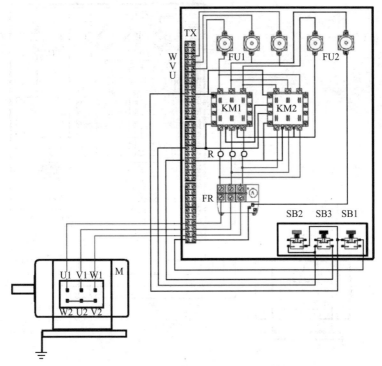

图 6-51　接触器控制串电阻减压启动控制原理图接线图

（1）手动控制　图 6-53 所示为常用的 QJ3 型补偿器的结构和控制线路。QJ3 型补偿器由自耦变压器、保护装置、手柄操作机构、触点系统等部件组成。

自耦变压器、保护装置和手柄操作机构安装在箱架的上部。自耦变压器的抽头电压有两种，分别是电源电压的 65％ 和 80％（出厂时接在 65％ 上），可以根据电动机启动时负载的大小选择不同的启动电压。线圈是按短时通电设计的，只允许连续启动两次。补偿器的电寿命为 5000 次。保护装置有过载保护和欠电压保护两种，过载保护采用双金属片热继电器 FR，也有用过电流继电器的。在室温 35℃ 环境下，电流增加到额定电流的 1.2 倍时，热继电器动作，其动断触点分断，KUV 线圈失电使补偿器掉闸，切断电源而

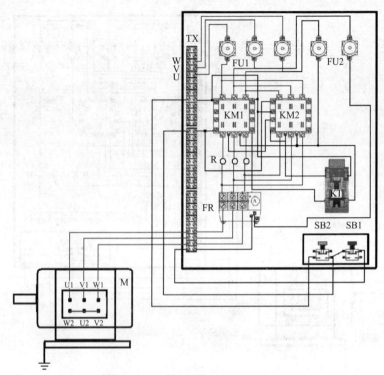

图 6-52　时间继电器控制串电阻减压启动控制原理图接线图

停车。欠电压保护采用失压脱扣器 KUV，它由线圈、铁芯和衔铁所组成，其线圈跨接在两相之间。在电源电压正常的情况下，线圈得电使铁芯吸住衔铁，当电源电压降低到额定电压的 85% 以下时，铁芯吸力减小，不能吸住衔铁，衔铁下落，通过操作机构使补偿器也会掉闸，切断电动机电源，起到欠电压保护作用。同理，在电源断电时（零电压）补偿器也会掉闸，这样可防止恢复供电时电动机自行的全压启动。手柄操作机构包括手柄、主轴和联锁装置等。

　　触点系统包括两排静触点和一排动触点，全部安装在补偿器的下部，浸在绝缘油内。绝缘油的作用是平时作为静触点和动触点之间的绝缘；当电路分合时熄灭触点分合时产生的电弧。绝缘油必须保持清洁，防止水分和杂物的掺入，以保证有良好的绝缘性能。上

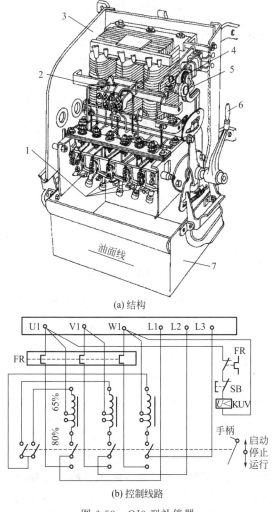

(a) 结构

U1　V1　W1　L1　L2　L3

FR　　　　　　　　　　　　　FR

SB

U ⊠ KUV

65%

80%

手柄

启动
停止
运行

(b) 控制线路

图 6-53　QJ3 型补偿器

1—启动静触点；2—热继电器；3—自耦变压器；4—欠电压
保护装置；5—停止按钮；6—操作手柄；7—油箱

面一排触点叫启动静触点，它共有五个触点，其中右边三个在启动时与动触点接触，左边两个在启动时将自耦变压器的三相绕组联结

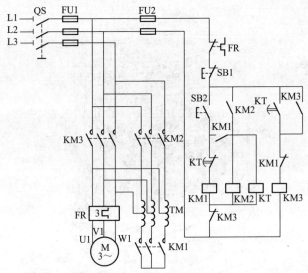

图 6-54　时间继电器控制自耦变压器减压启动控制原理图

成星形；下面一排触点只有三个，叫运行静触点；中间一排是动触点，共五个，右边三个触点用软金属带连接接线板上的三相电源，左边两个是自行接通的。

QJ3 型补偿器控制线路工作原理如下。

当手柄处在"停止"位置时，安装在主轴上的动触点与两排静触点都不接触，电动机不通电，处于停止状态；当手柄向前推到"启动"位置时，动触点与上面的一排静触点接触，电源通过动触点→启动静触点→自耦变压器→65％（或 80％）抽头→电动机减压启动；当电动机的转速升高到一定值时，将手柄向后迅速扳到"运行"位置，此时动触点与下面一排运行静触点接触，电源通过动触点→运行静触点→热继电器→电动机，在额定电压下正常运行；若要停止，只要按下停止按钮 SB，跨接在两相电源间的失电压脱扣线圈断电，衔铁释放，通过机械操作机构使补偿器手柄回到"停止"位置，电动机停转。

（2）时间继电器控制　时间继电器控制自耦变压器减压启动控制线路如图 6-54 所示。该线路的工作原理如下所述。

① 合上电源开关 QS。

② 启动：

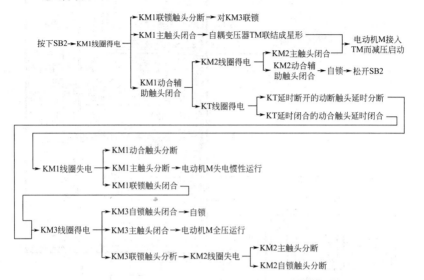

③ 停止：按 SB1→控制电路失电→电动机 M 停转。

自耦变压器减压启动比星形-三角形减压启动的转矩大，并且可用抽头调节自耦变压器的变化以改变启动电流和启动转矩的大小。这种降压启动的主要缺点是需要一个自耦变压器，且不允许频繁启动。

3. 电动机的自耦减压启动的实物接线

电动机的自耦减压启动的实物接线示意图如图 6-55 所示。

十三、电动机的调速控制的安装与调试

1. 电动机的调速控制线路的接线原理图

双速电动机的调速控制线路的接线原理如图 6-56 所示。

按钮和接触器、时间继电器控制双速电动机的调速控制线路的接线原理图如图 6-57、图 6-58 所示。

2. 电动机的调速控制过程

由异步电动机的转速公式 $n=(1-s)\dfrac{60f}{p}$ 可知，改变异步电动机的

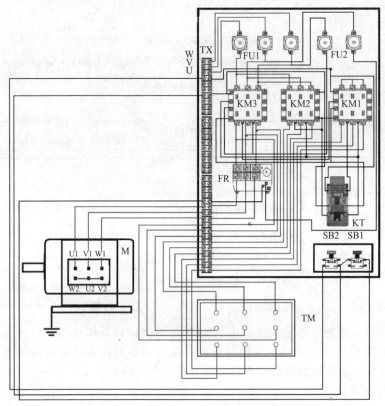

图 6-55　电动机的自耦减压启动的实物接线示意图

转速有以下三种方法：改变磁极对数 p、改变转差率 s、改变电源频率 f。这种改变异步电动机磁极对数的调速方法称为变极调速，它只适用于笼型异步电动机。在转子绕组中串接可变电阻调速是改变电动机转差率进行调速的方法之一，它只适用于绕线转子异步电动机。

（1）双速电动机定子绕组的连接　双速电动机绕组的连接方法如图 6-56 所示。图中电动机的三相绕组接成三角形，由三个连接点引出三个出线端 U1、V1、W1；每相绕组的中点各引出一个出线端 U2、V2、W2，共有六个出线端，改变这六个出线端与电源的连接方法就得到两种不同的转速。

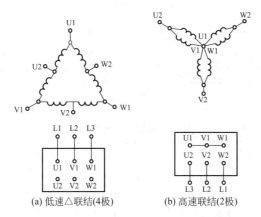

图 6-56 双速电动机定子绕组接线图

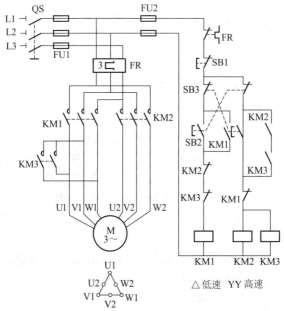

图 6-57 按钮和接触器控制双速电动机的控制原理图

要使电动机低速工作时，只需将三相电源接至电动机绕组三角形联结顶点的线端 U1、V1、W1 上，其余三个出线端 U2、V2、W2 空着不外接，如图 6-56（a）所示。此时电动动机为三角形联

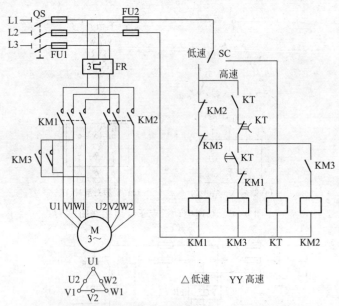

图 6-58　时间继电器控制双速电动机的控制原理图

结，磁极为 4 极，同步转速为 1500r/min。

　　要使电动机以高速工作时，可把电动机绕组三个出线端 U1、V1、W1 连接在一起，电源接到 U2、V2、W2 三个出线端上，如图 6-56（b）所示。这时电动动绕组为 Y 联结，磁极为 2 极，同步转速为 3000r/min。可见，双速电动机高转速是低转速的两倍，必须注意，从一种接法改为另一种接法时，为了保证电动机旋转方向不变，应把电源相序反接。

　　（2）按钮和接触器控制双速电动机　用按钮和接触器控制双速电动机的控制线路如图 6-57 所示。该线路的工作原理如下所述。

　　① 合上电源开关 QS。

　　② 低速启动运转：

③ 高速启动运转：

④ 停止：按下 SB1 即可实现。

3. 电动机的调速控制的实物接线

电动机的调速控制的实物接线示意图如图 6-59、图 6-60 所示。

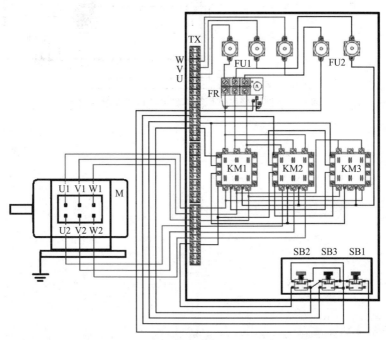

图 6-59　按钮和接触器控制双速电动机的控制接线图

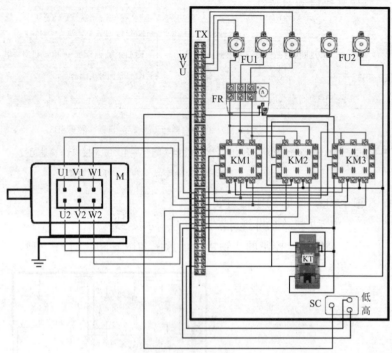

图 6-60　时间继电器控制双速电动机的控制接线图

第七章

安全用电基础知识

一、电流对人体的危害与触电事故

1. 电流对人体的伤害

（1）电击　电击是电流对人体内部组织造成伤害。仅 50mA 的工频电流即可使人遭到致命电击，神经系统受到电流强烈刺激，引起呼吸中枢衰竭，严重时心室纤维性颤动，以至引起昏迷和死亡。

按照人体触及带电体的方式和电流通过人体的途径，电击触电可分为三种情况：

① 单相触电　单相触电是指在地面上或其他接地导体上，人体某一部位触及一相带电体的触电事故。对于高电压，人体虽然没有触及，但因超过了安全距离，高电压对人体产生电弧光放电，也属于单相触电。

单相触电的危险程度与电网运行方式有关，一般情况下，接地电网的单相触电比不接地电网的危险性大。

中性点接地，如图 7-1 所示，在电网中性点接地系统中，当人接触任一相导线时，一相电流通过人体、大地、系统中性点接电装置形成回路。因为中性点接地装置的接地电阻比人体电阻小得多，所以相电压几乎全部加在人体上，使人体触电。但是如果人体站在绝缘材料上，流经人体的电流会很小，人体不会触电。

中性点不接地，如图 7-2 所示，在电网中性点不接地系统中，当人体接触任一相导线时，接触相经人体流入地中的电流只能经另两相对地的电容阻抗构成闭合回路。在低压系统中，由于各相对地电容较小，相对地的绝缘电阻较大，故通过人体的电流会很小，对人体不至于造成触电伤害；若各相对地的绝缘不良，则人体触电的危险性会很大。在高压系统中，各相对地均有较大的电容。这样一来，流经人体的电容电流较大，造成对人体的危害也较大。

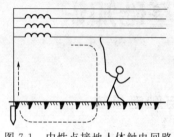

图 7-1　中性点接地人体触电回路　　图 7-2　中性点不接地人体触电回路

② 两相触电　两相触电如图 7-3 所示，是指人体两处同时触及两相带电体而发生的触电事故。无论电网的中性点接地与否，两相触电比单线触电危险性更大。

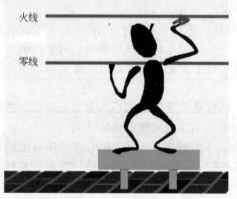

图 7-3　两相触电

③ 跨步电压触电　当电网或电气设备发生接地故障时，流入地中的电流在土壤中形成电位，地表面也形成以接地点为圆心的径向电位差分布。如果人行走时前后两脚间（一般按 0.8m 计算）电

位差达到危险电压而造成触电，称为跨步电压触电。如图 7-4 所示。

漏电处地电位的人走到离接地点越近，跨步电压越高，危险性越大。一般在距接地点 20m 以外，可以认为地电位为零。

图 7-4　跨步电压触电

在高压故障接地处，或有大电流流过接地装置附近，都可能出现较高的跨步电压，因此要求在检查高压设备的接地故障时，室内不得接近接地点 4m 以内，室外不得接近故障点 8m 以内。若进入上述范围，工作人员必须穿绝缘靴。

（2）电伤　电伤是电流的热效应、化学效应、光效应或机械效应对人体造成的伤害。电伤会在人体上留下明显伤痕，有灼伤、电烙印和皮肤金属化三种。

电弧灼伤是电弧光放电引起的。比如低压系统带负荷（特别是感性负荷）拉裸露刀开关，错误操作造成的线路短路、人体与高压带电部位距离过近而放电，都会造成强烈弧光放电。电弧灼伤也能使人致命。

电烙印通常是在人体与带电体紧密接触时，由电流的化学效应和机械效应而引起的伤害。

皮肤金属化是由于电流熔化和蒸发的金属微粒渗入表皮所造成的伤害。

2. 对人体作用电流的划分

对于工频交流电，按照通过人体的电流大小而使人呈现不同的状态，可将电流划分为三级。

（1）感知电流　引起人的感觉的最小电流称感知电流。人接触这样的电流会轻微麻感。实验表明，成年男性平均感知电流有效值约为 1.1mA，成年女性约为 0.7mA。

感知电流一般不会对人造成伤害，但是接触时间长，表皮被电解后电流增大时，感觉增强，反应变大，可能造成堕落等间接事故。

（2）摆脱电流　电流超过感知电流并不断增大时，触电者会因肌肉收缩，发生痉挛而紧握带电体，不能自行摆脱电源。人触电后能自行摆脱电源的最大电流称为摆脱电流。一般成年男性平均摆脱电流为 16mA，成年女性约为 10.5mA。儿童较成年人小。

摆脱电流是人体可以忍受而一般不会造成危险的电流。若通过人体的电流超过摆脱电流且时间过长，会造成昏迷、窒息，甚至死亡。因此，人摆脱电源能力随着触电时间的延长而降低。

（3）致命电流　在较短时间内危及生命的电流，称为致命电流。电流达到 50mA 以上，就会引起心室颤动，有生命危险，100mA 以上的电流，则足以致死。而接触 30mA 以下的电流通常不会有生命危险。

不同电流对人体的影响见表 7-1。

表 7-1　不同电流对人体的影响

电流 /mA	通电时间	工频电流	直流电流
		人体反应	人体反应
0～0.5	连续通电	无感觉	无感觉
0.5～5	连续通电	有麻刺感、疼痛、无痉挛	无感觉
5～10	数分钟内	痉挛、剧痛、但可摆脱电源	有针刺感、有压迫及灼热感

电流 /mA	通电时间	工频电流	直流电流
		人体反应	人体反应
10～30	数分钟	迅速麻痹、呼吸困难、血压升高、不能摆脱电源	压痛、刺痛、灼热强烈、有抽搐
30～50	数秒～数分	心跳不规则、昏迷、强烈痉挛、心脏开始颤动	感觉强烈、有剧痛、痉挛
50至数百	低于心脏搏动周期	受强烈冲击、但没发生心室颤动	剧痛、强烈痉挛、呼吸困难或麻痹
	超过心脏搏动周期	昏迷、心室颤动、呼吸麻痹、心脏麻痹或停跳	

3. 影响触电伤害程度的因素

影响触电的危险程度同很多因素有关，而这些因素是互相关联的，只是某种因素突出到相当程度，都会使触电者达到危险程度。

（1）电流的大小　一般通过人体的电流越大，人的生理反应越明显，越强烈，死亡危险性也越大。通过人体的电流强度取决于触电电压和人体电阻。人体电阻主要由表皮电阻和体内电阻构成，体内电阻一般较为稳定，约在 500Ω 左右，表皮电阻则与表皮湿度、粗糙程度、触电面积等有关。一般人体电阻在 $1\sim2k\Omega$ 之间。

（2）持续时间　通电时间越长，电击伤害程度越严重。因为电流通过人体时间越长，触电面要发热出汗，而且电流对人体组织有电解作用，使人体电阻降低，导致电流很快增加；另外，人体的心脏每收缩扩张一次有 0.1s 的间歇，在这 0.1s 内，心脏对电流最敏感，若电流在这一瞬间通过心脏，即使电流较小，也会引起心脏颤动，造成危险。

（3）电流的途径　电流通过头部会使人立即昏迷，其至死亡；电流通过脊髓，会导致半截肢体瘫痪；电流通过中枢神经，会引起中枢神经强烈失调，造成呼吸窒息而导致死亡。所以电流通过心脏、呼吸系统和中枢神经系统时，危险性最大。从外部来看，左手至脚的触电最危险，脚对脚的触电对心脏影响最小。

（4）电流频率　常用的 $50\sim60Hz$ 的工频交流电对人体伤害最

严重。低于 20Hz 时，危险性相对减小；2000Hz 以上时死亡危险性降低，但容易引起皮肤灼伤。直流电危险性比交流电小得多。

（5）人体健康状况　触电伤害程度与人的身体状况有密切关系。除了人体电阻各有区别外，女性比男性对电流敏感性高；遭电击时小孩比成年人严重；身体患心脏病、结核病、精神病、内分泌器官疾病或醉酒的人，由于抵抗力差，触电后果更为严重。另外，对触电有心理准备的，触电伤害轻。

4. 触电事故的发生规律及一般原因

为防止触电事故，应该了解触电事故的规律。根据对触电事故的分析，从触电事故的发生率上看，可找到以下规律。

（1）触电事故季节性明显　统计资料表明，每年二三季度事故多。特别 6～9 月，事故最为集中。主要原因为：一是这段时间天气炎热、人体衣单而多汗，触电危险性较大；二是这段时间多雨、潮湿、地面导电性增强，容易构成电击电流的回路，而且电气设备的绝缘电阻降低，容易漏电。其次，这段时间在大部分农村都是农忙季节，农村用电量增加，触电事故因而增加。

（2）低压设备触电事故多　国内外统计资料表明，低压触电事故远远多于高压触电事故。其主要原因是低压设备远远多于高压设备，与之接触的人比高压设备的人较多，而且都比较缺乏电气安全知识。应当指出，在专业电工中，情况是相反的，即高压触电事故比低压触电事故多。

（3）携带式设备和移动式设备触电事故多　携带式设备和移动式设备触电事故多的主要原因是这些设备是在人的紧握之下运行，不但接触电阻小，而且一旦触电就难以摆脱电源；另一方面，这些设备需要经常移动，工作条件差，设备和电源线都容易发生故障或损坏；此外，单相携带式设备的保护零线与工作零线容易接错，也会造成触电事故。

（4）电气连接部位触电事故多　大量触电事故的统计资料表明，很多触电事故发生在接线端子、缠接接头、压接接头、焊接接头、电缆头、灯座、插销、插座、控制开关、接触器、熔断器等分支线、接户线处。主要是由于这些连接部位机械牢固性较差、接触电阻较大、绝缘强度较低以及可能发生化学反应的缘故。

（5）错误操作和违章作业造成的触电事故多 大量触电事故的统计表明，有 85% 以上的事故是由于错误操作和违章作业造成的。其主要原因是由于安全教育不够、安全制度不严和安全措施不完善、操作者素质不高等。

触电事故的规律不是一成不变的。在一定的条件下，触电事故的规律也会发生一定的变化。例如，低压触电事故多于高压触电事故在一般情况下是成立的，但对于专业电气工作人员来说，情况往往相反的。因此，应当在实践中不断分析和总结触电事故的规律，为做好电气安全工作积累经验。

二、触电急救

1. 脱离电源的方法

（1）脱离低压电源的方法 就近拉闸断电；切断电源线；挑开导线；拽触电者的衣服使其脱离电源；在触电者身体的下方垫上绝缘物质。

（2）脱离高压电源的方法

① 立即电话通知供电部门拉闸停电。

② 可以拉开断路器停电；或用绝缘棒拉开跌落式熔断器切断电源（非专业电工不可进行）。

③ 在非常情况下可以采用短路法使高压线路短路（非专业电工不可进行）。

2. 电伤的处理

（1）一般性的外伤 有条件者可以用生理盐水清洗伤口后，用消毒的纱布或干净的布包扎，然后送医院治疗。

（2）伤口大出血 伤口大出血时应立即设法止血，同时火速送医院治疗。

（3）摔伤骨折 应先止血、包扎，然后用木板固定肢体后送医院处理。

3. "假死"表现形式与诊断方法

由于呼吸、心跳等生命指征十分衰微，从表面看几乎完全和死人一样，如果不仔细检查，很容易误认为已经死亡；甚至将"尸体"处理或埋葬，只是其呼吸、心跳、脉搏、血压十分微弱，用一般方法查不出，这种状态称作假死。简单地说，就是无呼吸、无心跳、无致命外伤的情况示为假死。

（1）"假死"的表现形式　①心跳停止，但呼吸尚存在；②呼吸停止，但心跳尚存在；③呼吸心跳都停止。

（2）简单诊断　听、看、试，如图 7-5 所示。

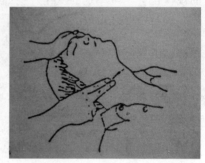

图 7-5　假死的简单诊断

（3）处理方法

① 病人神志清醒，但乏力、头昏、心悸、出冷汗，有恶心或呕吐。此类病人应就地安静休息，以减轻心脏负担，加快恢复。

② 病人呼吸、心跳尚在，但神志不清，此时应严密地观察，还要做好人工呼吸和心脏按压的准备工作。

③ 如经检查后，病人处于"假死"状态，则应立即针对不同类型的"假死"进行对症处理。

4. 口对口人工呼吸

在做人工呼吸之前，首先要检查触电者口腔内有无异物，呼吸道是否堵塞，特别要注意清理喉头部分有无痰堵塞。其次，要解开触电者身上妨碍呼吸的衣裤，且维持好现场秩序。主要方法：口对口（鼻）人工呼吸法不仅方法简单易学且效果最好，较为容易掌握。

将触电者仰卧，并使其头部充分后仰，一般应用一手托在其颈后，使其鼻孔朝上，以利于呼吸道畅通，但头下不得垫枕头，同时将其衣扣解开（如图 7-6 所示）。

救护人在触电者头部的侧面，用一只手捏紧其鼻孔，另一只手的拇指和食指掰开其嘴巴：准备向鼻孔吸气，即口对鼻（如图7-7所示）。

救护人深吸一口气，紧贴掰开的嘴巴向内吹气，也可搁一层纱布。吹气时要用力并使其胸部膨胀，一般应每5s吹一次，吹2s，放松3s。对儿童可小口吹气。向鼻吹气与向口吹气相同（如图7-8所示）。

吹气后应立即离开其口或鼻，并松开触电者的鼻孔或嘴巴，让其自动呼气，约3min（如图7-9所示）。

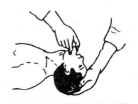

图7-6　将触电者仰卧使
其头部充分后仰

图7-7　准备向触电者口中吸气

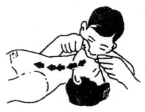

图7-8　救护人紧贴掰开的
嘴巴向内吹气

图7-9　松开鼻孔或嘴巴
让其自动呼气

在实行口对口（鼻）人工呼吸时，当发现触电者胃部充气膨胀，应用手按住其腹部，并同时进行吹气和换气。

5. 胸外心脏挤压法

（1）胸外心脏挤压法的口诀　手根下压不冲击，突然放手手不离。手腕略弯压一寸，一秒一次较适宜。

用人工方法，将触电者两手压在胸部，帮助其血液循环。当将触电者两手向左右扩胸时，达到助其有一定呼吸效果。

（2）操作方法

① 使触电者仰卧，头部后仰。

② 操作者在触电者头部，一只脚作跪姿，另一只脚作半蹲。两手将触电者的两手向后拉直，压胸时，将触电者的手向前顺推。至胸部位置时，将两手向胸部靠拢。用触电者两手压胸位置，在同一时间内要完成以下几个动作：半蹲的前脚向前倒，跪着的一只脚向后蹬（呈前弓后箭状），然后用身体重量自然向胸部压下。压胸动作完成后，将触电者的两手向左右扩张，完成后，将两手往后顺拉直，恢复原来位置。如图 7-10 所示。

③ 压胸时不要有冲击力，两手关节不要弯曲，压胸深浅要看对象，对小孩不要用力过猛。对成年人每分钟完成 14～16 次。

图 7-10　胸外心脏挤压法

6. 触电急救应注意事项

发现了人身触电事故，发现者一定不要惊慌失措，要动作迅速，救护得当。首先，要迅速将触电者脱离电源；其次，立即就地进行现场救护，同时找医生救护。

（1）脱离电源　电流对人体的作用时间愈长，对生命的威胁愈大。所以，触电急救时首先要使触电者迅速脱离电源。救护人员既要救人也要注意保护自己。

（2）在使触电人脱离开电源时应注意的事项　防止自身及他人触电并防止伤者二次伤害。

（3）对症抢救

① 将触电者脱离电源后，立即移到通风处，并将其仰卧，迅速鉴定触电者是否有心跳、呼吸。

② 抢救过程要不停地进行。在送往医院的途中也不能停止抢

救。当抢救者出现面色好转、嘴唇逐渐红润、瞳孔缩小、心跳和呼吸迅速恢复正常，即为抢救有效的特征。

③ 告诫医生慎用强心针。

（4）夜间救护应解决临时照明。

三、电力系统接地

1. 接地保护

接地保护又称保护接地，就是将电气设备的金属外壳与接地体连接，以防止因电气设备绝缘损坏使外壳带电时，操作人员接触设备外壳而触电。如图 7-11 所示。

由于绝缘破坏或其他原因而可能呈现危险电压的金属部分，都应采取保护接地措施。如电机、开关设备、照明器具及其他电气设备的金属外壳都应予以接地。一般低压系统中，保护接电电阻值应小于 4Ω。

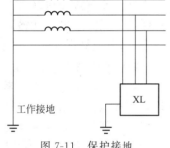

图 7-11　保护接地

2. 采用接地保护的情况

在中性点不接地的低压系统中，在正常情况下各种电力装置的不带电的金属外露部分，除有规定外都应接地。如：

① 电机、变压器、电器、携带式及移动式用电器具的外壳。

② 电力设备的传动装置。

③ 配电屏与控制屏的框架。

④ 电缆外皮及电力电缆接线盒、终端盒的外壳。

⑤ 电力线路的金属保护管、敷设的钢索及起重机轨道。

⑥ 装有避雷器电力线路的杆塔。

⑦ 安装在电力线路杆塔上的开关、电容器等电力装置的外壳及支架。

3. 接地电阻的要求

低压电力网的电力装置对接地电阻的要求如下。

① 低压电力网中，电力装置对地的接地电阻不宜超过 4Ω。

② 由单台容量在 100kV·A 的变压器供电的低压电力网中，电力装置接地电阻不宜大于 10Ω。

③ 使用同一接地装置并联运行的变压器，总容量不超过 100kV·A 的低压电力网中，电力装置的接地电阻不宜超过 10Ω。

④ 土壤电阻率高地区，达到以上接地电阻值有困难时，低压电力设备接地电阻允许提高到 30Ω。

4. 中性点直接接地与中性点非直接接地

中性点直接接地（TT 方式供电系统）：将发电机或变压器的中性点直接与接地装置连接，或中性点经小阻抗与接地装置连接。

中性点非直接接地（IT 方式供电系统）：中性点不接地，或中性点经消弧线圈、电压互感器、高电阻接地的总称。

5. TT 方式供电系统应用范围

TT 方式是指将电气设备的金属外壳直接接地的保护系统，称为保护接地系统，也称 TT 系统。第一个符号 T 表示电力系统中性点直接接地；第二个符号 T 表示负载设备外露不与带电体相接的金属导电部分与大地直接连接，而与系统如何接地无关。在 TT 系统中负载的所有接地均称为保护接地，如图 7-12 所示。这种供电系统的特点如下。

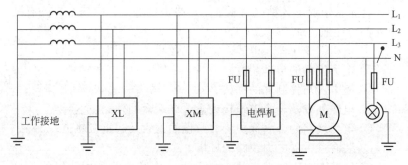

图 7-12　在 TT 系统中负载的保护接地

① 当电气设备的金属外壳带电（相线碰壳或设备绝缘损坏而漏电）时，由于有接地保护，可以大大减少触电的危险性。但是，低压断路器（自动开关）不一定能跳闸，造成漏电设备的外壳对地

电压高于安全电压，属于危险电压。

②当漏电电流比较小时，即使有熔断器也不一定能熔断，所以还需要漏电保护器作保护，因此TT系统难以推广。

③TT系统接地装置耗用钢材多，而且难以回收、费工时、费料。

现在有的建筑单位是采用TT系统，施工单位借用其电源作临时用电时，应用一条专用保护线，以减少需接地装置钢材用量，如图7-13所示。

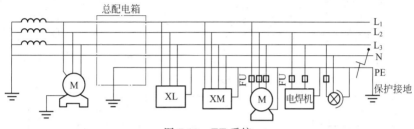

图7-13　TT系统

施工单位借用其电源作临时用电时应用一条专用保护线。

图7-13中点画线框内是施工用电总配电箱，把新增加的专用保护线PE线和工作零线N分开，其特点是：①共用接地线与工作零线没有电的联系；②正常运行时，工作零线可以有电流，而专用保护线没有电流；③TT系统适用于接地保护很分散的地方。

6. IT方式供电系统应用范围

I表示电源侧没有工作接地，或经过高阻抗接地。第二个字母T表示负载侧电气设备进行接地保护，如图7-14所示。

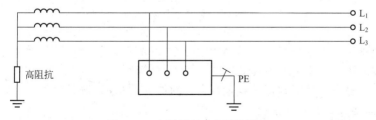

图7-14　电源侧经过高阻抗接地

IT 方式供电系统在供电距离不是很长时，供电的可靠性高、安全性好。一般用于不允许停电的场所，或者是要求严格地连续供电的地方，例如电力炼钢、大医院的手术室、地下矿井等处。地下矿井内供电条件比较差，电缆易受潮。运用 IT 方式供电系统，即使电源中性点不接地，一旦设备漏电，单相对地漏电流仍小，不会破坏电源电压的平衡，所以比电源中性点接地的系统还安全。

但是，如果用在供电距离很长时，供电线路对大地的分布电容就不能忽视了。从图 7-15 可见，在负载发生短路故障或漏电使设备外壳带电时，漏电电流经大地形成架路，保护设备不一定动作，这是危险的。只有在供电距离不太长时才比较安全。这种供电方式在工地上很少见。

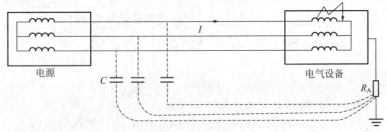

图 7-15　供电线路对大地的分布电容

7. 在国际电工委员会（IEC）规定中 TN、TT 和 IT 的含义

我国配电系统的接地方式已使用 IEC 规定，其分类仍然是以配电系统和电气设备的接地组合来分，一般分为 TN、TT、IT 系统等。上述字母表示的含义：第一个字母表示电源接地点对地的关系。其中 T 表示直接接地；I 表示不接地或通过阻抗接地。第二个字母表示电气设备的外露可导电部分与地关系。其中 T 表示与电源接地点无连接的单独直接接地；N 表示直接与电源系统接地点或与该点引出的导体连接。

根据中性线与保护线是否合并的情况，TN 系统又分为 TN-C、TN-S 及 TN-C-S 系统。

TN-C 系统：保护线与中性线合并为 PEN 线。

TN-S 系统：保护线与中性线分开。

TN-C-S 系统：在靠近电源侧一段的保护线和中性线合并为 PEN 线，从某点以后分为保护线和中性线。

8. 接零保护（TN方式供电系统）

接零保护是为了防止电气设备因绝缘损坏而使人身遭受触电危险，将电气设备的金属外壳与供电变压器的中性点相连接者称为接零保护。如图 7-16 所示。

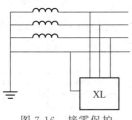

图 7-16　接零保护

9. 接零应满足的要求

① 在同一系统中，不应把一部分电气设备接地，而把另一部分电气设备接零。

② 在三相四线制的零干线上，不允许装设开关和熔断器（如果在单相二线的零线上规定要装熔断器，则熔断器后面的零线已不能供保护接零使用，如果要保护接零，必须从零干线上另接一根零支线到设备的外壳上，对于单相三眼插座，应注意接地孔必须用单独导线接到有重复接地的零干线上，设备的地线插头插地线孔，零线插头插零线孔，相线插头插相线孔，零线孔和地线孔不得用导线直接相连，否则是错误的）。

③ 避免出现零线断线故障，注意零线敷设质量（三相变压器迁移时，切勿忘记输出零线的搭接，否则会造成三相电压不稳定，照明电不能用或不好用，甚至烧毁照明灯具）。应该设足够的重复接地装置，重复接地的接地电阻，应不大于 10Ω。

④ 所有电气设备的接零线，应以并联方式连接在接零干线或支线上。

⑤ 零线的截面积应不小于相线截面积。

10. TN方式供电系统的特点

这种供电系统是将电气设备的金属外壳与工作零线相接的保护系统，称作接零保护系统，用 TN 表示。它的特点如下。

① 一旦设备出现外壳带电，接零保护系统能将漏电电流上升为短路电流，这个电流很大，实际上就是单相对地短路故障，熔断

器的熔丝会熔断，低压断路器的脱扣器会立即动作而跳闸，使故障设备断电，比较安全。

② TN 系统节省材料、工时，在我国和其他许多国家广泛得到应用，可见比 TT 系统优点多。TN 方式供电系统中，根据其保护零线是否与工作零线分开而划分为 TN-C 和 TN-S 两种。

11. TN-C 方式供电系统

它是用工作零线兼作接零保护线，可以称作保护中性线，可用 NPE 表示，如图 7-17 所示。这种供电系统的特点如下。

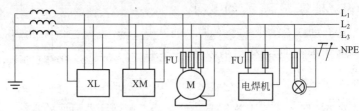

图 7-17　TN-C 方式供电系统

① 由于三相负载不平衡，工作零线上有不平衡电流，对地有电压，所以与保护线所连接的电气设备金属外壳有一定的电压。

② 如果工作零线断线，则保护接零的漏电设备外壳带电。

③ 如果电源的相线碰地，则设备的外壳电位升高，使中性线上的危险电位蔓延。

④ TN-C 系统干线上使用漏电保护器时，工作零线后面的所有重复接地必须拆除，否则漏电开关合不上；而且，工作零线在任何情况下都不得断线。所以，实用中工作零线只能让漏电保护器的上侧有重复接地。

⑤ TN-C 方式供电系统只适用于三相负载基本平衡情况。

12. TN-S 方式供电系统

它是把工作零线 N 和专用保护线 PE 严格分开的供电系统，称作 TN-S 供电系统，如图 7-18 所示，TN-S 供电系统的特点如下。

① 系统正常运行时，专用保护线上没有电流，只是工作零线上有不平衡电流。PE 线对地没有电压，所以电气设备金属外壳接零保护是接在专用的保护线 PE 上，安全可靠。

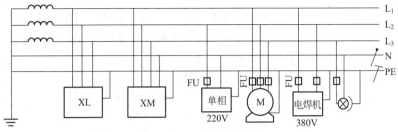

图 7-18　TN-S 供电系统

② 工作零线只用作单相照明负载回路。

③ 专用保护线 PE 不许断线，也不许进入漏电开关。

④ 干线上使用漏电保护器，工作零线不得有重复接地，而 PE 线有重复接地，但是不经过漏电保护器，所以 TN-S 系统供电干线上也可以安装漏电保护器。

⑤ TN-S 方式供电系统安全可靠，适用于工业与民用建筑等低压供电系统。在建筑工程施工前的"三通一平"（电通、水通、路通和地平）必须采用 TN-S 方式供电系统。

13．TN-C-S 方式供电系统

在建筑施工临时供电中，如果前部分是 TN-C 方式供电，而施工规范规定施工现场必须采用 TN-S 方式供电系统，则可以在系统后部分现场总配电箱分出 PE 线，如图 7-19、图 7-20 所示。这种系统称为 TN-C-S 供电系统。TN-C-S 系统的特点如下。

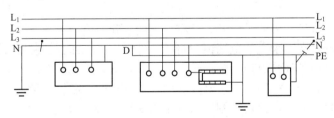

图 7-19　TN-C-S 方式供电系统

① 工作零线 N 与专用保护线 PE 相连通，如图 7-19 中 ND 这段线路不平衡电流比较大时，电气设备的接零保护受到零线电位的

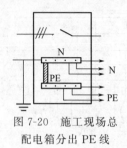

图 7-20 施工现场总
配电箱分出 PE 线

影响。D 点至后面 PE 线上没有电流，即该段导线上没有电压降，因此，TN-C-S 系统可以降低电动机外壳对地的电压，然而又不能完全消除这个电压，这个电压的大小取决于 ND 线的负载不平衡的情况及 ND 这段线路的长度。负载越不平衡，ND 线又很长时，设备外壳对地电压偏移就越大。所以要求负载不平衡电流不能太大，而且在 PE 线上应作重复接地，如图 7-20 所示。

② PE 线在任何情况下都不能进入漏电保护器，因为线路末端的漏电保护器动作会使前级漏电保护器跳闸造成大范围停电。

③ 对 PE 线除了在总箱处必须和 N 线相接以外，其他各分箱处均不得把 N 线和 PE 线相连，PE 线上不许安装开关和熔断器，也不得用大地兼作 PE 线。

通过上述分析，TN-C-S 供电系统是在 TN-C 系统上临时变通的作法。当三相电力变压器工作接地情况良好、三相负载比较平衡时，TN-C-S 系统在施工用电实践中效果还是可行的。但是，在三相负载不平衡、建筑施工工地有专用的电力变压器时，必须采用 TN-S 方式供电系统。

14. 等电位接地及常用术语

在每个厂矿、企业、民用建筑物中，电气设备、各种用电机械繁多、形形色色的管道错综复杂，如果某个电气设备可导电部分或装置外可导电部分发生带电，某些设备对地呈现高电压，某些设备呈现低电压，人体若触及，就有触电的危险。为了防止发生接触电压触电，在一个允许范围内，将所有外露可导电部分、装置外可导电部分、各种管道用导电体连接在一起，形成一个等电位空间，实际上就是保护线的再一次延伸和细化，这就是等电位连接。等电位连接分为总等电位连接和辅助等电位连接。

总等电位连接一般设总等电位连接箱，在箱内设一总接地端子排，该端子排与总配电柜的 PE 母线作电气连接，再由此端子引出足够的等电位连接线至各辅助等电位连接箱及其他需要作等电位连接的各种管线，等电位连接一般使用 40mm×4mm 的镀锌扁钢。

辅助等电位连接一般设辅助等电位连接箱，在该箱内再设一辅助接地端子排，该端子排与总等电位连接箱连接，再由此引出足够的辅助等电位连接线至各用电设备外露导电部分、装置外可导电部分及其他需要等电位连接的设备，如各种管线（暖气片、洗手盆、浴盆、坐便器，如图 7-21 所示）的金属部分、插座保护导体以及相关的金属部件。等电位连接的系统图如图 7-22 所示。

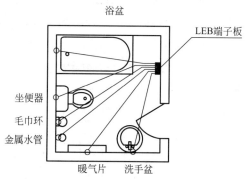

图 7-21　卫生间局部等电位连接示意图

需要指出的是，各种易燃、易爆管道不能作为电气上的自然接地体，一定要作等电位连接。

① 等电位接地（等电位连接）：使每个外露可导电部分及装置外导电部分的电位实质上相等的连接。

② 总等电位连接：在建筑物电源进线处，将 PE 线、接地干线、总水管、煤气管、暖气管、空调立管以及建筑物基础、金属构件等作相互电气连接，如图 7-23 所示。

③ 辅助等电位连接：在某一局部范围内的等电位连接。

④ 等电位连接线：作为等电位连接的保护导体。

⑤ 总接地端子、总接地母线：将保护导体接至接地设施的端子或母线。保护导体包括总等电位连接线。

15. 等电位连接要求

（1）在总电位连接不能满足间接保护（故障情况下的电击保护）要求时，应采取辅助电位连接。

（2）处于等电位连接作用区以外的 TN、TT 系统的配电线路

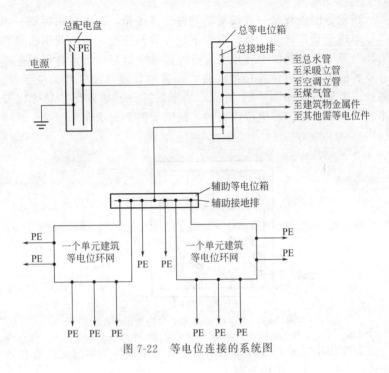

图 7-22　等电位连接的系统图

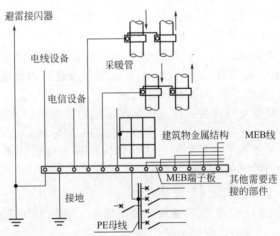

图 7-23　总等电位连接示意图

系统，应采取漏电保护。

（3）建筑物内的总等电位连接必须与下列导电部分相互连接：

① 保护导体干线；

② 接地干线和总接地端子；

③ 建筑物内的输送管道及类似金属件；

④ 集中采暖及空气调节系统的升压管；

⑤ 建筑物内金属构件等导电体；

⑥ 钢筋混凝土基础、楼板及平房的地板。

（4）辅助等电位连接必须包括固定设备的所有能同时触及的外露可导电部分和装置外导电部分。等电位系统，必须与所有设备的保护导体（包括插座的保护导体）连接。

（5）等电位连接线的截面应满足下列要求：

① 总等电位连接主母线的截面不小于装置最大保护导体截面的 $1/2$，但不小于 $6mm^2$；若采用铜线，其截面不超过 $25mm^2$；若为其他金属，其截面应能承受与之相等的截流量。

② 连接两个外露可导电部分的辅助等电位线，其截面不小于接至该两个外露可导电部分较小保护导体的截面。

③ 连接外露可导电部分与装置外可导电部分的辅助等电位连接线，不应小于相应保护导体截面的一半。

（6）在某一个局部单元建筑内，等电位连接线应做成闭合环形。

16. 重复接地

重复接地是将接地保护线（PE线）的一处或多处与大地进行再一次的接地连接，重复接地的电阻值总箱处不大于 4Ω，总箱以下各处不大于 10Ω。

17. 应进行重复接地的处所

应进行重复接地的处所有：①低压架空线的终端；②分支线长度超过 200m 的分支处或终端；③线路每 1km 处；④电缆和架空线路引入屋内的进线附近；⑤在较大的车间内部，零线应增加重复接地点，并将零线与所有的低压开关板和控制屏台的接地装置连接。

18. 重复接地的作用

① 当零线断开且相线碰壳时，重复接地可降低人体接触外壳的触电电压（简称接触电压 U）从而减小触电的危险性。

② 三相四线保护接零系统中，当三相负荷显著不平衡时，一旦无重复接地的零线断线，由于零点飘移即使没有漏电的设备，接零设备上也会出现危险的对地电压，设置重复接地，可减轻或消除这种危险性。

③ 当零线与相线接错时，借助于重复接地便形成一相对地短路，使熔断器熔丝熔断或开关动作，切断电源。若短路电流不足以使熔断器或开关动作，此时重复接地还具有降低人体接触电压的作用。

19. 人工接地体的埋设要求

人工接地体不应埋设在垃圾、炉渣和强烈腐蚀性土壤处。埋设要求如下：

① 接地体的埋设深度不应小于 0.6m；
② 垂直接地体的长度不应小于 2.5m；
③ 垂直接地体的间距一般不小于 5m；
④ 埋入后的接地体周围要用新土夯实。

为降低接触电阻和跨步电压，水平接地体的局部埋深不应小于 1m。

20. 接地线的要求

接地线的最小截面如表 7-2 所示。

表 7-2　接地线的最小截面

材料	类别	最小截面/mm²
铜	裸导体	4
	绝缘导体	1.5
铝	裸导体	6
	绝缘导体	2.5
扁钢	户内:厚度不小于 3mm	24
	户外:厚度不小于 4mm	48

材料	类别	最小截面/mm²
圆钢	户内：直径不小于 5mm	19.6
	户外：直径不小于 6mm	28.3
钢管	室内使用，壁厚不小于 2.5mm	
铜	电缆接地线以及与相线包在同一保护	1.0
铝	壳内的多芯导线的接地线	1.5

21. 交流电气设备的接地可以利用的自然接地体

① 埋设在地下的金属管道，但不包括有可燃或有爆炸物质的管道。

② 金属井管。

③ 与大地有可靠连接的建筑物的金属结构。

④ 水工构筑物及其类似的构筑物的金属管、桩。

22. 交流电气设备的接地线可利用行列接地体接地

① 建筑物的金属结构（梁、柱等）及设计规定的混凝土结构内部的钢筋。

② 生产用的起重机的轨道、配电装置的外壳、走廊、平台、电梯竖井、起重机与升降机的构架、运输皮带的钢梁、电除尘器的构架等金属结构。

③ 配线的钢管。

23. 明敷接地线

（1）明敷接地线的安装应符合下列要求：

① 便于检查。

② 敷设位置不应妨碍设备的拆卸与检修。

③ 支持件间的距离，在水平直线部分宜为 0.5～1.5m；垂直部分宜为 1.5～3m；转弯部分宜为 0.3～0.5m。

④ 接地线应按水平或垂直敷设，亦可与建筑物倾斜结构平行敷设；在直线段上，不应有高低起伏及弯曲等情况。

⑤ 接地线沿建筑物墙壁水平敷设时，离地面距离宜为 250～

300mm；接地线与建筑物墙壁间的间隙宜为 10～15mm。

⑥ 在接地线跨越建筑物伸缩缝、沉降缝处时，应设置补偿器。补偿器可用接地线本身弯成弧状代替。

（2）明敷接地线的表面应涂以用 15～100mm 宽度相等的绿色和黄色相间的条纹。在每个导体的全部长度上或只在每个区间或每个可接触到的部位上宜作出标志。当使用胶带时，应使用双色胶带。中性线宜涂淡蓝色标志。

（3）在接地线引向建筑物的入口处和在检修用临时接地点处，均应刷白色底漆并标以黑色记号，其代号为"⏚"（接地）。

（4）进行检修时，在断路器室、配电间、母线分段处、发电机引出线等需临时接地的地方，应引入接地干线，并应设有专供连接临时接地线使用的接线板和螺栓。

（5）当电缆穿过零序电流互感器时，电缆头的接地线应通过零序电流互感器后接地；由电缆头至穿过零序电流互感器的一段电缆金属护层和接地线应对地绝缘。

（6）直接接地或经消弧线圈接地的变压器、旋转电机的中性点与接地体或接地干线的连接，应采用单独的接地线。

（7）变电所、配电所的避雷器应用最短的接地线与主接地网连接。

（8）全封闭组合电器的外壳应按制造厂规定接地；法兰片间应采用跨接线连接，并应保证良好的电气通路。

（9）高压配电间隔和静止补偿装置的栅栏门铰链处应用软铜线连接，以保持良好接地。

（10）高频感应电热装置的屏蔽网、滤波器、电源装置的金属屏蔽外壳，高频回路中外露导体和电气设备的所有屏蔽部分和与其连接的金属管道均应接地，并宜与接地干线连接。

（11）接地装置由多个分接地装置部分组成时，应按设计要求设置便于分开的断接卡。自然接地体与人工接地体连接处应有便于分断的断接卡。断接卡应有保护措施。

24. 接地体（线）的连接

（1）接地体（线）的连接应采用焊接，焊接必须牢固无虚焊。接至电气设备上的接地线，应用镀锌螺栓连接；有色金属接地线不能采用焊接时，可用螺栓连接。螺栓连接处的接触面应按现行国家标准《电气装置安装工程母线装置施工及验收规范》的规定处理。

（2）接地体（线）的焊接应采用搭接焊，其搭接长度必须符合下列规定：

① 为其宽度的 2 倍（且至少 3 个棱边焊接）。

② 圆钢为其直径的 6 倍。

③ 圆钢与扁钢连接时，其长度为圆钢直径的 6 倍。

④ 扁钢与钢管、扁钢与角钢焊接时，为了连接可靠，除应在其接触部位两侧进行焊接外。并应焊以由钢带弯成的弧形（或直角形）卡子或直接由钢带本身弯成弧形（或直角形）与钢管（或角钢）焊接。

（3）利用各种金属构件、金属管道等作为接地线时，应保证其全长为完好的电气通路。利用串联的金属构件、金属管道作接地线时，应在其串接部位焊接金属跨接线。

25. 避雷针（线、带、网）的接地

（1）避雷针（线、带、网）的接地除应符合本章上述有关规定外，尚应遵守下列规定：

① 避雷针（带）与引下线之间的连接应采用焊接。

② 避雷针（带）的引下线及接地装置使用的紧固件均应使用镀锌制品。当采用没有镀锌的地脚螺栓时，应采取防腐措施。

③ 建筑物的防雷设施采用多根引下线时，宜在各引下线距地面的 1.5～1.8m 处设置断接卡，断接卡应加保护措施。

④ 装有避雷针的金属筒体，当其厚度不小于 4mm 时，可作避雷针的引下线。筒体底部应有两处与接地体对称连接。

⑤ 独立避雷针及其接地装置与道路或建筑物的出入口等的距离应大于 3m。当小于 3m 时，应采取均压措施或铺设卵石或沥青地面。

⑥ 独立避雷针（线）应设置独立的集中接地装置。当有困难时，该接地装置可与接地网连接，但避雷针与主接地网的地下连接点至 35kV 及以下设备与主接地网的地下连接点，沿接地体的长度不得小于 15m。

⑦ 独立避雷针的接地装置与接地网的地中距离不应小于 3m。

⑧ 配电装置的架构或屋顶上的避雷针应与接地网连接，并应在其附近装设集中接地装置。

（2）建筑物上的避雷针或防雷金属网应和建筑物顶部的其他金属物体连接成一个整体。

（3）装有避雷针和避雷线的构架上的照明灯电源线，必须采用直埋于土壤中的带金属护层的电缆或穿入金属管的针线。电缆的金属护层或金属管必须接地，埋入土壤中的长度应在 10m 以上，方可与配电装置的接地网相连或与电源线、低压配电装置相连接。

（4）避雷针（网、带）及其接地装置，应采取自下而上的施工程序。首先安装集中接地装置，后安装引下线，最后安装接闪器。

四、接地装置的安装

1. 接地体

接地体是指埋入大地中直接与土壤接触的金属导体或金属导体组，是连接电流流向土壤的流散体。

接地体包括两大类。

（1）自然接地体 指兼作接地体用的直接与大地接触的各种金属构件、金属井管、钢筋混凝土建筑物内的钢筋、金属管道和设备。

可作为自然接地体的有：与大地有可靠连接的建筑物的钢结构和钢筋、行车的钢轨、埋地的非可燃可爆的金属管道及埋地敷设的不少于两根的电缆金属外皮等。利用自然接地体时，一定要保证良好的电气连接。

（2）人工接地体 是指人为埋入地中的金属构件，按打入的方式不同可分为垂直接地体和水平接地体。

人工接地体有垂直埋设的和水平埋设的基本结构形式，如图 7-24 所示。最常用的垂直接地体为直径 50mm、长 2.5m 的钢管。为了减少外界温度变化对流散电阻的影响，埋入地下的接地体，其顶面埋设深度不宜小于 0.6m。

2. 接地装置

接地装置是指电气设备接地线和埋入大地中的金属接地体组的总和。

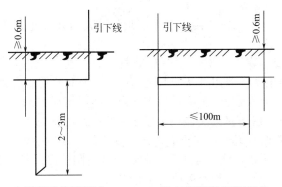

(a) 垂直埋设的棒形接地体　　　　　(b) 水平埋设的带形接地体

图 7-24　人工接地体

垂直埋设的接地体一般采用热镀锌的角钢、钢管、圆钢等，垂直敷设的接地体长度不应小于 2.5m。圆钢直径不应小于 19mm；钢管直径不应小于 50mm，壁厚不应小于 3.5mm；角钢不应小于 40mm×40mm×4mm。

水平埋设接地体一般采用热镀锌的扁钢、圆钢等。扁钢截面不应小于 100mm²。

3. 钢质接地装置应采用焊接连接，其搭接长度应符合的规定

① 扁钢与扁钢搭接为扁钢宽度的 2 倍，不少于三面施焊。

② 圆钢与圆钢的搭接为圆钢直径的 6 倍，双面施焊。

③ 圆钢与扁钢搭接为圆钢直径的 6 倍，双面施焊。

④ 扁钢和圆钢与钢管、角钢互相焊接时，除应在接触部位两侧施焊外，还应增加圆钢搭接件。

⑤ 焊接部位应作防腐处理。

4. 人工接地装置的基本要求

① 人工接地体在土壤中的埋设深度不应小于 0.6m，宜埋设在冻土层以下；水平接地体应挖沟埋设。

② 钢质垂直接地体宜直接打入地沟内，为了减少相邻接地体的屏蔽作用，垂直接地体的间距不宜小于其长度的 2 倍并均匀

布置。

③ 垂直接地体坑内、水平接地体沟内宜用低电阻率土壤回填并分层夯实。

④ 接地装置宜采用热镀锌钢质材料。在高土壤电阻率地区，宜采用换土法、降阻剂法或其他新技术、新材料降低接地装置的接地电阻。铜质接地装置应采用焊接或熔接，钢质和铜质接地装置之间连接应采用熔接方法连接，连接部位应作防腐处理。

⑤ 接地装置连接应可靠，连接处不应松动、脱焊、接触不良。

⑥ 接地装置施工完工后，测试接地电阻值必须符合设计要求，隐蔽工程部分应有检查验收合格记录。

5. 接地装置的基本要求

① 自然接地体的接地电阻，如符合设计要求时，一般可不再另设人工接地体。

② 直流电力回路不应利用自然接地体，要用人工接地体。

③ 交流电力回路同时采用自然、人工两接地体时，应设置分开测量接地电阻的断开点。自然接地体，应不少于两根导体在不同部位与人工接地体相连接。

④ 车间接地干线与自然接地体或人工接地体连接时，应不少于两根导体在不同地点连接。

⑤ 接地体埋设位置应距建筑物、人行通道不小于 1.5m，不应在垃圾、灰渣等地段埋设。经过建筑物、人行通道的接地体，应采用帽檐式均压带做法。

⑥ 变配电所的接地装置，应敷设以水平接地体为主的人工接地网。

⑦ 交流电气装置的接地线，应尽量利用金属构件、钢轨、混凝土构件的钢筋，电线管及电力电缆的金属皮等，但必须保证全长有可靠的金属性连接。

⑧ 不得利用有爆炸危险物质的管道作为接地线，在有爆炸危险物质环境内使用的电气设备应根据设计要求，设置专门的接地线。该接地线若与相线敷设在同一保护管内时，应具有与相线相等绝缘水平。金属管道、电缆的金属外皮与设备的金属外壳和构架都必须连接成连续整体，并予以接地。

⑨ 利用金属结构件作为接地线时，除用螺栓或铆钉紧固的连接外，还应用扁钢焊接跨接地线。作为接地干线的扁钢跨接线，截面不小于 $100mm^2$，作为接地分支跨接线时不应小于 $48mm^2$。

⑩ 不得使用蛇皮管、管道保温层的金属层以及照明电缆铅皮作为接地线，但这些金属外皮应保证其全长有完好的电气通路并接地。

⑪ 在电源处、架空线路干线和分支线的终端及沿线每公里处、电缆和架空线、在引入车间或大型建筑物内的配电柜等处，零线应重复接地。

⑫ 金属管配线时，应将金属管和零线连接在一起，并作重复接地。各段金属不应中断金属性连接，丝扣连接的金属管应在连接管箍两侧用不小于 $\phi10mm$ 的钢线跨接。

⑬ 塑料管配线时，在管外应敷不小于 $\phi10mm$ 的钢线跨接。

⑭ 高压架空线路与低压架空线路同杆架设时，同杆架设段的两端低压零线应做重复接地。

⑮ 接地体与接地干线的连接应留有测定接地电阻的断开点，此点采用螺栓连接。

6. 电气装置应安装接地的部分

① 变压器、电机、电器，携带或移动式用电器具等的金属底座和外壳。

② 电气设备的传动装置。

③ 互感器的二次绕组。

④ 配电屏与控制屏的框架。

⑤ 屋内外配电装置的金属架构和钢筋混凝土架构，以及靠近带电部分的金属围栏和金属门。

⑥ 交、直流电力电缆接线盒，终端和的外壳和电缆外皮，穿线的钢管等。

⑦ 装有避雷线的电力线路杆塔。

⑧ 在非沥青地面的居民区内，无避雷线小接地短路电流供电系统架空电力线路的金属杆塔和钢筋混凝土杆塔。

⑨ 装在配电线路杆上的开关设备、电容器等电气设备。

⑩ 铠装控制电缆的外皮，非铠装或非金属护套电缆的 $1\sim2$ 根

屏蔽线。

总之，凡因绝缘损坏或其他原因可能出现危险电压的金属部分，均应按规定做接地或接零保护。

7. 接地线的连接和敷设

① 接地装置应在不同处采用两根连接导体与室内总等电位接地端子板相连接。

② 接地装置与室内总等电位连接带的连接导体截面积，铜质接地线不应小于 $50mm^2$，钢质接地线不应小于 $80mm^2$。

③ 等电位接地端子板之间应采用螺栓连接，其连接导线截面积应采用不小于 $16mm^2$ 的多股铜芯导线，穿钢管敷设。

④ 铜质接地线的连接应焊接或压接，并应保证有可靠的电气接触。钢质接地线应采用焊接。

⑤ 接地线与接地体的连接应采用焊接。安全保护地线（PE）与接地端子板的连接应可靠，连接处应有防松动或防腐蚀措施。

⑥ 接地线与金属管道等自然接地体的连接，应采用焊接。如焊接有困难时，可采用卡箍连接，但应有良好的导电性和防腐措施。

⑦ 人工接地线穿越建筑物时，应加保护管，过伸缩缝时，应留有适当富裕度或采用软连接。

⑧ 室内明敷的水平接地干线，距地面高度不应小于 0.2m。固定点间距，直线段应不大于 1m，拐弯处或分支处应不大于 0.3m，距离墙面应不小于 10mm，并在必要的地方增设带燕尾螺母的螺栓。明敷接地干线，表面应涂黑漆或黑色条纹。

⑨ 室内暗敷（敷设在混凝土墙或砖墙内）的接地干线两端应有明露部分，并设置接线端子盒。

五、防雷和防静电

1. 雷电种类

（1）直击雷　直击雷是带电积云接近地面至一定程度时，与地面目标之间的强烈放电。直击雷的每次放电含有先导放电、主放电、余光三个阶段。大约 50% 的直击雷有重复放电特征。每次雷击有三四个冲击至数十个冲击。一次直击雷的全部放电时间一般不超过 500ms。

（2）感应雷　感应雷也称作雷电感应，分为静电感应雷和电磁感应雷。静电感应雷是由于带电积云在架空线路导线或其他导电凸出物顶部感应出大量电荷，在带电积云与其他物体放电后，感应电荷失去束缚，以大电流、高电压冲击波的形式，沿线路导线或导电凸出物的传播。电磁感应雷是由于雷电放电时，巨大的冲击雷电流在周围空间产生迅速变化的强磁场在邻近的导体上产生的很高的感应电动势。

（3）球雷　球雷是雷电放电时形成的发红光、橙光、白光或其他颜色光的火球。从电学角度考虑，球雷应当是一团处在特殊状态下的带电气体。

此外，直击雷和感应雷都能在架空线路或在空中金属管道上产生沿线路或管道的两个方向迅速传播的雷电冲击波。

2. 雷电危害

雷电具有雷电流幅值大（可达数十千安至数百千安）、雷电流陡度大（可达 $50kA/\mu s$）、冲击性强、冲击过电压高（可达数百千伏至数千千伏）的特点。其特点与其破坏性有紧密的关系。

雷电有电性质、热性质、机械性质等多方面的破坏作用，均可能带来极为严重的后果。

（1）火灾和爆炸。直击雷放电的高温电弧、二次放电、巨大的雷电流、球雷侵入可直接引起火灾和爆炸；冲击电压击穿电气设备的绝缘等破坏可间接引起火灾和爆炸。

（2）触电。积云直接对人体放电、二次放电、球雷打击、雷电流产生的接触电压和跨步电压可直接使人触电；电气设备绝缘因雷击而损坏也可使人遭到电击。

（3）设备和设施毁坏。雷击产生的高电压、大电流伴随的汽化力、静电力、电磁力可毁坏重要电气装置和建筑物及其他设施。

（4）大规模停电。电力设备或电力线路破坏后即可能导致大规模停电。

3. 防雷建筑物分类

建筑物按其火灾和爆炸的危险性、人身伤亡的危险性、政治经济价值分为三类。不同类别的建筑物有不同的防雷要求。

（1）第一类防雷建筑物。指制造、使用或储存炸药、火药、起爆药、火工品等大量危险物质，遇电火花会引起爆炸，从而造成巨大破坏或人身伤亡的建筑物。

（2）第二类防雷建筑物。指对国家政治或国民经济有重要意义的建筑物以及制造、使用和储存爆炸危险物质，但电火花不易引起爆炸，或不致造成巨大破坏和人身伤亡的建筑物。

（3）第三类防雷建筑物。指需要防雷的除第一类、第二类防雷建筑物以外需要防雷的建筑物。

4. 直击雷防护

第一类防雷建筑物、第二类防雷建筑物、第三类防雷建筑物的易受雷击部位，遭受雷击后果比较严重的设施或堆料，高压架空电力线路、发电厂和变电站等，应采取防直击雷的措施。

装设避雷针、避雷线、避雷网、避雷带是直击雷防护的主要措施。避雷针分独立避雷针和附设避雷针。独立避雷针不应设在人经常通行的地方。避雷针的保护范围按滚球法计算。

5. 二次放电防护

为了防止二次放电，不论是空气中或地下，都必须保证接闪器、引下线、接地装置与邻近导体之间有足够的安全距离。在任何情况下，第一类防雷建筑物防止二次放电的最小距离不得小于3m，第二类防雷建筑物防止二次放电的最小距离不得小于2m，不能满足间距要求时应予跨接。

6. 感应雷防护

有爆炸和火灾危险的建筑物、重要的电力设施应考虑感应雷防护。

为了防止静电感应雷的危险，应将建筑物内不带电的金属装备、金属结构连成整体并予以接地。为了防止电磁感应雷的危险，应将平行管道、相距不到100mm的管道用金属线跨接起来。

7. 雷电冲击波防护

变配电装置、可能有雷电冲击波进入室内的建筑物应考虑雷电冲击波防护。

为了防止雷电冲击波侵入变配电装置，可在线路引入端安装阀型避雷器。阀型避雷器上端接在架空线路上，下端接地。正常时避雷器对地保持绝缘状态；当雷电冲击波到来时，避雷器被击穿，将雷电引入大地，冲击波过去后，避雷器自动恢复绝缘状态。

对于建筑物，可采用以下措施：

① 全长直接埋地电缆供电，入户处电缆金属外皮接地；

② 架空线转电缆供电，架空线与电缆连接处装设阀型避雷器，避雷器、电缆金属外皮、绝缘子铁脚、金具等一起接地；

③ 架空线供电，入户处装设阀型避雷器或保护间隙，并与绝缘子铁脚、金具一起接地。

8. 人身防雷

雷暴时，应尽量减少在户外或野外逗留；在户外或野外最好穿塑料等不浸水的雨衣；如有条件，可进入有宽大金属构架或有防雷设施的建筑物、汽车或船只。

雷暴时，应尽量离开小山、小丘、隆起的小道，应尽量离开海滨、湖滨、河边、池塘旁，应尽量避开铁丝网、金属晒衣绳以及旗杆、烟囱、宝塔、孤独的树木附近，还应尽量离开没有防雷保护的小建筑物或其他设施。

雷暴时，在户内应离开照明线、动力线、电话线、广播线、收音机和电视机电源线、收音机和电视机天线以及与其相连的各种金属设备。雷雨天气，应注意关闭门窗。

9. 静电的产生

物质是由分子组成的，分子是由原子组成的，原子是由原子核和其外围电子组成的。两种物质紧密接触后再分离时，一种物质把电子传给另一种物质而带正电，另一种物质得到电子而带负电，这样就产生了静电。一般认为，两种接触的物质相距小于 25×10^{-8} cm 时，即会发生电子转移，产生静电。两种物质摩擦时，增加两种物质达到 25×10^{-8} cm 以下距离的接触面积，并且不断地接触与分离，可产生较多的静电。

以下生产工艺过程比较容易产生静电。

① 固体物质大面积的摩擦，如纸张与辊轴摩擦，橡胶或塑料

碾炼，传动皮带与皮带轮或辊油摩擦等；固体物质在压力下接触而后分离，如塑料压制、上光等；固体物质在挤出、过滤时，与管道、过滤器等发生摩擦，如塑料的挤出、赛璐珞的过滤等。

② 高电阻液体在管道中流动且流速超过1m/s时，液体喷出管口时，液体注入容器发生冲击、冲刷或飞溅时等。

③ 液化气体或压缩气体在管道中流动和由管口喷出时，如从气瓶放出压缩气体、喷漆等。

④ 固体物质的粉碎、研磨过程，悬浮粉尘的高速运动等。

⑤ 在混合器中搅拌各种高电阻物质，如纺织品的涂胶过程等。

产生静电电荷的多少与生产物料的性质和料量、摩擦力大小和摩擦长度、液体和气体的分离或喷射强度、粉体粒度等因素有关。

10. 静电的危害

（1）静电火花引起燃烧爆炸 如果在接地良好的导体上产生静电后，静电会很快泄漏到大地中，但如果是绝缘体上产生静电，则电荷会越聚越多，形成很高的电位。当带电体与不带电体或静电电位很低的物体接近时，如电位差达到300V以上，就会发生放电现象，并产生火花。静电放电的火花能量达到或大于周围可燃物的最小点火能量，而且可燃物在空气中的浓度或含量也已在爆炸极限范围以内时，就能立即引起燃烧或爆炸。

（2）电击 人在活动过程中，由于衣着等固体物质的接触和分离及人体接近带电体产生静电感应，均可产生静电。当人体与其他物体之间发生放电时，人即遭到电击。因为这种电击是通过放电造成的，所以电击时人的感觉与放电能量有关，也就是说静电电击严重程度决定于人体电容的大小和人体电压的高低。人体对地电容多为数十至数百皮法（pF），当人体电容为100pF时，人体静电放电电击强度见表7-3。

表7-3 人体静电放电电击强度

人体带电电位/kV	电击强度	备　　注
1.0	完全无感觉	
2.0	手指外侧有感觉，但不疼	发出微弱的放电声
2.5	有针触的感觉，有哆嗦感，但不疼	

人体带电电位/kV	电击强度	备注
3.0	有被针刺的感觉,微疼	
4.0	有被针深刺的感觉,手指微疼	看见放电的晕光
5.0	从手掌到前腕感到疼	从指尖延展放电,发光
6.0	手指感到剧疼,后腕感到沉重	
7.0	手指和手掌感到剧疼,有微麻木感觉	
8.0	从手掌到前腕有麻木的感觉	
9.0	手腕子感到剧疼,手感到麻木沉重	
10.0	整个手感到疼,有电流过的感觉	
11.0	手指感到剧麻,整个手感到被强烈地电击	
12.0	整个手感到被强烈地打击	

由于静电能量较小,所以生产过程中产生的静电所引起的电击不会对人体产生直接危害,但人体可能因电击坠落或摔倒而造成所谓的二次事故。电击还可能使工作人员精神紧张,妨碍工作。

(3)妨碍生产　在某些生产过程中,如不消除静电,将会妨碍生产或降低产品质量。随着涤纶、腈纶和锦纶等合成纤维的应用,静电问题变得十分突出。例如,在抽丝过程中,每根丝都要从直径百分之几毫米的小孔挤出,产生较多静电,由于静电电场力的作用,使丝飘动、粘合、纠结等,妨碍工作。在粉体加工行业,生产过程中产生的静电除带来火灾爆炸危险外,还会降低生产效率,影响产品质量。例如,粉体筛分时,由于静电电场力的作用而吸附细微的粉末,使筛目变小,降低生产效率。在塑料和橡胶行业,由于制品和辊轴的摩擦及制品的挤压和拉伸,会产生较多静电,如果不能迅速消散会吸附大量灰尘。

11. 静电的作用

静电有危害,但也有许多积极作用,例如大家了解得最多的是静电复印(见图 7-25),现在得到广泛使用。静电除尘(见图 7-26),具有效率高的优点,现在很多空气净化器就是用静电能吸除空气中的很小的尘埃,使空气净化,静电在环境保护中能发挥

复印机是利用静电的吸附作用工作的

图 7-25 静电复印

燃煤时会产生大量煤灰,污染大气,在烟囱底部安装静电除尘器就可以把煤灰除掉

图 7-26 静电除尘

重要作用。在农业中,利用静电喷雾能大大提高效率和降低农药的使用,既经济又环境。静电处理的种子抗病能力强,减小病害发生,而且发芽率高,产量得到提高;

当油漆从喷枪中喷出时,喷嘴使油漆微粒带正电。它们相互排斥,扩散开来形成一大团漆云,被吸附在带负电的物体表面。这种静电喷漆的方法省漆而均匀

图 7-27 静电喷涂

静电放电产生的臭氧是强化剂,有很强的杀菌作用。经过静电处理的水,既能杀菌又不易起水垢。带有静电的驻极体膜还能治疗各种软组织损伤,它有活血化瘀、消炎消肿的作用。静电还可用于喷涂,用静电喷涂(见图7-27)轿车、家用电器如洗衣机、电冰箱的外壳非常均匀。总之,静电这个神秘的东西,虽然我们不能用肉眼看见又不能用手摸到,但是静电在我们的身边不断产生和消失,而在干燥的季节能产生很高电压的静电,它既给人类造成危害,又能人类所利用,为人类造福。

12. 静电放电的形式

由于带电体可能是固体、液体、粉体以及其他条件的不同,静电放电可能有多种形态,根据其特点,主要有以下三种。

(1)电晕放电 电晕放电是发生在极不均匀的电场中,空气被局部电离的一种放电形式。若要引发电晕放电,通常要求电极或带电体附近的电场较强。对于两极间的静电放电,只有当某一电极或

两个电极本身的尺寸比起极间距离小得多时才会出现电晕放电。

（2）静电火花放电　当静电电位比较高的带电导体或人体靠近其他导体、人体或接地导体，便会引发静电火花放电。静电火花放电是一个瞬间的过程，放电时两放电体之间的空气被击穿，形成"快如闪电"的火花通道，与此同时还伴随着噼啪的爆裂声，爆裂声是由火花通道内空气温度的急剧上升形成的气压冲击波造成的。

（3）刷形放电　这种放电往往发生在导体与带电绝缘体之间，带电绝缘体可以是固体、气体或低电导率的液体。产生刷形放电时形成的放电通道在导体一端集中在某一点上，而在绝缘体一端有较多分叉，分布在一定空间范围内。根据其放电通道的形状，这种放电被称为刷形放电。当绝缘体相对于导体的电位的极性不同时，其形成的刷形放电所释放的能量和在绝缘体上产生的放电区域及形状是不一样的。

13. 静电安全防护措施

静电危害的防止措施主要有减少静电的产生、设法导走或消散静电和防止静电放电等。其方法有接地法、中和法和防止人体带静电等。具体采用哪种方法，应结合生产工艺的特点和条件，加以综合考虑后选用。

（1）接地　接地是消除静电最简单最基本的方法，它可以迅速地导走静电。但要注意带静电物体的接地线，必须连接牢固，并有足够的机械强度，否则在松断部位可能会产生火化。

（2）静电中和　绝缘体上的静电不能用接地的方法来消除，但可以利用极性相反的电荷来中和，目前"中和静电"的方法是采用感应式消电器。消电器的作用原理是：当消电器的尖端接近带电体时，在尖端上能感应出极性与带电体上静电极性相反的电荷，并在尖端附近形成很强的电场，该电场使空气电离后产生正、负离子，在电场作用下，分别向带电体和消电器的接地尖端移动，由此促使静电中和。

（3）防止人体带静电　人在行走、穿、脱衣服或坐椅上起立时，都会产生静电，这也是一种危险的火花源，经试验，其能量足以引燃石油类蒸气。因此，在易燃的环境中，最好不要穿化纤类衣物，在放有危险性很大的炸药、氢气、乙炔等物质的场所，应穿用导电纤维制成的防静电工作服和导电橡胶做成的防静电鞋。

14. 电气防火防爆基本措施

根据场所特点电气防火防爆所采取的基本措施如下。

① 正确选用电气设备。具有爆炸危险场所应按规范选择防爆电气设备。

② 按规范选择合理的安装位置，保持必要的安全间距是防火防爆的一项重要措施。

③ 加强维护保养检修，保持电气设备正常运行：包括保持电气设备的电压、电流、温升等参数不超过允许值，保持电气设备足够的绝缘能力，保持电气连接良好等。

④ 通风：在爆炸危险场所，如有良好的通风装置，能降低爆炸性混合物的浓度。

⑤ 采用耐火设施对现场防火有很重要的作用。如为了提高耐火性能，木质开关箱内表面衬以白铁皮。

⑥ 接地：爆炸危险场所的接地（或接零），较一般场所要求高。必须按规定接地。

15. 引起火灾爆炸的原因

电气线路、电动机、油浸电力变压器、开关设备、电灯、电热设备等由于结构、运行特点不同，火灾和爆炸的危险性和原因也各不相同。但总的看来，除设备缺陷、安装不当等原因外，在运行中，电流的热量和电流的火花或电弧是引起火灾爆炸的直接原因。

(1) 电气设备过热　电气设备本身的温升是有规定的，这与绝缘材料允许耐受温度有关。当温度大大超过绝缘材料允许温升后，不仅会引起加速老化，还会引起绝缘材料燃烧。当电气设备正常运行遭破坏时，发热量增加，温度升高，在一定条件下引起火灾。

引起电气设备过热的原因如下。

① 短路：相线与零线之间或相线之间造成金属性接触即为短路。短路时温度急剧升高，引起绝缘材料燃烧而产生火灾。

② 过载：电气线路或设备所通过的电流值超过其允许的数值则为过载。过载可引起绝缘烧毁。

③ 接触不良：电器连接部分常用焊接或螺栓连接，一旦松动，

则连接部分接触电阻增加，接头过热，导致灾害。

④ 铁芯发热：铁芯绝缘损坏因发热量增大会产生高温。

⑤ 散热不良：电器散热措施受到破坏，会造成过热。

（2）电火花或电弧　电弧是大量电火花汇集成的。电弧温度可高达 6000℃。因此电火花或电弧不仅能引起绝缘物质燃烧，而且可以引起金属熔化、飞溅，构成火灾、爆炸的火源。

电火花可分为工作火花和事故火花。工作火花如开关或接触器触头分合时的火花。事故火花是电器或线路发生故障时产生的火花。如发生短路时产生的火花，绝缘损坏或保险丝熔断时出现的闪络等。事故火花还包括外来原因产生的火花，如雷电火花、静电火花、高频感应电火花等。

16. 电动机的防火防爆措施

电动机是将电能转变为机械能的电气设备。电动机易着火的部位是定子绕组、转子绕组和铁芯。引线接头处如接触不良、轴承过热，熔断器及配电装置也存在着火因素。电动机防火防爆要注意以下事项。

① 电动机过负荷运行，造成外壳过热，电流超过额定电流值时，要迅速查明原因。

② 电动机匝间或相间短路或接地。

③ 电动机接线处各接点接触不良或松动，引起绝缘损坏，造成短路，导致燃烧。

④ 三相电动机单相运行，危害极大，轻则烧毁电动机，重则引起火灾。

⑤ 机械摩擦。如轴承摩擦，轴承最高允许温度是：滑动轴承不超过 80℃，滚动轴承不超过 100℃，否则轴承就会磨损。轴承磨损后使转子、定子互相摩擦发生扫膛，摩擦部位温度可达 1000℃以上，而破坏定子和转子的绝缘，造成短路，产生火花电弧。

⑥ 电动机接地不良，外壳就会带电，所以机壳必须装有良好的接地保护。

17. 电气线路发生火灾爆炸的主要原因

电气线路往往是因短路、过载和接触电阻过大等原因产生电火花或引起电线电缆达到危险高温而发生火灾的。

电气线路发生火灾爆炸的主要原因有如下。

① 电气线路短路起火，短路瞬间放电发热相当大，能烧毁绝缘，使导线金属熔化，引起火灾。

② 电气线路过负荷，一般导线最高允许温度为 65℃，长时间过载导线温度就会超过这个允许温度，会加快导线绝缘老化、损坏，引起火灾。

③ 导线连接处接触电阻过大，导线接头处不牢固，接触不良，发生过热，甚至导致导线接头处熔化，引起火灾。

18. 电力变压器的防火防爆措施

电力变压器是电力系统中输配电力的主要设备。电力变压器主要是将电网的高压电降低为可以直接使用的 6000V 或 380V 电压，给用电设备供电。如变压器内部发生过载或短路，绝缘材料或绝缘油就会因高温或电火花作用而分解，膨胀以至气化，使变压器内部压力急剧增加，可能引起变压器外壳爆炸，大量绝缘油喷出燃烧，油流又会进一步扩大火灾危险。

运行中防火爆炸要注意以下事项。

① 不能过载运行：长期过载运行，会引起线圈发热，使绝缘逐渐老化，造成短路。

② 经常检验绝缘油质：油质应定期化验，不合格油应及时更换，或采取其他措施。

③ 防止变压器铁芯绝缘老化损坏，铁芯长期发热造成绝缘老化。

④ 防止因检修不慎破坏绝缘，如果发现擦破损伤，就及时处理。

⑤ 保证导线接触良好，接触不良产生局部过热。

⑥ 防止雷击，变压器会因击穿绝缘而烧毁。

⑦ 短路保护：变压器线圈或负载发生短路，如果保护系统失灵或保护定值过大，就可能烧毁变压器。为此要安装可靠的短路保护。

⑧ 保护良好的接地。

⑨ 通风和冷却：如果变压器线圈导线是 A 级绝缘，其绝缘体

以纸和棉纱为主。温度每升高 8℃ 其绝缘寿命要减少一半左右；变压器正常温度 90℃ 以下运行，寿命约 20 年；若温度升至 105℃，则寿命为 7 年。变压器运行，要保持良好的通风和冷却。

六、电气火灾消防基本操作

1. 发生电气火灾的原因

在火灾事故中，电气火灾所占比重较大，几乎所有的电气故障都可能导致电气火灾，特别是在可能存在着石油液化气、煤气、天然气、汽油、柴油、酒精、棉、麻、化纤织物、木材、塑料等易燃易爆物的场所；另外一些设备本身可能会产生易燃易爆物质，如设备的绝缘油在电弧作用下分解和汽化，喷出大量的油雾和可燃气体；酸性电池排出氢气并形成爆炸性混合物等。一旦这些环境遇到较高的温度和微小的电火花即有可能引起着火或爆炸。例如：短路时，短路电流为正常电流的几十甚至上百倍，可在短时间内使周边温度急剧升高，从而导致火灾；过载时，流经电路的电流将超过电路的安全载流量，电气设备长时间的工作在此状态下，由于设备、电路过热而引起火灾；此外漏电、照明及电热设备、开关动作、熔断器烧断，接触不良以及雷击、静电等，都可能引起高温、高热或者产生电弧、放电火花，从而导致火灾或爆炸事故。

2. 预防电气火灾的发生

为了防止电气火灾事故的发生，首先应当正确地选择、安装、使用和维护电气设备及电气线路，并按规定正确采用各种保护措施。所有电气设备均应与易燃易爆物保持足够的安全距离，有明火的设备及工作中可能产生高温高热的设备如喷灯、电热设备、照明设备等，使用后应立即关闭。其次，对于火灾及爆炸危险场所，即含有易燃易爆物、导电粉尘等容易引起火灾或爆炸的场所，应按要求使用防爆或隔爆型电气设备，禁止在易燃易爆场所使用非防爆型的电气设备，特别是携带式或移动式设备；对可能产生电弧或电火花的地方，必须设法隔离或杜绝电弧及电火花的产生。外壳表面温度较高的电气设备应尽量远离易燃易爆物，易燃易爆物附近不得使用电热器具，如必须使用时，应采取有效的隔热措施。爆炸危险场所的电气线路应符合防火防爆要求，保证足够的导线截面和接头的紧密接触，采用钢管敷设并采取密封措施，严禁采用明敷方式。爆炸危险场所的接地（或接零）应高于一般场所的要求，接地（零）线不得使用铝线，所有接地（零）应连接成连续的整体，以保证电流连续不中断，接地（零）连接点必须可靠并尽量远离危险场所。火灾及爆炸危险场所必须具有更加完善的防雷和防静电措施。此外，火灾及爆炸危险场所及与之相邻的场所，应用非可燃材料或耐火材料构筑。在爆炸危险场所，一般不应进行测量工作，也应避免带电作业，更换灯泡等工作也应在断电之后进行。

预防电气火灾，首先应了解和预防静电的产生。静电的产生比较复杂，大量的静电荷积聚，能够形成很高的电位。油在车船运输中，在管道输送中，会产生静电；传送带上，也会产生静电。这类静电现象在塑料、化纤、橡胶、印刷、纺织、造纸等生产行业是经常发生的，而这些行业发生火灾与爆炸的危险又往往很大。

静电的特点是静电电压很高，有时可高达数万伏；静电能量不大，发生人身静电电击时，触电电流往往瞬间被释放，一般不会有生命危险；绝缘体上的静电泄放很慢，静电带电体周围很容易发生静电感应和尖端放电现象，从而产生放电火花或电弧。静电最严重的危害就是可能引起火灾和爆炸事故。特别是在易燃易爆场所，很小的静电火花即可能带来严重的后果。因此，必须对静电的危害采取有效的防护措施。

对于可能引起事故危险的静电带电体，最有效的措施就是通过接地，将静电荷及时释放，从而消除静电的危害。通常防静电接地电阻不大于 100Ω。对带静电的绝缘体应采取用金属丝缠绕、屏蔽接地的方法；还可以采用静电中和器。对容易产生尖端放电的部位应采取静电屏蔽措施。对电容器、长距离线路及电力电缆等，在进行检修或试验工作前应先放电。静电带电体的防护接地应有多处，特别是两端，都应接地。因为当导体因静电感应而带电时，其两端都将积聚静电荷，一端接地只能消除部分危险，未接地端所带电荷不能释放，仍存在事故隐患。

凡用来加工、储存、运输各种易燃性液体、气体和粉尘性材料的设备，均须妥善接地。比如运输汽油的汽车，应带金属链条，链条一端和油槽底盘相连，另一端拖在地面上，装卸油之前，应先将油槽车与储油罐相连并接地。

3. 电气消防常识

当发生电气设备火警时，或邻近电气设备附近发生火灾时，应立即拨打119火警电话报警。扑救电气火灾时应注意触电危险，首先应立即切断电源，通知电力部门派人到现场指导扑救工作。灭火时，应注意运用正确的灭火知识，采取正确的方法灭火。

夜间断电救火应有临时照明措施。切断电源时应有选择，尽量局部断电，同时应该注意安全，防止触电，不得带负荷拉刀开关或隔离开关。火灾发生后，由于受潮或烟熏，使开关设备的绝缘能力降低，所以拉闸时最好使用绝缘工具。剪断导线时应使用带绝缘手柄的工具，并注意防止断落的导线伤人；不同相线应在不同部位剪断，以防造成短路；剪断空中电线时，剪断位置应选择在靠电源方向的支持物附近。带电灭火时，灭火人员应占据合理的位置，与带电部位保持安全距离。在救火过程中应同时注意防止发生触电事故或其他事故。用水枪带电灭火时，宜采用泄漏电流小的喷雾水枪，并将水枪喷嘴接地，灭火人员应戴绝缘手套、穿绝缘靴或穿均压服操作；喷嘴至带电体的距离应遵循以下规定：110kV及以下者不应小于3m，220kV以上者不应小于5m。使用不导电性的灭火剂灭火时，灭火器机体、喷嘴至带电体的距离应遵循以下规定：10kV不小于0.4m，35kV不小于0.6m。设备中如果充油，在救火时应该考虑油的安全排放，设法将油、火隔离；电机着火时，应防止轴和轴承由于冷热不均而变形，并不得使用干粉、沙子、泥土灭火，以防损伤设备的绝缘。

4. 干粉灭火器

干粉灭火器主要适用于扑救石油及其衍生产品、油漆、可燃气体和电气设备的初期火灾，但不可用于电机着火时的扑救。

使用干粉灭火器时先打开保险销，把喷口对准火源，另一手紧握导杆提环，将顶针压干粉即喷出。干粉灭火器的日常维护需要每年检查一次干粉是否结块，每半年检查一次压力。发现结块应立即更换，压力少于规定值时应及时充气、检修。干粉灭火器的结构及使用方法，如图7-28所示。

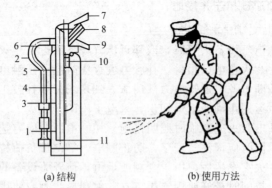

(a) 结构　　　　　　　　(b) 使用方法

图 7-28　干粉灭火器的结构及使用方法

1—进气管；2—出粉管；3—钢瓶；4—粉筒；5—喷管；6—钢盖；
7—后把；8—保险销；9—提把；10—钢字；11—防潮堵

5. 二氧化碳灭火器

　　二氧化碳灭火器主要适用于扑救额定电压低于 600V 的电气设备、仪器仪表、档案资料、油脂及酸类物质的初起火灾，但不适用于扑灭金属钾、钠、镁、铝的燃烧。

　　二氧化碳灭火器使用时，一手拿喷筒，喷口对准火源，一手握紧鸭舌，气体即可喷出。二氧化碳导电性差，当着火设备电压超过 600V 时必须先停电后灭火；二氧化碳怕高温，存放点温度不得超过 42℃。使用时不要用手摸金属导管，也不要把喷筒对着人，以防冻伤。喷射时应朝顺风方向进行。日常维护需要每月检查一次，重量减少 1/10 时，应充气。发现结块应立即更换，压力少于规定值时应及时充气。二氧化碳灭火器的结构及使用方法，如图 7-29 所示。

6. 1411 灭火器

　　1411 灭火器适用于扑救电气设备、仪表、电子仪器、油类、化工、化纤原料、精密机械设备、及文物、图书、档案等的初起火灾。

　　使用时，拔掉保险销，握紧把开关，由压杆使密封阀开启，在氮气压力作用下，灭火剂喷出，松开压把开关，喷射即停止。1411

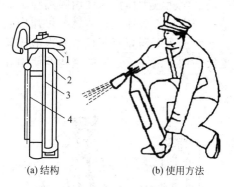

(a) 结构　　　　　　　　(b) 使用方法

图 7-29　二氧化碳灭火器的结构及使用方法
1—启闭阀门；2—钢瓶；3—虹吸管；4—喷筒

灭火器的日常维护需要每年检查一次重量。1411 灭火器的结构及使用方法，如图 7-30 所示。

(a) 结构　　　　　　　　(b) 使用方法

图 7-30　1411 灭火器的结构及使用方法
1—筒身；2—喷嘴；3—压把；4—安全销

7. 泡沫灭火器

泡沫灭火器适用于扑救油脂类、石油类产品及一般固体物质的初起火灾，但绝不可用于带电体的灭火。

使用时将筒身颠倒过来，使碳酸氢钠与硫酸两溶液混合并发生化学作用，产生的二氧化碳气体泡沫便由喷嘴喷出。使用时，必须注意不要将筒盖、筒底对着人体，以防意外爆炸伤人。泡沫灭火器只能立着放置。泡沫灭火器需要每年检查一次泡沫发生倍数，若低于4倍时，应更换药剂。泡沫灭火器的结构及使用方法，如图7-31所示。

(a) 结构   (b) 使用方法

图 7-31　泡沫灭火器的结构及使用方法

1—喷嘴；2—筒盖；3—螺母；4—瓶胆盖；5—瓶胆；6—筒身

第八章

电力电容器

一、电力电容器在电力系统中的作用

1. 电力电容器在电力系统中的作用

并联电容器又称作移相电容器，它在配电系统中承担改变电流相位的任务，而这种作用是无形的。在众多电力设备中，它是一种特殊的电路元器件，默默无闻，表面上看不到它在电力系统中的明显作为。它不能将电能转换其他形式的能量输出服务于生产和生活（例如电动机、照明灯具、变压器等、电热炉、中高频炉等），也没有对电路实现控制和保护的作用。但是，在具有自动投切的低压电容补偿开关柜中，它的投、切频率可以达到每班数十次甚至上百次的切换。它的任务，就是抵消由于用电设备中的感性负荷所产生出的大量无功功率。提高整个系统的功率因数 $\cos\phi$。

电力电容器的作用概括如下。

① 补偿由于感性元件造成的无功功率，使功率三角形的无功 Q 边减小，从而提高了功率因数。

② 在供电设备容量不变的情况下，无功的减少，提高了设备的利用效率。例如：变压器所带负载的能力，在减少了无功功率后得到不同程度的提高。供电设备的利用效率也得到改善。

③ 降低了自输电线路直至用户之间的各种损耗。其中主要是变压器和线路在无功交换时所造成的各种损耗。

④ 在减少了无功损耗之后，线路及各级变压器的压降损失也随之降低，供电电压质量得到有效提高。

提高功率因数最方便的方法：在感应负载的两端并联适当容量

的电容器，如图 8-1 所示。产生电容电流抵消电感电流，将不做功的无功电流减小到一定的范围以内。

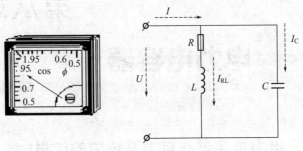

图 8-1　提高功率因数的方法

　　在交流电路中电阻、电感、电容元件中的电压、电流的相位特点为在纯电阻电路中，电流与电压同相位；在纯电容电路中电流超前电压 90°；在纯电感电路中电流滞后电压 90°。从供电角度，理想的负荷是 P 与 S 相等，功率因数 $\cos\phi$ 为 1。此时的供电设备的利用率为最高。而在实际上是不可能的，只有假设系统中的负荷，全部为电阻性才有这种可能。电路中的大多数用电负荷设备的性质都为电感性，这就造成系统总电流滞后电压，使得在功率因数三角形中，无功 Q 边加大，则功率因数降低。供电设备的效率下降。

　　功率三角形是一个直角三角形，用 $\cos\phi$（即角 ϕ 的余弦）来反映用电质量的高低，大量的感性负荷使得在电力系统中，从发电一直到用电的电力设备没有得到充分的应用，相当一部分电能，经发、输、变、配电系统与用户设备之间进行往返交换。

　　从另一个方面来认识无功功率，无功功率并非无用，它是感性设备建立磁场的必要条件，没有无功功率，变压器和电动机就无法正常工作。因此，设法解决减少无功才是正解。

　　实际应用中，电容电流与电感电流相位差为 180°，称作互为反相，可以利用这一互补特性，在配电系统中并联相应数量的电容器。用超前于电压的无功容性电流抵消滞后于电压的无功感性电流，使系统中的有功功率成分增加，$\cos\phi$ 得到提高，实现了无功电流在系统内部设备之间互相交换，这样就减少了无功占用的部分电源设备容量，从而提高了系统的功率因数，从而也就提高了电能的利用率。

  R-L-C 混联电路中的电压与电流的特点和变化规律如图 8-2 所示。电路的两个支路中，电阻和电感组成 RL 支路，它的电流相位由于电阻 R 与电感 L 的串联作用，显然与电压的相位存在着滞后，电阻的存在，使得这种滞后不再是 $90°$，在阻抗三角形中，它取决于电阻 R 与感抗 X_L 的比值。按平行四边形作法，可以根据其电阻和电感的数值得到阻抗三角形，并得到 ϕ_1 的角度。而在另一个支路中，电容 I_C 的电流相位则超前电压 $90°$。系统中的总电流不是以上两者的代数和，而是电容与电感和电阻电流的相量和。由此可见，在补偿电容投入后，由于电容电流抵消了一部分电感电流后，仍按平行四边形作法得到 ϕ_2 的角度。由此可见 ϕ_2 的角度比较 ϕ_1 变小，其余弦值 $\cos\phi$ 得到提高，无功功率减小，降低了系统的总电流。

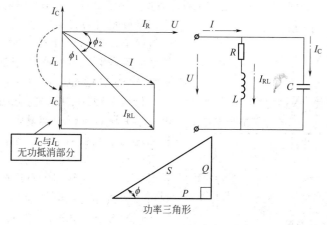

图 8-2　R-L-C 混联电路中的电压与电流变化规律

2. 补偿的基本原则

  （1）欠补偿：补偿的电容电流要求小于被抵消的电感电流。补偿后仍存在一定数量的感性无功电流。令 $\cos\phi$ 小于 1 但接近 1。

  （2）全补偿：按照感性实际负荷电流配置电容器，$I_C = I_L$，将感性电流用容性电流全部抵消掉，令 $\cos\phi$ 等于 1。

  （3）过补偿：大量投入电容器，在全部抵消掉电感电流后，还剩余一部分电容电流，此时原感性负荷转化为容性负荷性质。功率因数 $\cos\phi$ 仍然小于 1。

在以上的三种情况中，按电路规律进行分析后，确定补偿的基本原则是欠补偿最为合理。全补偿在 $R\text{-}L\text{-}C$ 混联电路中，如若电感电流与电容电流相等时，系统中就会发生电流谐振，设备中将产生几倍于额定值的冲击电流，危及系统和设备安全。

过补偿既不经济也不合理，当系统负载性质转换为容性时，在功率因数过 1 以后，反而降低。而且在过 1 同时也可能引起电路电流谐振。以上两种补偿方式显然都不可取。

补偿的基本原则就是必须采用欠补偿方式，补偿后的功率因数则要求小于 1；并且尽量接近 1。为了防止谐振，一般将上限确定在 0.95。

3. 低压电力网中电力电容器的补偿方式

（1）个别补偿　对电动机等大容量的感性设备，采用专用电容器，比较准确地计算出补偿容量，运行中与用电设备同步投入。补偿效果最好，但是电容器的利用率低，投资大。个别补偿如图 8-3 所示。

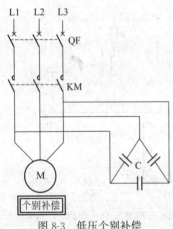

图 8-3　低压个别补偿

低压个别补偿中，将电动机与电容器并联，补偿电容量则按电动机的无功电流来确定，因此，这种方式的补偿效率最高。但经济效益相对比较低，接触器断电后电机绕组可以直接作为放电装置。

（2）分散补偿　变、配电室通过线路将电源送至车间总配电柜或用户侧总配电点，并在此设置电容补偿柜，对所有已运行的感性设备根据 $\cos\phi$ 的需要，动态进行补偿并自动调整。电容器的利用率相对高一些，补偿效益一般。分散补偿如图 8-4 所示。

（3）集中补偿　在变压器的主进柜旁，装设电容补偿开关柜，按照整个低压系统的感性负荷 $\cos\phi$ 的需要自动投入补偿电容。电容的利用率高，补偿效益较好，应用比较广泛。集中补偿如图 8-5

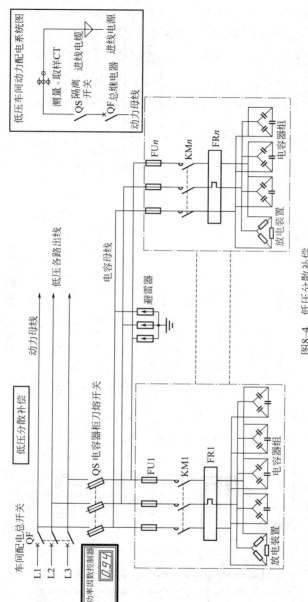

图8-4　低压分散补偿

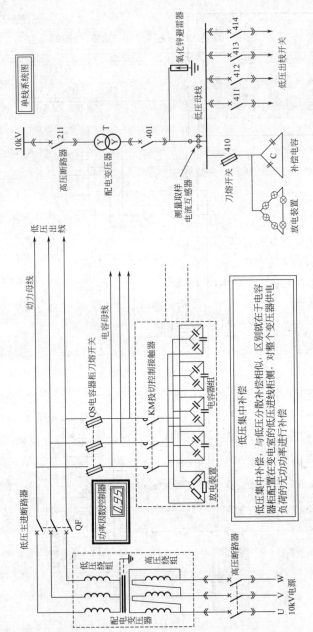

图8-5 低压集中补偿

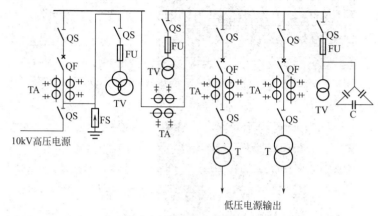

图 8-6　高压集中补偿

和图 8-6 所示。

　　在高压侧集中补偿、低压侧则采用分散补偿，相对补偿效果最佳，但投资较大。在 3～6kV 的高压侧使用电容补偿时，一般是在具有高压电动机的场合，大多都按个别补偿的方式。

　　补偿电容器的电容器柜如图 8-7 所示。

二、电力电容器的结构与主要参数

1. 低压并联电容的结构

　　任何平行导体之间若存在绝缘介质，在导体通电后就形成可以存储电荷的电容器，雷云之间、电力电缆等等都存在这种特性。电力电容器的结构就是将导电的两层铝箔中间夹垫一层绝缘材料的电容器纸，然后卷成卷再浸入液体绝缘的矿物油之中，引出电极并进行干燥处理后封入钢瓶。单相则直接引出电极，三相电容器内部多为三角形连接，并经瓷瓶引出接电源。电容器的固体绝缘介质是电容纸；液体绝缘介质是矿物油，导体多为铝箔。现在应用的干式电容器，其内部具有可自愈熔丝和放电电阻器。低压并联电容的结构如图 8-8 所示。

　　额定电压在 1kV 以下的称为低压电容器，1kV 以上的称为高

图 8-7 电容器柜

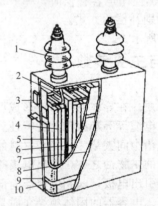

图 8-8 低压并联电容的结构

1—出线套管；2—出线连接片；3—连接片；
4—扁形元件；5—固定板；6—绝缘件；
7—包封件；8—连接夹板；
9—紧箍；10—外壳

压电容器。1kV 以下的电容器都做成三相、三角形连接线，内部元件并联，每个并联元件都有单独的熔丝；高压电容器一般都做成单相，内部元件并联。外壳用密封钢板焊接而成；芯子由电容元件串并联组成，电容元件用铝箔作电极，用复合绝缘薄膜绝缘。电容器内用绝缘油（矿物油或十二烷基苯等）作浸渍介质。

2. 并联电容器铭牌和主要技术数据

电力电容器的型号表示：

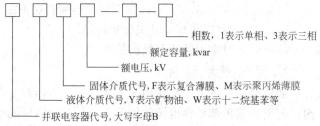

相数，1表示单相、3表示三相

额定容量，kvar

额定电压，kV

固体介质代号，F表示复合薄膜、M表示聚丙烯薄膜

液体介质代号，Y表示矿物油、W表示十二烷基苯等

并联电容器代号，大写字母B

电容器的额定电压多为 0.4kV 和 10.5kV，也有 0.23kV、0.525kV、6.3kV 产品。

例如：BW-0.4-12-3 表示并联；十二烷基苯；0.4kV；12kvar 3 相。

BWF-10.5-25-1W 表示并联；十二烷基苯；纸、薄膜复合介质 10.5kV；25kvar；单相；户外用 BSMJ-0.4-12-3、BW-0.23-12-1。

3. 电容器安装

环境温度±40℃；相对湿度80%；海拔1000m以下；无腐蚀性气体及尘埃场合；无易燃、易爆及剧烈震动冲击场所；电容器室最好为单独的建筑物，耐火等级不低于2级；通风良好，加装百叶窗和铁丝网以防小动物入内；电容器室的门应能双向开启180°。

① 分层安装，不超过三层，电容母线距上层构架垂直距离不小于 20cm，下层电容器距地不小于 30cm。

② 电容器构架间距不小于 50cm，电容器间距不小于 5cm，电容器柜的通道不小于 1.5m，铭牌应面向通道。

③ 外壳与构架可靠接地，各连接点接触良好。

④ 电容器分组接线，每组不超过 4 台。

⑤ 具有合格的放电装置。

⑥ 具有温度监测环节（试温蜡片或温度计）。

⑦ 配置可靠的短路、过载保护装置。

⑧ 低压电容器 100kvar 以上安装带过流脱扣的自动空气断路器。

⑨ 30kvar 及以上每相应装电流表，60kvar 及以上应安装电压表。

⑩ 总油量在 300kvar 以上的高压电容器应设专用电容室。

⑪ 高压电容器 100kvar 以下可以用跌开式熔断器保护。

⑫ 100～300kvar 可以用负荷开关保护控制。

⑬ 300kvar 以上时则用断路器保护控制。

4. 电容器的放电装置

电容器的放电装置具有两个作用，一是防止电容器在带电荷情况下合闸，若电容器内部残存电荷的情况下，再次合闸可能会造成电容器在瞬间承受 $\sqrt{2}$ 倍电压的冲击。再一是避免检修人员发生剩余电荷的触电事故。因此要求电容器必须具有合格的放电装置。其标准为切断电容器电源后 30s，电容器的残存电压应保证在 65V 以下，每千乏放电电阻的功率不大于 1W。检修操作时，按规程要求，执行停电、验电（隔离电器的电源与负荷侧）、静置 3min 后再补充人工放电的安全措施，确无电压后才能进行检修操作。

电容的放电装置多采用白炽灯六只两两串联后再接成三角形并联接入电容器电路，要求放电装置与电容器之间无开关和熔断器。现在应用的干式电容器，由于其内部设置的放电电阻，就无需再接放电灯，低压个别补偿时，补偿对象都为电动机，因此可以利用电机绕组直接作为放电装置，而在高压补偿中，通常将电容器与电压互感器相连，利用电压互感器兼作放电装置。

5. 电容器投入或退出

电容器的运行规定如下。

（1）正常运行时的操作顺序　在正常情况下，配电系统全站停电时，应先拉开电容器柜的开关，然后再拉开出线负荷开关，最后拉开电源进线开关。

送电时应先合上电源进线开关；再合上出线负荷开关，最后合上电容柜的开关。此时功率因数控制器将自动控制电容器的投入/退出（通常功率因数控制器的投/切的设定值：$\cos\phi$ 在 $0.9\sim0.95$ 之间）；手动操作时在运行中 $\cos\phi$ 若低于 0.9 则投入电容器，若高于 0.95 时则退出电容器。

（2）异常时的退出　运行中有下列之一情况时需将电容器退出：

① 电压超过额定值的 1.1 倍时；

② 电流超过额定值的 1.3 倍时；

③ 室温超过 40℃时；

④ 电容器壳温超过 60℃时。

（3）紧急情况下的退出

① 电容器爆炸；

② 电容器喷油起火；

③ 瓷套管严重闪络放电；

④ 接点严重过热或已经熔化；

⑤ 电容器内部严重异常声响；

⑥ 电容器外壳变形。

第九章

电气线路

一、架空线路

1. 架空线路的结构

架空线路由导线、电杆、横担、绝缘子、线路金具（包括避雷线）等组成，其结构如图 9-1 所示。有的电杆上还装有拉线或扳桩，用来平衡电杆各方向的拉力，增强电杆稳定性；也有的架空线路上架设避雷线来防止雷击。

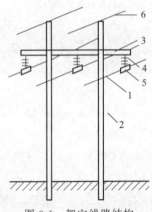

图 9-1　架空线路结构
1—导线；2—杆塔；3—横担；
4—绝缘子；5—金具；
6—避雷线

2. 架空导线

架空线路导线是传送电能的导体元件，运行中还将承受各种热效应和机械应力，所以对导线有如下要求：导电能力强、机械强度大、抗腐蚀、重量轻、价格便宜。农村配电线路一般采用裸铝绞线，居民密集的城镇低压配电线路宜采用绝缘导线。架空导线应采用符合国家技术标准的产品，禁止使用单股铝线、拆股线和铁线。导线按结构分为单股线和多股绞线，按材质分为铝（L）、钢（G）、铜（T）、铝合金（HL）等类型。导线截面积 10mm^2 以上的导线都是多股绞合的，称为多股绞线。由于多股绞线耐机械强度较高，供电可靠性好，故架空导线多采用多股绞线。

（1）架空导线截面的选择 架空线路所用导线的正确选择直接关系到线路的安全经济运行和供电质量，同时直接影响到线路投资。更重要的是供电安全，导线截面选择要满足以下基本要求：

① 按导线通入电流发热条件选择导线；

② 按电压损失进行核算导线截面；

③ 按机械强度确定导线允许最小截面。

（2）导线的绑扎与固定

① 绝缘子顶绑 直线杆一般情况下都采用顶绑法绑扎，如图 9-2 所示。

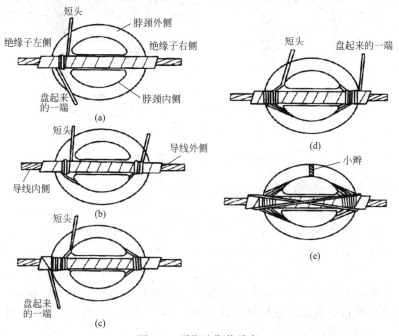

图 9-2 顶绑法绑扎示意

② 绝缘子的侧绑 侧绑法适用于转角杆，此时导线应放在绝缘子脖颈外侧，如图 9-3 所示。

③ 绝缘子终端绑扎 终端绑扎适用于蝶式绝缘子（茶台），如图 9-4 所示。

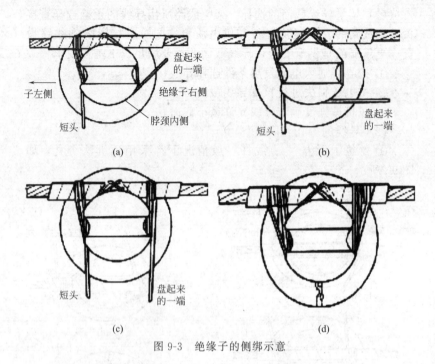

图 9-3 绝缘子的侧绑示意

3. 架空线路的塔杆

架空线路的塔杆，用以支撑导线及其附件，有钢筋混凝土杆、木杆和铁塔之分。按其功能，杆塔分为直线杆塔、耐张杆塔、跨越杆塔、转角杆塔、分支杆塔和终端杆塔等。

（1）直线杆 又称中间杆或过线杆。用在线路的直线部分，主要承受导线重量和侧面风力，故杆顶结构较简单，一般不装拉线。直线杆占线路全部电杆数量的 70%～80%左右，如图 9-5 所示。固定导线用针式绝缘子。

（2）耐张杆 也称张力杆，如图 9-6 所示。位于直线段之间承受两侧导线的拉力，为限制倒杆或断线的事故范围，需把线路的直线部分划分为若干耐张段，在耐张段的两侧安装耐张杆。耐张杆除承受导线重量和侧面风力外，还要承受邻档导线拉力差所引起的沿线路方面的拉力。为平衡此拉力，通常在其前后方各装一根拉线。

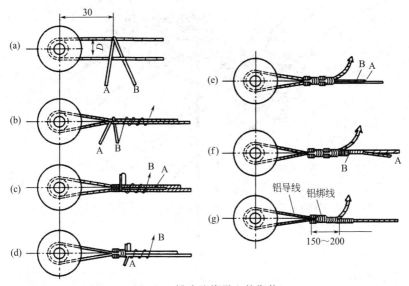

图 9-4 蝶式绝缘子上的绑扎

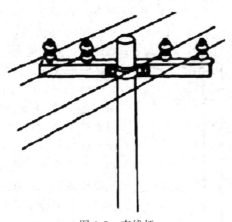

图 9-5 直线杆

（3）转角杆 用在线路改变方向的地方。转角杆的结构随线路转角不同而不同：转角在 15°以内时，可仍用原横担承担转角合力；转角在 15°～30°时，可用两根横担，在转角合力的反方向装一

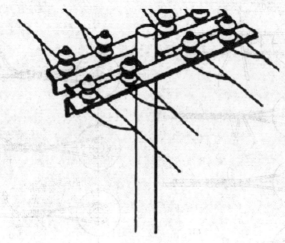

图 9-6　耐张杆

根拉线；转角在 30°～45°时，除用双横担外，两侧导线应用跳线连

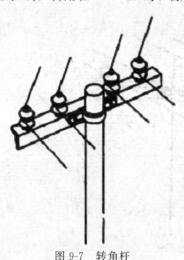

图 9-7　转角杆

接，在导线拉力反方向各装一根拉线；转角在 45°～90°时，用两对横担构成双层，两侧导线用跳线连接，同时在导线拉力反方向各装一根拉线。如图 9-7 所示。

（4）分支杆　设在分支线路连接处，在分支杆上应装拉线，用来平衡分支线拉力。分支杆结构可分为丁字分支和十字分支两种：丁字分支是在横担下方增设一层双横担，以耐张方式引出分支线；十字分支是在原横担下方设两根互成 90°的横担，然后引出分支线。如图 9-8 所示。

（5）终端杆　设在线路的起点和终点处，承受导线的单方向拉力，为平衡此拉力，需在导线的反方向装拉线。如图 9-9 所示。

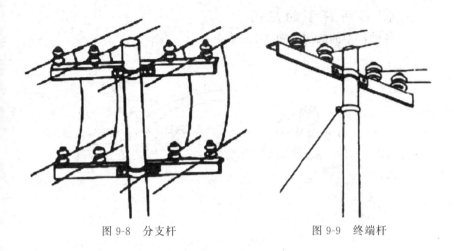

图 9-8　分支杆　　　　　　　　　　图 9-9　终端杆

（6）跨越杆　是高大、加强的耐张型杆塔，用于线路跨越铁路、公路、河流等处。如图 9-10 所示。

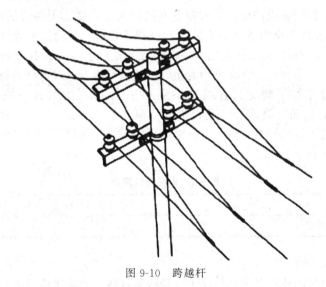

图 9-10　跨越杆

除此之外，在特殊情况下还有换位杆（导线各相的位置进行调换）等。

4. 各种杆型的应用

各种杆型的应用如图 9-11 所示。

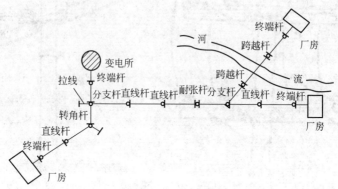

图 9-11　各种杆型的应用

5. 电杆的埋设深度

电杆的埋设深度，应根据电杆的材料、高度、土壤情况而定。10kV 及以下电力线路一般采用 15m 以下电杆，埋设深度为杆长的 1/10+0.7m，使电杆在正常情况应能承受风、冰等荷载而稳定不致倒杆。为使电杆在运行中有足够的抗倾覆裕度，对电杆的稳定安全系数有如下规定：直线杆不应小于 1.5m；耐张杆不应小于 1.8m，转角、终端杆、变台电杆不应小于 2.0m。土质松软、流沙、地下水位较高地带，电杆基础还应做加固处理。一般电杆埋设深度见表 9-1。

表 9-1　电杆埋设深度

杆长/m	8.0	9.0	10.0	11.0	12.0	13.0	15.0
埋设深度/m	1.5	1.6	1.7	1.8	1.9	2.0	2.3

6. 横担

横担的作用是支持绝缘子、导线等设备，并使线路导线间保持有一定距离，所以横担必须要有一定的长度和机械强度。

配电线路目前使用的主要是铁横担和瓷横担。铁横担由角钢制成，瓷横担是一种实心陶瓷构件，起绝缘子和横担的双重作用；能节约钢材并提高线路的绝缘水平，但机械强度较低，一般用于较小截面积导线的架空线路。10kV 线路多采用 63mm×6mm 的角钢，380V 线路多采用 50mm×5mm 的角钢。铁横担的机械强度较高，应用比较广泛。横担用以支持绝缘子、导线，并维持导线间的一定距离。导线间最小距离按档距大小确定，见表 9-2。

表 9-2　低压架空线路导线间最小水平距离

档距/m	40	50	60	70	80
导线间距/mm	300	400	450	500	500

横担材料多为角钢，低压 1kV 以下配电线路多采用 50mm×50mm×5mm；当导线截面为 50mm^2 及以上亦采用 65mm×65mm×6mm。横担长度见表 9-3。

表 9-3　低压架空线路横担长度选择

横担架线数	二线	四线	六线
横担长度/mm	700	1500	2300

7. 架空线路的绝缘子

绝缘子是一种隔电产品，一般是用电工陶瓷制成的，又叫瓷瓶。另外还有钢化玻璃制作玻璃绝缘子和用硅橡胶制作的合成绝缘子。

绝缘子的用途是使导线之间以及导线和大地之间绝缘，保证线路具有可靠的电气绝缘强度，并用来固定导线，承受导线的垂直荷重和水平荷重。换句话说，绝缘子既要能满足电气性能的要求，又要能满足机械强度的要求。常用针式绝缘子、蝶式绝缘子、悬式绝缘子、陶瓷横担绝缘子、拉紧绝缘子等。如图 9-12 所示。

8. 线路金具

用于连接、固定导线或固定绝缘子、横担等的金属部件。常用的金具如图 9-13 所示，有安装针式绝缘子的直、弯角，安装蝶式绝缘子的穿心螺钉，固定横担的 U 形抱箍，调节拉线松紧的花篮螺钉等。

针式绝缘子

悬式绝缘子

复合横担绝缘子

拉紧绝缘子

图 9-12　绝缘子

（1）横担　低压横担用 65mm×65mm×6mm 的角钢制作。二线、四线和五线横担的长度分别为 850mm、1400mm 和 1800mm。

（2）固定金具　主要指用于固定横担、绝缘子的金属件，如横担支撑、抱箍、垫铁、拉板等。一些固定金具如图 9-14 所示。

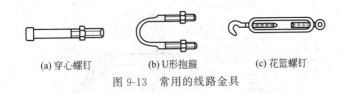

(a) 穿心螺钉   (b) U形抱箍   (c) 花篮螺钉

图 9-13   常用的线路金具

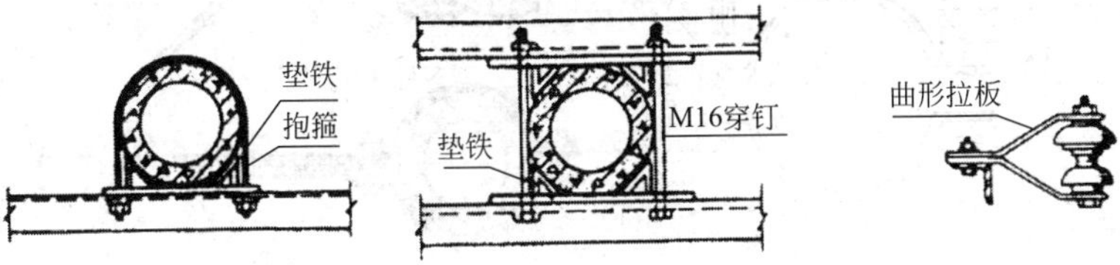

垫铁
抱箍

垫铁

M16穿钉

曲形拉板

(a) 用于固定横担的金具   (b) 固定绝缘子的金具

图 9-14   固定金具

（3）拉线金具   拉线金具是用于拉线的连接和安装的金属制件，包括镀锌钢绞线、拉线棒、楔形线夹、UT 形线夹、钢线卡子、拉线环等。拉线金具如图 9-15 所示，拉线连接金具如图 9-16 所示。

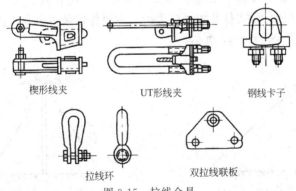

楔形线夹   UT形线夹   钢线卡子

拉线环   双拉线联板

图 9-15   拉线金具

9. 拉线的种类

拉线的作用是使拉线产生的力矩平衡杆塔承受的不平衡力矩，增加杆塔的稳定性。凡承受固定性不平衡荷载比较显著的电杆，如

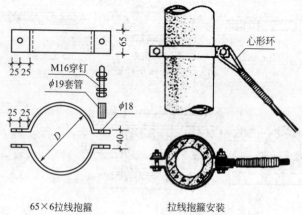

心形环

25 25

65

M16穿钉

φ19套管

φ18

25 25

D

40

65×6拉线抱箍　　　　拉线抱箍安装

图 9-16　拉线连接金具

终端杆、角度杆、跨越杆等均应装设拉线。为了避免线路受强大风力荷载的破坏，或在土质松软的地区为了增加电杆的稳定性，也应装设拉线。架空配电线路中，根据拉线的用途和作用的不同，一般拉线有以下几种。

（1）普通拉线　普通拉线就是常见的一般拉线，应用在终端杆、角度杆、分支杆及耐张杆等处，主要作用是用来平衡固定性不平衡荷载，如图 9-17 所示。

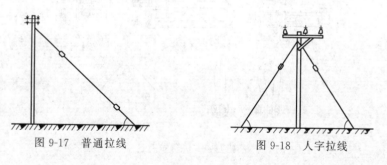

图 9-17　普通拉线　　　　　　图 9-18　人字拉线

（2）人字拉线　人字拉线，是由两普通拉线组成，装在线路垂直方向电杆的两侧，用于直线杆防风时，垂直于线路方向；用于耐张杆时顺线路方向。线路直线耐张段较长时，一般每隔 7～10 个基电杆做一个人字拉线。如图 9-18 所示。

（3）水平拉线　水平拉线又称为高桩拉线，在不能直接作普通拉线的地方，如跨越道路等地方，则可作水平拉线。高桩拉线是通过高桩将拉线升高一定高度不会妨碍车辆的通行。如图 9-19 所示。

（4）弓形拉线　弓形拉线又称自身拉线，在地形或周围自然环境的限制不能安装普通拉线时，一般可安装弓形拉线，如图 9-20 所示。弓形拉线的效果会有一定折扣，必要时可采用撑杆，撑杆可以看成是特殊形式的拉线。

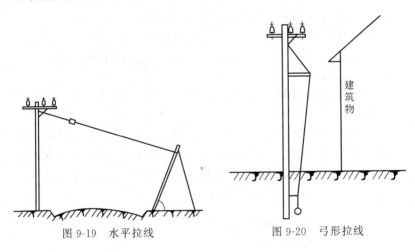

图 9-19　水平拉线　　　　　图 9-20　弓形拉线

（5）Y 形拉线
Y 形拉线主要应用在电杆较高、多层横担的电杆，Y 形拉线不仅防止电杆倾覆，而且可防止电杆承受过大的弯矩，装设时可以在不平衡作用力合成点上下两处安装 Y 形拉线，如图 9-21 所示。

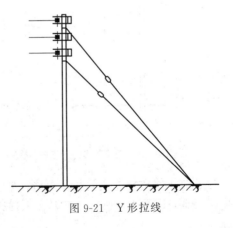

图 9-21　Y 形拉线

10. 架空线路的敷设原则

（1）在施工和竣工验收中必须遵循有关的规程，保证施工质量和线路的安全。

（2）合理选择路径，要求路径短、转角少、交通运输方便，与建筑物应保持一定的安全距离。

（3）按相关规程要求，必须保证架空线路与大地及其他设施在安全距离范围以内。

（4）电杆尺寸应符合下列要求。

① 不同电压等级的线路，档距不同。

架空线路的档距是指同一线路中相邻两电杆之间的水平距离。一般 380V 的线路档距应保持 50～60m，6～10kV 的线路档距应控制在 80～120m。

② 同杆导线的线距，380V 线路的线距约为 0.3～0.5m，10kV 线路的线距约为 0.6～1m。

③ 弧垂要根据档距、导线型号与截面积、导线所承受的拉力以及气温条件等决定。导线的弧垂是指导线的最低点与档距两端电杆上的导线悬挂点之间的垂直距离，如图 9-22 所示。弧垂过大易碰线，过小则易造成断线或倒杆。

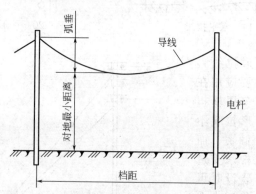

图 9-22　架空线路的档距、弧垂和对地最小距离

为了防止架空导线之间相碰短路，架空线路一般要满足最小线间距离要求，如表 9-4 所示，同时上下横担之间也要满足最小垂直

距离要求，如表 9-5 所示。

表 9-4　架空电力线路最小线间距离　　　　　m

线路电压 ＼ 档距	<40	40~50	50~60	60~70	70~80
3~10kV	0.6	0.65	0.7	0.75	0.85
≤1kV	0.3	0.4	0.45	0.5	—

表 9-5　横担间最小垂直距离　　　　　m

导线排列方式	直线杆	分支或转角杆
高压与高压	0.8	0.6
高压与低压	1.2	1
低压与低压	0.6	0.3

11. 架空线路的施工

（1）导线的排列方式　架空配电线路一般采用三角形排列或水平排列，大多采用三角形排列；低压架空线路一般采用水平排列；多回路导线可采用三角形排列、水平排列或垂直排列。如图 9-23 所示。

单回线路一般采用三角形或水平排列，三角形排列较为经济。垂直排列方式的可靠性较差，特别是重冰区，当下层导线在冰层突

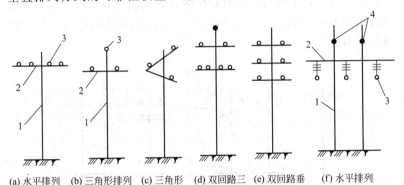

(a) 水平排列　(b) 三角形排列　(c) 三角形　　(d) 双回路三　(e) 双回路垂　(f) 水平排列
　　　　　　　　　　　　　　　排列　　　　角形排列　　直排列

图 9-23　导线在电杆上的排列方式（一）
1—电杆；2—横担；3—导线；4—避雷线

然脱落时，易发生上下跳跃，会发生相间闪络。水平排列电杆结构比垂直排列复杂，投资成本增加。

（2）导线在电杆上按相序排列的原则

① 高压电力线路，面向负荷从左侧起依次为 L1、L2、L3。

② 低压电力线路，在同一横担架设时，导线的相序排列，面向负荷从左侧起依次为 L1、N、L2、L3。

③ 有保护零线在同一横担架设时，导线的相序排列，面向负荷从左侧起依次为 L1、N、L2、L3、PE。

④ 动力线、照明线在两个横担上分别架设时，动力线在上，照明线在下。

上层横担：面向负荷，从左侧起依次为 L1、L2、L3。

下层横担：面向负荷，从左侧起依次为 L1、(L2、L3)N、PE。

12. 架空线路的敷设要求

敷设架空线路，要严格遵守有关技术规程的规定。在施工过程中，要特别注意安全，防止发生事故。

导线在电杆上的排列方式，如图 9-24 所示。有水平排列［图 9-24（a）、（f）］三角形排列［图 9-24（b）、（c）］，三角、水平混合排列［图 9-24（d）］和双回路垂直排列［图 9-24（e）］等。电压不同的线路同杆架设时，电压较高的线路应在上面。架空线路的排列相序应符合下列规定：对高压线路，面向负荷从左侧起，导线排列相序为 A、B、C；对低压线路，面向负荷从左侧起，导线排列相序为 A、N、B、C。

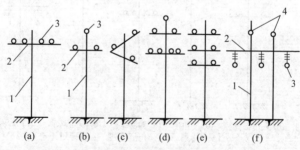

图 9-24　导线在电杆上的排列方式（二）

1—电杆；2—横担；3—导线；4—避雷线

13. 低压接户线及低压进户线的概念及各自要求

从架空配电线路的电杆至用户户外第一个支持点之间的一段导线称为接户线。从用户户外第一个支持点至用户户内第一个支持点之间的导线称为进户线。常用的低压线进户方式如图 9-25 所示。接户线和进户线应采用绝缘良好的铜芯或铝芯导线，不应用软线，并且不应有接头。

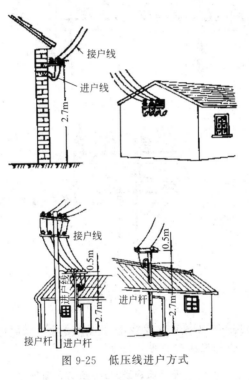

图 9-25　低压线进户方式

（1）接户线　接户线的档距不宜超过 25m。超过 25m 时，应在档距中间加装辅助电杆。接户线的对地距离一般不小于 2.7m，以保证安全。

接户线应从接户杆上引线，不得从档距中间悬空连接，接户杆杆顶的安装形式如图 9-26 所示。

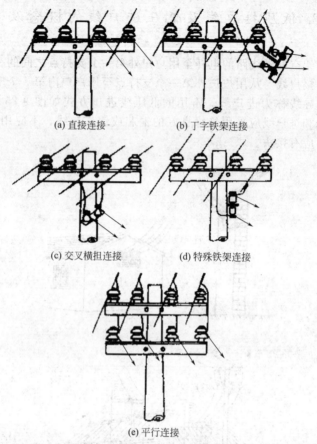

(a) 直接连接

(b) 丁字铁架连接

(c) 交叉横担连接

(d) 特殊铁架连接

(e) 平行连接

图 9-26　接户杆杆顶安装形式

接户线的截面积应根据导线的允许载流量和机构强度进行选择，低压接户线的最小允许截面积见表 9-6。

表 9-6　低压接户线的最小允许截面积

接户线架 设方式	档距/m	线间距离 /mm	铜导线截面积 /mm²	铝导线截面积 /mm²
从低压电杆引下	≤10	≥150	≥4	≥6
	10~25	≥150	≥6	≥10
沿墙敷设	≤6	≥100	≥4	≥6

接户线对道路、建筑物和树木应保持一定的距离，其最小距离见表 9-7。

表 9-7　接户线对道路、建筑物和树木的最小距离

类别	最小距离/m	类别	最小距离/m
到汽车道，大车道中心的垂直距离	5	在窗户或阳台以下	0.8
到不通车小道中心的垂直距离	3	到窗户或阳台的水平距离	0.75
到屋顶的垂直距离	2.5	到墙壁或构架的距离	0.05
在窗户以上	0.3	和树木的距离	0.6

接户线绝缘子与进线支架的选择见表 9-8。在雷电活动较多的地区，应将接户线绝缘子的铁脚接地，接地电阻应不大于 30Ω。

表 9-8　接户线绝缘子与支架的选择

接户线截面积	绝缘子种类	支架材料尺寸/mm	
		钢质	木质
16mm² 以下	针式绝缘子	50×50×5	50×50
16mm² 及以上	蝶形绝缘子	50×50×5	60×60

（2）进户线　进户线一部分在室外，一部分在室内，因此不允许使用裸导线。

进户线的长度超过 1m 时，应用绝缘子在导线中间加以固定。进户线穿墙时，应套上瓷管、钢管、硬塑料管或竹管等保护套管。套管露出墙壁部分应不小于 10mm，在户外的一段应稍低，并做成方向朝下的防水弯头。

为防止雨水沿进户线流进室内，在穿墙前将进户线向下弯一弯（称为防水弯），雨水沿导线流到防水弯处，滴到地上，就不会流到户内去了。当防水弯对地距离小于 2m 时，还应加装绝缘套管。

为了防止进户线在套管内绝缘破坏而造成相间短路，每根进户线外部应套上软塑料管，并在进户线防水弯处最低点剪一圆孔，以防存水。

进户线的选择原则同接户线。铜芯绝缘线的最小截面积不宜小于 4mm²。

二、电缆线路

1. 电力电缆的分类

（1）按电压等级分类　电缆都是按一定电压等级制造的，国内常用电压等级有 1kV、3kV、6kV、10kV、20kV、35kV、60kV、110kV、220kV、330kV、500kV。

一般将电压等级 1kV 及以下的称为低压电力电缆、3～35kV 称为中压电力电缆、60～330kV 称为高压电力电缆。如图 9-27 所示。

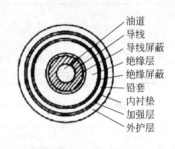

油道
导线
导线屏蔽
绝缘层
绝缘屏蔽
铅套
内衬垫
加强层
外护层

导线
导线屏蔽
绝缘层
绝缘屏蔽
半圆型滑丝
钢管
防腐层

图 9-27　高压电力电缆

（2）按导电线芯标称截面分类　目前国内电缆常用线芯标称截面系列为 2.5、4、6、10、16、25、35、50、70、95、120、150、184、240、300、400、500、625、800 共 19 种。

高压充油电缆标称截面系列为：100、240、600、700、845 共 5 种。

（3）按导电芯数分类　电力电缆常用芯数有单芯、二芯、三芯、四芯、五芯。

单芯电缆常用来传送单相交流电、直流电及其他一些有特殊要求的地方（如高压电机引出线、大截面电缆等）。

二芯电缆多用于传送单相交流电与直流电。

三芯电缆主要用于三相交流电网中，在 35kV 及以下各种电缆线路中得到广泛的应用。

四芯电缆多用于低压配电线路、中性点接地的三相四线制系统。

五芯电缆用于三相五线制的低压配电系统中，三条主线芯分别接三相线，第四芯接工作零线（N），第五芯接保护接地线（PE）。

2. 按绝缘结构分类

（1）油浸纸绝缘电缆　怕水，需金属防水层，除 500kV 及以上超高压充油电缆外，基本被交联电缆所取代。

（2）橡胶绝缘电缆　乙丙橡胶电缆最高使用电压已达 150kV。如图 9-28 所示。

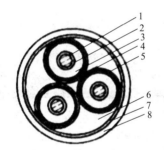

图 9-28　橡胶绝缘电缆

1—导线；2—线芯屏蔽层；3—橡胶绝缘层；4—半导电屏蔽层；
5—铜带屏蔽层；6—填料；7—橡胶布带；8—聚氯乙烯外护套

（3）聚乙烯绝缘电缆　熔融温度低（70℃），最高工作电压达 500kV。如图 9-29 所示。

（4）聚氯乙烯绝缘电缆　介损大，含氯，运行温度低，一般只用于 6kV 及以下电压等级，将被淘汰。如图 9-30 所示。

（5）交联聚乙烯电缆　通过化学或物理方法将聚乙烯分子链间相互交联。最高运行温度可达 90℃，短路时导电线芯允许的最高温度可达 250℃。极大地提高了电缆的安全载流量和短路容量。其最高工作电压 500kV。

分割导体
导电布带
导体屏蔽
绝缘
绝缘屏蔽
缓冲带
金属护套
防腐层
外护套
半导电层

图 9-29　聚乙烯绝缘电缆

聚氯乙烯绝缘

铝箔麦拉

聚氯乙烯护套　　镀锡铜线编织屏蔽　　铜芯导体

图 9-30　聚氯乙烯绝缘电缆

从 1kV 到 220kV 的各种电力电缆中，交联聚乙烯（XLPE）是当前应用最广的一种绝缘材料，几乎完全取代了纸绝缘。

3. 电缆的结构

电缆是一种特殊的导线，由线芯、绝缘层、铅包（或铝包）和保护层几个部分构成。

线芯导体一般由多股铜线或铝线绞合而成，便于弯曲同时又具有很好的导电性，线芯多采用扇形，以便减小电缆的外径。绝缘层要能将线芯导体间或线芯与大地之间良好地绝缘。保护层又分内保护层和外保护层，内保护层用来直接保护绝缘层，而外保护层用来承受在运输和敷设时的机械力，防止内保护层遭受机械损伤和外部潮气腐蚀，外保护层通常为钢丝或钢带构成的钢缆，外覆沥青、麻被或塑料护套。电缆的剖面示意如图 9-31 所示。

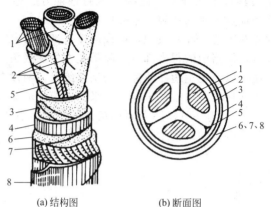

(a) 结构图   (b) 断面图

图 9-31　电力电缆结构示意

1—线芯；2—线芯绝缘层；3—统包绝缘层；4—密封护套；

5—填充物；6—纸带；7—钢带内衬；8—钢带铠装

电缆中必须包含全部工作线芯和用作保护零线或保护线的线芯。需要三相四线制配电的电缆线路必须采用五芯电缆。五芯电缆必须包含淡蓝、绿/黄两种颜色绝缘线芯。淡蓝色线芯必须用作 N 线；绿/黄双色线芯必须用作 PE 线，严禁混用。如图 9-32 所示。

电缆线芯绝缘颜色   电缆线芯绝缘不符合
规范要求(错误)

图 9-32　电缆线芯的颜色

4. 电缆接头

电缆接头包括电缆中间的接头和电缆的终端头。

电缆终端头分户外型和户内型两种。户内型电缆终端头型式较多，常用的是铁皮漏斗型、塑料干封型和环氧树脂终端头。其中环氧树脂终端头具有工艺简单、绝缘和密封性能好、体积小、重量轻、成本低等优点，目前在施工中被广泛采用。

从工程实践中总结经验发现，电缆的接头是电力电缆线路中最为薄弱的环节，线路中的很多部分故障都是发生在接头处，因而应给予特别关注，以免发生短路故障。为确保绝缘，两段电缆的连接处应采用电缆连接盒。电缆的末端也应采用电缆终端盒与电气设备连接。图 9-33 所示为环氧树脂中间连接盒的结构示意；图 9-34 所示为环氧树脂终端盒的结构示意。

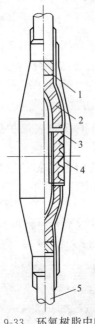

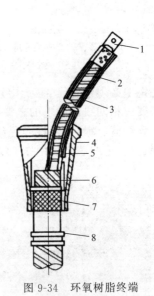

图 9-33　环氧树脂中间
连接盒的结构示意

1—统包绝缘层；2—缆芯绝缘；3—扎锁管（管内两线芯对接）；4—扎锁管涂包层；5—铅包

图 9-34　环氧树脂终端
盒的结构示意

1—引线接卡；2—缆芯绝缘；3—电缆线芯（外包绝缘层）；4—预制环氧化壳（可代以铁皮模具）；5—环氧化树脂胶（现场浇注）；6—统包绝缘；7—铅包；8—接地线卡

5. 电缆线路的敷设方式

（1）直接埋地敷设　直接埋地敷设方式通常是沿敷设路径事先挖好壕沟，在沟底辅以软土或沙层，然后把电缆埋在里面，在电缆上面再铺软土或沙层，加盖混凝土保护板，再回填土。这种方式施工简单且施工进度快，散热效果好、投资少，但后期检修维护不方便，易受机械损伤或酸性土壤的腐蚀。为防止某一段电缆受到机械损伤或土壤中酸性物质的腐蚀，常用的做法是在电缆外套一根镀锌钢管或塑料管。直接埋地敷设方式适用于电缆数量少、敷设途径较长的场合。如图 9-35 所示。

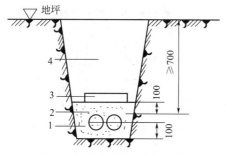

图 9-35　电缆直接埋地敷设
1—电力电缆；2—砂；3—保护盖板；4—填土

（2）电缆沟敷设　电缆沟敷设是将电缆敷设在电缆沟的电缆支架上。电缆沟由砖砌成或混凝土浇注而成，上面加盖板，内侧有电缆架。此种敷设方式投资略高，电缆沟内易产生积水，但维护检修方便，占地面积小，因此在工程实践中采用比较广泛。如图 9-36 所示。

（3）电缆悬挂（吊）式敷设　电缆悬挂（吊）式敷设是用挂架悬吊，是电力电缆在室内外明敷设中以及在地下室、地下管道敷设中的常用方式之一。有架空悬吊和延墙挂架悬挂两种。电缆悬挂敷设具有结构简单、装置周期短、维护更换方便等优点。但易积累灰尘，易受周围环节影响并影响环境美观。

（4）排管敷设　排管敷设方式适用于电缆数量不多（一般不超过 12 根），与其他建筑物、公路或铁路交叉较多、路径拥挤，又不

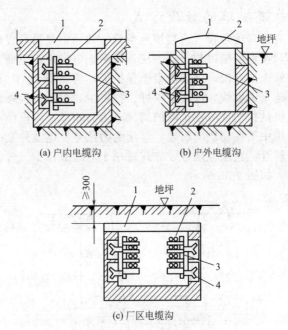

(a) 户内电缆沟　　　　　(b) 户外电缆沟

(c) 厂区电缆沟

图 9-36　电缆在电缆沟内敷设

1—盖板；2—电缆；3—电缆支架；4—预埋铁牛

宜采用直埋或电缆沟敷设的地段。此种方式的优点是易排除故障，检修方便迅速；利用备用的管孔随时可以增设电缆而无需挖开路面。但缺点是工程费用高，散热不良且施工复杂。排管一般采用陶土管、石棉水泥管或混凝土管等，管子内部必须光滑。如图 9-37 所示。

（5）电缆桥架敷设　　电力电缆采用金属桥架敷设是一种新的电缆敷设方式。通常做法是电缆敷设在电缆桥架内，电缆桥架装置由支架、盖板、支臂和线槽等组成。图 9-38 所示为电缆桥架敷设示意。

电缆桥架的采用，克服了电缆沟敷设电缆时存在积水、积灰、易损坏电缆等多种不利因素，具有结构简单、安装灵活、占地空间少、投资省、建设周期短、可任意走向、便于采用全塑电缆和工厂系列化生产等等诸多优点，因此目前在国外已被广泛使用，近年来

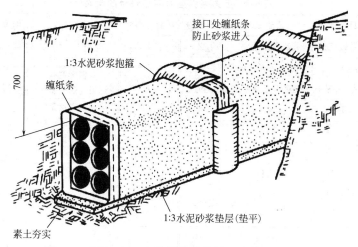

图 9-37　电缆排管敷设做法示意

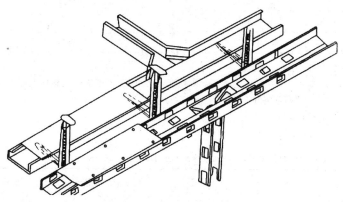

图 9-38　电缆桥架敷设示意

也开始在国内逐步推广。

6. 电缆的型号

电缆的型号由 8 个部分组成。拼音字母表明电缆的用途、绝缘材料及线芯材料；数字表明电缆外保护层材料及铠装包层方式。电缆型号的字母、数字含义详见表 9-9。

表 9-9　电力电缆型号中各符号的含义

项目	型号	含义	旧型号	项目	型号	含义	旧型号
类别	Z	油浸纸绝缘	Z	外护套	22	双钢带铠装聚氯乙烯外套	22,29
	V	聚氯乙烯绝缘	V		23	双钢带铠装聚乙烯外套	30,130
	YJ	交联聚乙烯绝缘	YJ		32	单细圆钢丝铠装聚氯乙烯外套	50,150
	X	橡胶绝缘	X		33	单细圆钢丝铠装聚乙烯外套	5,15
导体	L	铝芯	L		41	单粗圆钢丝铠装	
	T	铜芯(一般不注)	T		42	单粗圆钢丝铠装聚氯乙烯外套	59,25
内护套	Q	铅包	Q		43	粗圆钢丝铠装纤维外被	
	L	铝包	L		441	双粗圆钢丝铠装纤维外被	
	V	聚氯乙烯护套	V		241	双钢第一单粗圆钢丝铠装	
特征	P	滴流式	P				
	D	不滴流式	D				
	F	分相铅包式	F				
外护套	02	聚氯乙烯套	—				
	03	聚乙烯套	1,11				

电力电缆全型号表示	ZLQ20-1000-3×120 ZLQ20:表示铝芯纸绝缘包裸钢带铠装电力电缆(Z:纸绝缘 L:铝导线 Q:铅包) 1000:表示额定电压(V) 3:表示三芯 120:表示线芯额定截面积(mm²)
备注	表中"外护层"型号,系按国家标准 GB/T 2952—1989 规定

第十章

PLC的应用知识

一、PLC 的工作过程

1. PLC 扫描的工作原理

当 PLC 运行时，是通过执行反映控制要求的用户程序来完成控制任务的，需要执行众多的操作，但 CPU 不可能同时去执行多个操作，它只能按分时操作（串行工作）方式，每一次执行一个操作，按顺序逐个执行。由于 CPU 的运算处理速度很快，所以从宏观上来看，PLC 外部出现的结果似乎是同时（并行）完成的。这种串行工作过程称为 PLC 的扫描工作方式。

用扫描工作方式执行用户程序时，扫描是从第一条程序开始，在无中断或跳转控制的情况下，按程序存储顺序的先后，逐条执行用户程序，直到程序结束。然后再从头开始扫描执行，周而复始重复运行。

PLC 的扫描工作方式与电器控制的工作原理明显不同。电器控制装置采用硬逻辑的并行工作方式，如果某个继电器的线圈通电或断电，那么该继电器的所有常开和常闭触点不论处在控制线路的哪个位置上，都会立即同时动作；而 PLC 采用扫描工作方式（串行工作方式），如果某个软继电器的线圈被接通或断开，其所有的触点不会立即动作，必须等扫描到该时才会动作。但由于 PLC 的扫描速度快，通常 PLC 与电器控制装置在 I/O 的处理结果上并没有什么差别。

2. PLC 的扫描工作过程

PLC 的扫描工作过程除了执行用户程序外，在每次扫描工作过程中还要完成内部处理、通信服务工作。如图 10-1 所示，整个扫描工作过程包括内部处理、通信服务、输入采样、程序执行、输出刷新五个阶段。整个过程扫描执行一遍所需的时间称为扫描周期。扫描周期与 CPU 运行速度、PLC 硬件配置及用户程序长短有关，典型值为 1～100ms。

图 10-1　扫描过程示意图

在内部处理阶段，进行 PLC 自检，检查内部硬件是否正常，对监视定时器（WDT）复位以及完成其他一些内部处理工作。

在通信服务阶段，PLC 与其他智能装置实现通信，响应编程器键入的命令，更新编程器的显示内容等。

当 PLC 处于停止（STOP）状态时，只完成内部处理和通信服务工作。当 PLC 处于运行（RUN）状态时，除完成内部处理和通信服务工作外，还要完成输入采样、程序执行、输出刷新工作。

PLC 的扫描工作方式简单直观，便于程序的设计，并为可靠运行提供了保障。当 PLC 扫描到的指令被执行后，其结果马上就被后面将要扫描到的指令所利用，而且还可通过 CPU 内部设置的监视定时器来监视每次扫描是否超过规定时间，避免由于 CPU 内部故障使程序执行进入死循环。

3. PLC 执行程序的三个阶段及特点

PLC 执行程序的过程分为三个阶段，即输入采样阶段、程序执行阶段、输出刷新阶段，如图 10-2 所示。

（1）输入采样阶段　在输入采样阶段，PLC 以扫描工作方式按顺序对所有输入端的输入状态进行采样，并存入输入映象寄存器中，此时输入映象寄存器被刷新。接着进入程序处理阶段，在程序执行阶段或其他阶段，即使输入状态发生变化，输入映象寄存器的内容也不会改变，输入状态的变化只有在下一个扫描周期的输入处理阶段才能被采样到。

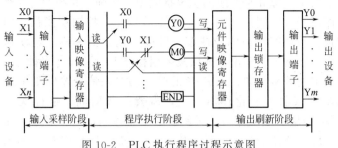

图 10-2　PLC 执行程序过程示意图

（2）程序执行阶段　在程序执行阶段，PLC 对程序按顺序进行扫描执行。若程序用梯形图来表示，则总是按先上后下，先左后右的顺序进行。当遇到程序跳转指令时，则根据跳转条件是否满足来决定程序是否跳转。当指令中涉及到输入、输出状态时，PLC 从输入映像寄存器和元件映象寄存器中读出，根据用户程序进行运算，运算的结果再存入元件映象寄存器中。对于元件映象寄存器来说，其内容会随程序执行的过程而变化。

（3）输出刷新阶段　当所有程序执行完毕后，进入输出处理阶段。在这一阶段里，PLC 将输出映象寄存器中与输出有关的状态（输出继电器状态）转存到输出锁存器中，并通过一定方式输出，驱动外部负载。

因此，PLC 在一个扫描周期内，对输入状态的采样只在输入采样阶段进行。当 PLC 进入程序执行阶段后输入端将被封锁，直到下一个扫描周期的输入采样阶段才对输入状态进行重新采样。这方式称为集中采样，即在一个扫描周期内，集中一段时间对输入状态进行采样。

在用户程序中如果对输出结果多次赋值，则最后一次有效。在一个扫描周期内，只在输出刷新阶段才将输出状态从输出映象寄存器中输出，对输出接口进行刷新。在其他阶段里输出状态一直保存在输出映象寄存器中。这种方式称为集中输出。

对于小型 PLC，其 I/O 点数较少，用户程序较短，一般采用集中采样、集中输出的工作方式，虽然在一定程度上降低了系统的响应速度，但使 PLC 工作时大多数时间与外部输入/输出设备隔离，从根本上提高了系统的抗干扰能力，增强了系统的可靠性。

而对于大中型 PLC，其 I/O 点数较多，控制功能强，用户程序较长，为提高系统响应速度，可以采用定期采样、定期输出方式，或中断输入、输出方式以及采用智能 I/O 接口等多种方式。

从上述分析可知，当 PLC 的输入端输入信号发生变化到 PLC 输出端对该输入变化作出反应，需要一段时间，这种现象称为 PLC 输入/输出响应滞后。对一般的工业控制，这种滞后是完全允许的。应该注意的是，这种响应滞后不仅是由于 PLC 扫描工作方式造成，更主要是 PLC 输入接口的滤波环节带来的输入延迟，以及输出接口中驱动器件的动作时间带来输出延迟，同时还与程序设计有关。滞后时间是设计 PLC 应用系统时应注意把握的一个参数。

二、常用 PLC 的几种编程语言

1. 西门子 PLC 常用的编程语言种类

不同商家的 PLC 有不同的编程语言，但就某个商家而言，PLC 的编程语言也就那么几种。下面以西门子 PLC 的编程语言为例，介绍各种编程语言的异同。

（1）顺序功能图（SFC——Sequential Fuction Chart） 这是位于其他编程语言之上的图形语言，用来编程顺序控制的程序（如：机械手控制程序）。编写时，工艺过程被划分为若干个顺序出现的步，每步中包括控制输出的动作，从一步到另一步的转换由转换条件来控制，特别适合于生产制造过程。西门子 STEP7 中的该编程语言是 S7 Graph。

（2）梯形图（LAD——LAdder Diagram） 这是使用最多的 PLC 编程语言。因与继电器电路很相似，具有直观易懂的特点，很容易被熟悉继电器控制的电气人员所掌握，特别适合于数字量逻辑控制。

梯形图由触点、线圈和用方框表示的指令构成。触点代表逻辑输入条件，线圈代表逻辑运算结果，常用来控制的指示灯、开关和内部的标志位等。指令框用来表示定时器、计数器或数学运算等附加指令。

在程序中，最左边是主信号流，信号流总是从左向右流动的，不适合于编写大型控制程序。如图 10-3 所示。

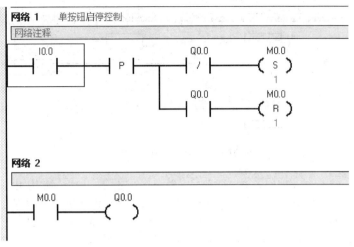

图 10-3　梯形图

（3）语句表（STL——STatement List）　这是一种类似于微机汇编语言的一种文本编程语言，由多条语句组成一个程序段。语句表适合于经验丰富的程序员使用，可以实现某些梯形图不能实现的功能。如图 10-4 所示。

（4）功能块图（FBD——Function Block Diagram）　功能块图使用类似于布尔代数的图形逻辑符号来表示控制逻辑，一些复杂的功能用指令框表示，适合于有数字电路基础的编程人员使用。功能块图用类似于与门、或门的框图来表示逻辑运算关系，方框的左侧为逻辑运算的输入变量，右侧为输出变量，输入、输出端的小圆圈表示"非"运算，方框用"导线"连在一起，信号自左

程序注释	
网络 1	单按钮启停控制
网络注释	
LD	I0.0
EU	
LPS	
AN	Q0.0
S	M0.0, 1
LPP	
A	Q0.0
R	M0.0, 1
网络 2	
LD	M0.0
=	Q0.0

图 10-4　语句表（STL）

向右。如图 10-5 所示。

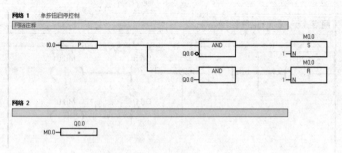

图 10-5　功能块图（FBD）

（5）结构化文本（ST——Structured Text）　结构化文本（ST）是为 IEC61131-3 标准创建的一种专用的高级编程语言。与梯形图相比，它实现复杂的数学运算，编写的程序非常简洁和紧凑。

STEP7 的 S7 SCL 结构化控制语言，编程结构和 C 语言及 Pascal 语言相似，特别适合于习惯于使用高级语言编程的人使用。

以上几种编程语言是用得比较多的几种，其他用的相对较少，就不介绍了。

2. 松下 PLC 常用的编程语言种类

（1）梯形图语言　梯形图语言是在传统电器控制系统中常用的接触器、继电器等图形表达符号的基础上演变而来的。它与电器控制线路图相似，继承了传统电器控制逻辑中使用的框架结构、逻辑运算方式和输入输出形式，具有形象、直观、实用的特点。因此，这种编程语言为广大电气技术人员所熟知，是应用最广泛的 PLC 的编程语言，是 PLC 的第一编程语言。

如图 10-6 所示是传统的电器控制线路图和 PLC 梯形图。

从图中可看出，两种图基本表示思想是一致的，具体表达方式有一定区别。PLC 的梯形图使用的是内部继电器、定时/计数器等，都是由软件来实现的，使用方便，修改灵活，是原电器控制线路硬接线无法比拟的。

（2）语句表语言　这种编程语言是一种与汇编语言类似的助记

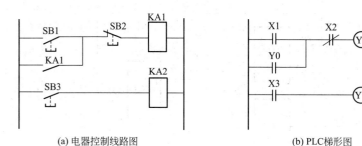

(a) 电器控制线路图   (b) PLC梯形图

图 10-6   电器控制线路图与梯形图

符编程表达方式。在 PLC 应用中，经常采用简易编程器，而这种编程器中没有 CRT 屏幕显示，或没有较大的液晶屏幕显示。因此，就用一系列 PLC 操作命令组成的语句表将梯形图描述出来，再通过简易编程器输入到 PLC 中。虽然各个 PLC 生产厂家的语句表形式不尽相同，但基本功能相差无几。以下是与图 10-6 中梯形图对应的（FX 系列 PLC）语句表程序。

步序号	指令	数据
0	LD	X1
1	OR	Y0
2	ANI	X2
3	OUT	Y0
4	LD	X3
5	OUT	Y1

可以看出，语句是语句表程序的基本单元，每个语句和微机一样也由地址（步序号）、操作码（指令）和操作数（数据）三部分组成。

（3）逻辑图语言   逻辑图是一种类似于数字逻辑电路结构的编程语言，由与门、或门、非门、定时器、计数器、触发器等逻辑符号组成。有数字电路基础的电气技术人员较容易掌握，如图 10-7 所示。

（4）功能表图语言   功能表图语言（SFC 语言）是一种较新的编程方法，又称状态转移图语言。它将一个完整的控制过程分为若干阶段，各阶段具有不同的动作，阶段间有一定的转换条件，转

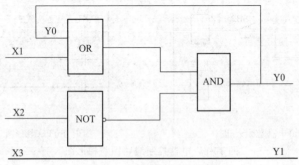

图 10-7　逻辑图语言编程

换条件满足就实现阶段转移，上一阶段动作结束，下一阶段动作开始。它是用功能表图的方式来表达一个控制过程，对于顺序控制系统特别适用。

(5) 高级语言　随着 PLC 技术的发展，为了增强 PLC 的运算、数据处理及通信等功能，以上编程语言无法很好地满足要求。近年来推出的 PLC，尤其是大型 PLC，都可用高级语言，如BASIC 语言、C 语言、PASCAL 语言等进行编程。采用高级语言后，用户可以像使用普通微型计算机一样操作 PLC，使 PLC 的各种功能得到更好的发挥。

三、PLC 的编程元件和指令系统

1. FX 系列可编程控制器的主要应用

三菱 FX 系列小型可编程控制器，将 CPU 和输入/输出一体化，使用更为方便。为了进一步迎合不同客户的要求，FX 系列有多种不同的型号供选择。另外更有多种不同的特殊功能模块提供给不同客户。主要应用于机械配套上如注塑机、电梯控制、印刷机、包装机和纺织机等行业。

三菱公司推出的常用 FX 系列小型、超小型 PLC 有 FX0、FX2、FX0N、FX0S、FX2C、FX2N、FX2NC、FX1N、FX1S 等系列。

2. FX 系列可编程控制器的命名

FX 系列可编程控制器型号命名的基本格式如图 10-8 所示。

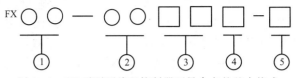

图 10-8　FX 系列可编程控制器型号命名的基本格式

① 系列序号 0、2、0N、0S、2C、2NC、1N、1S，即 FX0、FX2、FX0N、FX0S、FX2C、FX2N、FX2NC、FX1N 和 FX1S。

② 输入输出的总点数：4～128 点。

③ 单元区别：M 代表基本单元；E 代表输入输出混合扩展单元及扩展模块；EX 代表输入专用扩展模块；EY 代表输出专用扩展模块。

④ 输出形式（其中输入专用无记号）：R 代表继电器输出；T 代表晶体管输出；S 代表晶闸管输出。

⑤ 特殊物品的区别：D 代表 DC 电源，DC 输入；A1 代表 AC 电源，AC 输入（AC 100～120V）或 AC 输入模块；H 代表大电流输出扩展模块；V 代表立式端子排的扩展模式；C 代表接插口输入输出方式。

F 代表输入滤波器 1ms 的扩展模块；L 代表 TTL 输入型模块；S 代表独立端子（无公共端）扩展模块。

特殊物品无记号：AC 电源，DC 输入，横式端子排输出为继电器输出 2A/1 点、晶体管输出 0.5A/1 点或晶闸管输出 0.3A/1 点的标准输出。

3. 三菱公司常用 FX2N 系列产品的编程元件

（1）FX2N 系列产品的一些编程元件及其功能　FX 系列产品，它内部的编程元件，也就是支持该机型编程语言的软元件，按通俗叫法分别称为继电器、定时器、计数器等，但它们与真实元件有很大的差别，一般称它们为"软继电器"。这些编程用的继电器，它的工作线圈没有工作电压等级、功耗大小和电磁惯性等问题；触点没有数量限制、没有机械磨损和电蚀等问题。它在不同的指令操作下，其工作状态可以无记忆，也可以有记忆，还可以作脉冲数字元件使用。一般情况下，X 代表输入继电器，Y 代表输出继电器，M 代表辅助继电器，SPM 代表专用辅助继电器，T 代表定时器，C 代表计数器，S 代表状态继电器，D 代表数据寄存器，MOV 代表传输等。FX2N 系列 PLC 产品的元件编号见表 10-1。

表 10-1　FX2N 系列 PLC 产品的元件编号

编程元件	编号	备注
输入继电器 X	X000 ～ X007，X010～X017，X020～X027	常开/常闭两种触点，随时使用且使用次数不限，线圈的吸合或释放只取决于 PLC 外部触点的状态，一般位于机器的上端
输出继电器 Y	Y000 ～ Y007，Y010～Y017，Y020～Y027	常开/常闭触点供内部程序使用且次数不限，一般位于机器的下端
辅助继电器 也称中间继电器 M	在 FX2N 中普遍采用 M0～M499，共 500 点辅助继电器，其地址号按十进制编号	没有向外的任何联系，只供内部编程使用。它的电子常开/常闭触点使用次数不受限制。但是，这些触点不能直接驱动外部负载，外部负载的驱动必须通过输出继电器来实现
定时器 T	100ms 定时器 T0～T199，共 200 点，设定值：0.1～3276.7s 10ms 定时器 T200～T245，共 46 点，设定值：0.01～327.67s 1ms 积算定时器 T245～T249，共 4 点，设定值：0.001～32.767s 100ms 积算定时器 T250～T255，共 6 点，设定值：0.1～3276.7s	在 PLC 内的定时器是根据时钟脉冲的累积形式，当所计时间达到设定值时，其输出触点动作，时钟脉冲有 1ms、10ms、100ms。定时器可以用用户程序存储器内的常数 K 作为设定值，也可以用数据寄存器(D)的内容作为设定值。在后一种情况下，一般使用有掉电保护功能的数据寄存器。即使如此，若备用电池电压降低时，定时器或计数器往往会发生误动作
计数器 C	通用计数器的通道号：C0～C99，共 100 点。保持用计数器的通道号：C100～C199，共 100 点	通用与掉电保持用的计数器点数分配，可由参数设置而随意更改。计数器 C100～C199，即使发生停电，当前值与输出触点的动作状态或复位状态也能保持

编程元件	编号	备注
数据寄存器 D	通用数据寄存器 D 通道分配 D0～D199，共 200 点 停电保持用寄存器通道分配 D200～D511，共 312 点，或 D200～D999，共 800 点(由机器的具体型号定) 文件寄存器通道分配 D1000～D2999，共 2000 点 M 文件寄存器通道分配 D6000～D7999，共 2000 点 特殊用寄存器通道分配 D8000～D8255，共 256 点	①只要不写入其他数据，已写入的数据不会变化。但是，由 RUN→STOP 时，全部数据均清零(若特殊辅助继电器 M8033 已被驱动，则数据不被清零) ②基本上同通用数据寄存器。除非改写，否则原有数据不会丢失，不论电源接通与否，PLC 运行与否，其内容也不变化。然而在两台 PLC 作点对的通信时，D490～D509 被用作通信操作 ③ 文件寄存器是在用户程序存储器(RAM、EEPROM、EPROM)内的一个存储区，以 500 点为一个单位，最多可在参数设置时到 2000 点。用外部设备口进行写入操作。在 PLC 运行时，可用 BMOV 指令读到通用数据寄存器中，但是不能用指令将数据写入文件寄存器。用 BMOV 将数据写入 RAM 后，再从 RAM 中读出。将数据写入 EEPROM 盒时，需要花费一定的时间，务必应注意 ④驱动特殊辅助继电器 M8074，由于采用扫描被禁止，上述的数据寄存器可作为文件寄存器处理，用 BMOV 指令传送数据(写入或读出) ⑤是写入特定目的的数据或已经写入数据寄存器，其内容在电源接通时，写入初始化值(一般先清零，然后由系统 ROM 来写入)

（2）F1 系列 PLC 产品的常用基本单元器件编号　F1 系列 PLC 常用基本单元器件编号见表 10-2。

表 10-2　F1 系列 PLC 常用基本单元器件编号

编程元件	F1-20M		F1-40M		F1-60M	
	个数	编号	个数	编号	个数	编号
输入继电器 (X)	12	400～407 410～413	24	400～413 500～513	36	000～013 400～413 500～513

编程元件	F1-20M		F1-40M		F1-60M	
	个数	编号	个数	编号	个数	编号
输出继电器 (Y)	8	430～437	16	430～437 530～537	24	000～037 430～437 530～537
定时器(T)	24 8	050～057,450～457,550～557(最小设定单位为 0.1s) 650～657(最小设定单位为0.01s)				
计数器(C)	30	060～067,460～467,560～567,662～667(计数值1～ 999)				
辅助继电器 (M)	128 64	100～277 300～377　　后备锂电池保持供电				
特殊辅助 继电器(M)	16	70～73,76～77,470～473,570～575				

4. 德国西门子公司 S7 系列 PLC 产品的常用编程元件

在 S7-200 中的主要编程元件如下：输入继电器 I，输出继电器 Q，变量寄存器 V，辅助继电器 M，特殊继电器 SM。S7-200 的 CPU22X 系列 S7-200 编程元件的寻址范围如表 10-3 所示。

表 10-3　S7-200 的 CPU22X 系列 S7-200 编程元件的寻址范围

编程元件	CPU221	CPU222	CPU224	CPU226
用户程序	2KB		4KB	
用户数据	1KB		2.5KB	
输入继电器(I)	I0.0～I15.7			
输出继电器(Q)	Q0.0～Q15.7			
模拟量输入映像寄存器(AIW)	AIW0～AIW30			
模拟量输出映像寄存器(AOW)	AOW0～AOW30			

编程元件	CPU221	CPU222	CPU224	CPU226
变量寄存器(V)	VB0.0～VB2047.7		VB0.0～VB5119.7	
局部变量寄存器(L)	LB0.0～LB63.7			
辅助寄存器(M)	M0.0～M31.7			
特殊继电器(SM)只读(SM)	SM0.0～SM299.7 SM0.0～SM29.7			
定时器(T)	T0～T255			
计数器(C)	C0～C255			
高速计数器(HC)	HC0,HC3,HC4,HC5		HC0～HC5	
状态继电器(S)	S0.0～S31.7			

5. 欧姆龙（OMRON）P 型 PLC 产品的常用基本单元器件编号

欧姆龙（OMRON）P 型 PLC 产品的常用基本单元器件编号见表 10-4。

表 10-4　欧姆龙（OMRON）P 型 PLC 产品的常用基本单元器件编号

区域名称	数量	通道号(CH)	地址范围	备　注
输入继电器(IR)	80	00～04	0000～0415	
输出继电器(OR)	60	05～09	0500～0915	各通道只有 00～11 共 12 位可用于驱动负载
内部辅助继电器(MR)	136	10～18	1000～1807	18CH 只有 00～07 共 8 位可用
专用内部继电器(SR)	16	18～19	1808～1907	
暂存继电器(TR)	8	TR0～TR7		
保持继电器(HR)	160	HR0～HR9	HR000～HR915	
定时器/计数器(TC)	48	TC00～TC47		
数据存储区(DM)	64CH	DM00～DM63		

6. 松下 FP1 型 PLC 产品的常用基本单元器件编号

松下 FP1-C40 型 PLC 产品的常用基本单元器件编号见表 10-5。

表 10-5　松下 FP1-C40 型 PLC 产品的常用基本单元器件编号

名称	符号	编号(地址)	功能说明
外部输入/输出继电器	X(位)	X0～X12F (主机 X0～X17)	输入继电器总点数 208 点,主机 24 点,用来存储外部输入信号
	WX(字)	WX0～WX12 (13 个字)	
	Y(位)	Y0～Y12F (主机 Y0～YF)	输出继电器总点数 208 点,主机 16 点,用来存储程序运行结果并输出
	WY(字)	WY0～WY12 (13 个字)	
内部继电器	R(位)	R0～R62F	通用内部继电器只能在 PLC 内部供用户编程使用,不能用于输出
	WR(字)	WR0～WR62	
	R(位)	R9000～R903F	特殊内部继电器每个继电器均具有特殊用途,用户只能使用其接点,不能用程序控制其状态,不能用于输出
定时器/计数器	T	T0～T99 (默认值 100 点)	定时器:触点延时动作继电器,其触点序号与定时器序号相同
	C	C100～C143 (44 点)	计数器:记数完毕触点动作,其触点序号与计数器序号相同
	SV(字)	SV0～SV143 (144 字)	T/C 的设定值寄存器其序号与 T/C 序号一一对应
	EV(字)	EV0～EV143 (144 字)	T/C 经过值寄存器其序号与 T/C 序号一一对应,每一个 T/C 均配有一对与之序号相同的 SV、EV

名称	符号	编号(地址)	功能说明
数据寄存器	DT(字)	DT0～DT1659 (1660 字)	通用数据寄存器用来存储 PLC 内处理的数据
		DT9000～ DT9069(70 字)	特殊数据寄存器具有特殊用途的数据寄存器,不能存储用户数据
索引、修正值 寄存器	IX(字) IY(字)	IX、IY 各有一 个字无编号	用来存放地址或常数的修正值
常数寄存器	K	16 位常数(字)	十进制常数(整数)范围: K－32768～K＋32767
		32 位常数(双字)	范围:K－2147483648～ K＋2147483647
	H	16 位常数(字)	十六进制常数范围: H8000～H7FFF
		32 位常数(双字)	范围: H80000000～ H7FFFFFFF

7. FX2N 系列可编程控制器输入输出指令 (LD/LDI/OUT) 的应用

LD/LDI/OUT 三条指令的功能、梯形图表示形式、操作元件以列表的形式加以说明, 见表 10-6。

表 10-6 LD/LDI/OUT 三条指令的功能、梯形图表示形式、操作元件列表

符号	功能	梯形图表示	操作元件
LD(取)	常开触点与母线相连	⊣├	X,Y,M,T,C,S
LDI(取反)	常闭触点与母线相连	⊣╱├	X,Y,M,T,C,S
OUT(输出)	线圈驱动	⊢○	Y,M,T,C,S,F

LD 与 LDI 指令用于与母线相连的接点, 此外还可用于分支电路的起点。

OUT 指令是线圈的驱动指令, 可用于输出继电器、辅助继电器、定时器、计数器、状态寄存器等，但不能用于输入继电器。输出指令用于并行输出，能连续使用多次。

（1）程序举例　如图 10-9 所示。

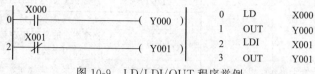

0	LD	X000
1	OUT	Y000
2	LDI	X001
3	OUT	Y001

图 10-9　LD/LDI/OUT 程序举例

（2）例题解释

① 当 X0 接通时，Y0 接通；

② 当 X1 断开时，Y1 接通。

（3）指令使用说明

① LD 和 LDI 指令用于将常开和常闭触点接到左母线上。

② LD 和 LDI 在电路块分支起点处也使用。

③ OUT 指令是对输出继电器、辅助继电器、状态继电器、定时器、计数器的线圈驱动指令，不能用于驱动输入继电器，因为输入继电器的状态是由输入信号决定的。

④ OUT 指令可作多次并联使用，如图 10-10 所示。

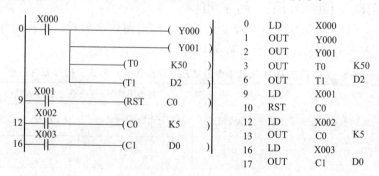

0	LD	X000	
1	OUT	Y000	
2	OUT	Y001	
3	OUT	T0	K50
6	OUT	T1	D2
9	LD	X001	
10	RST	C0	
12	LD	X002	
13	OUT	C0	K5
16	LD	X003	
17	OUT	C1	D0

图 10-10　OUT 指令可作多次并联使用

⑤ 定时器的计时线圈或计数器的计数线圈，使用 OUT 指令后，必须设定值（常数 K 或指定数据寄存器的地址号），如图 10-10 所示。

8. FX2N 系列可编程控制器触点串联指令（AND/ANDI）、并联指令（OR/ORI）的应用

FX2N 系列可编程控制器触点串联指令（AND/ANDI）、并联指令（OR/ORI）见表10-7。

表 10-7　FX2N 系列可编程控制器触点串联指令（AND/ANDI）、并联指令（OR/ORI）

符号（名称）	功能	梯形图表示	操作元件
AND(与)	常开触点串联连接	─┤├──┤├─	X,Y,M,T,C,S
ANDI(与非)	常闭触点串联连接	─┤├──┤/├─	X,Y,M,T,C,S
OR(或)	常开触点并联连接	─┤├─●	X,Y,M,T,C,S
ORI(或非)	常闭触点并联连接	─┤/├─●	X,Y,M,T,C,S

AND、ANDI 指令用于一个触点的串联，但串联触点的数量不限，这两个指令可连续使用。

（1）例一

① 程序举例　如图 10-11 所示。

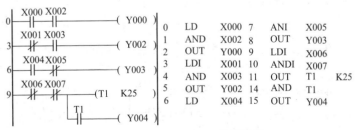

0	LD	X000	7	ANI	X005
1	AND	X002	8	OUT	Y003
2	OUT	Y000	9	LDI	X006
3	LDI	X001	10	ANDI	X007
4	AND	X003	11	OUT	T1　K25
5	OUT	Y002	14	AND	T1
6	LD	X004	15	OUT	Y004

图 10-11　AND、ANDI 程序举例

② 例题解释

a. 当 X0 接通，X2 接通时 Y0 接通；

b. X1 断开，X3 接通时 Y2 接通；

c. 常开 X4 接通，X5 断开时 Y3 接通；

d. X6 断开，X7 断开，同时达到 2.5s 时间，T1 接通，Y4 接通。

③ 指令说明

a. AND、ANDI 指令可进行 1 个触点的串联连接。串联触点的数量不受限制，可以连续使用；

b. OUT 指令之后，通过触点对其他线圈使用 OUT 指令，称之为纵接输出。这种纵接输出如果顺序不错，可多次重复使用；如果顺序颠倒，就必须要用后面要学到的指令（MPS/MRD/MPP），如图 10-12 所示。

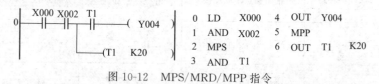

图 10-12　MPS/MRD/MPP 指令

c. 当继电器的常开触点或常闭触点与其他继电器的触点组成的电路块串联时，也使用 AND 指令或 ANDI 指令。

电路块就是由几个触点按一定的方式连接的梯形图。由两个或两个以上的触点串联而成的电路块，称为串联电路块；由两个或两个以上的触点并联连接而成的电路块，称为并联电路块；触点的混联就称为混联电路块。

（2）例二

① 程序举例　如图 10-13 所示。

② 例题解释

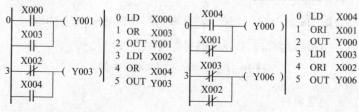

图 10-13　OR、ORI 程序举例

a. 当 X0 或 X3 接通时 Y1 接通;

b. 当 X2 断开或 X4 接通时 Y3 接通;

c. 当 X4 接通或 X1 断开时 Y0 接通;

d. 当 X3 或 X2 断开时 Y6 接通。

③ 指令说明

a. OR、ORI 指令用作 1 个触点的并联连接指令。

b. OR、ORI 指令可以连续使用,并且不受使用次数的限制,如图 10-14 所示。

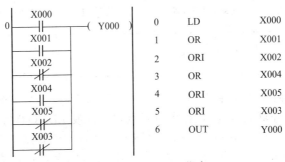

图 10-14　OR、ORI 指令

c. OR、ORI 指令是从该指令的步开始,与前面的 LD、LDI 指令步进行并联连接。

d. 当继电器的常开触点或常闭触点与其他继电器的触点组成的混联电路块并联时,也可以用这两个指令。如图 10-15 所示。

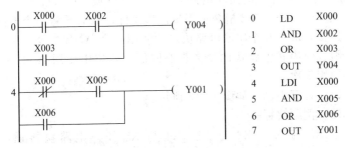

图 10-15　OR、ORI 指令混联

9. FX2N 系列可编程控制器电路块的并联和串联指令（ORB、ANB）的应用

FX2N 系列可编程控制器电路块的并联和串联指令（ORB、ANB）应用见表 10-8。

表 10-8　FX2N 系列可编程控制器电路块的并联和串联指令（ORB、ANB）应用

符号(名称)	功能	梯形图表示	操作元件
ORB(块或)	电路块并联连接	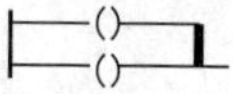	无
ANB(块与)	电路块串联连接		无

含有两个以上触点串联连接的电路称为"串联连接块"，串联电路块并联连接时，支路的起点以 LD 或 LDNOT 指令开始，而支路的终点要用 ORB 指令。ORB 指令是一种独立指令，其后不带操作元件号，因此，ORB 指令不表示触点，可以看成电路块之间的一段连接线。如需要将多个电路块并联连接，应在每个并联电路块之后使用一个 ORB 指令，用这种方法编程时并联电路块的个数没有限制；也可将所有要并联的电路块依次写出，然后在这些电路块的末尾集中写出 ORB 的指令，但这时 ORB 指令最多使用 7 次。

将分支电路（并联电路块）与前面的电路串联连接时使用 ANB 指令，各并联电路块的起点，使用 LD 或 LDNOT 指令；与 ORB 指令一样，ANB 指令也不带操作元件，如需要将多个电路块串联连接，应在每个串联电路块之后使用一个 ANB 指令，用这种方法编程时串联电路块的个数没有限制，若集中使用 ANB 指令，最多使用 7 次。

（1）程序举例　如图 10-16 所示。

（2）例题解释

① X0 与 X1、X2 与 X3、X4 与 X5 任一电路块接通，Y1 接通；

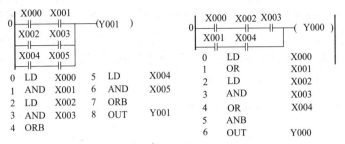

图 10-16　ORB、ANB 程序举例（一）

② X0 或 X1 接通，X2 与 X3 接通或 X4 接通，Y0 都可以接通。

（3）指令说明

① ORB、ANB 无操作软元。

② 2 个以上的触点串联连接的电路称为串联电路块。

③ 将串联电路并联连接时，分支开始用 LD、LDI 指令，分支结束用 ORB 指令。

④ ORB、ANB 指令，是无操作元件的独立指令，它们只描述电路的串并联关系。

⑤ 有多个串联电路时，若对每个电路块使用 ORB 指令，则串联电路没有限制，如上举例程序。

⑥ 若多个并联电路块按顺序和前面的电路串联连接时，则 ANB 指令的使用次数没有限制，如图 10-17 所示。

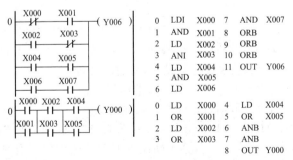

图 10-17　ORB、ANB 程序举例（二）

⑦ 使用 ORB、ANB 指令编程时，也可以采取 ORB、ANB 指令连续使用的方法；但只能连续使用不超过 8 次，在此建议不使用此法。

10. FX2N 系列可编程控制器程序结束指令（END）的应用

END 指令的功能、电路表示如表 10-9 所示。

表 10-9　END 指令的功能、电路表示

符号(名称)	功能	梯形图表示	操作元件
END(结束)	输入输出处理回到第"0"步或程序结束	─┤ END ├─	无元件

END 为程序结束指令。可编程序控制器按照输入处理、程序执行、输出处理循环工作，若在程序中不写入 END 指令，则可编程序控制器从用户程序的第一步扫描到程序存储器的最后一步。若在程序中写入 END 指令，则 END 以后的程序步不再扫描，而是直接进行输出处理。也就是说，使用 END 指令可以缩短扫描周期。END 指令的另一个用处是分段程序调试。调试时，可将程序分段后插入 END 指令，从而依次对各程序段的运算进行检查。而后，在确认前面电路块动作正确无误之后依次删除 END 指令。

11. FX2N 系列可编程控制器分支多重输出 MPS、MRD、MPP 指令的应用

MPS 指令：将逻辑运算结果存入栈存储器。

MRD 指令：读出栈 1 号存储器结果。

MPP 指令：取出栈存储器结果并清除。

MPS、MRD、MPP 指令用于多重输出电路；FX 的 PLC 有 11 个栈存储器，用来存放运算中间结果的存储区域称为堆栈存储器。使用一次 MPS 就将此刻的运算结果送入堆栈的第一段，而将原来

的第一层存储的数据移到堆栈的下一段。

MRD 只用来读出堆栈最上段的最新数据，此时堆栈内的数据不移动。

使用 MPP 指令，各数据向上一段移动，最上段的数据被读出，同时这个数据就从堆栈中清除。

（1）程序举例　如图 10-18 所示。

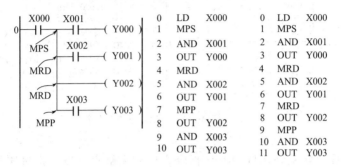

图 10-18　MPP 指令

（2）例题解释

① 当公共条件 X0 闭合时，X1 闭合则 Y0 接通；X2 接通则 Y1 接通；Y2 接通；X3 接通则 Y3 接通。

② 上述程序举例中可以用两种不同的指令形式。

（3）指令说明

① MPS、MRD、MPP 无操作软元件。

② MPS、MPP 指令可以重复使用，但是连续使用不能超过 11 次，且两者必须成对使用缺一不可，MRD 指令有时可以不用。

③ MRD 指令可多次使用，但在打印等方面有 24 行限制。

④ 最终输出电路以 MPP 代替 MRD 指令，读出存储并复位清零。

⑤ MPS、MRD、MPP 指令之后若有单个常开或常闭触点串联，则应该使用 AND 或 ANDI 指令。

⑥ MPS、MRD、MPP 指令之后若有触点组成的电路块串联，

则应该使用 ANB 指令，如图 10-19 所示。

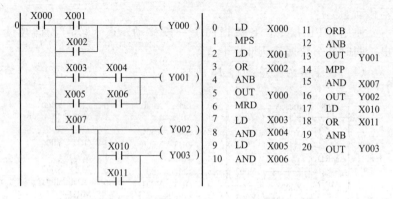

图 10-19　MPS、MRD、MPP 指令

⑦ MPS、MRD、MPP 指令之后若无触点串联，直接驱动线圈，则应该使用 OUT 指令。

⑧ 指令使用可以有多层堆栈。

编程例一：一层堆栈，如图 10-20 所示。

编程例二：两层堆栈，如图 10-21 所示。

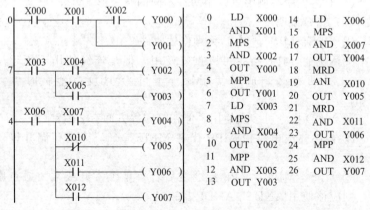

图 10-20　一层堆栈

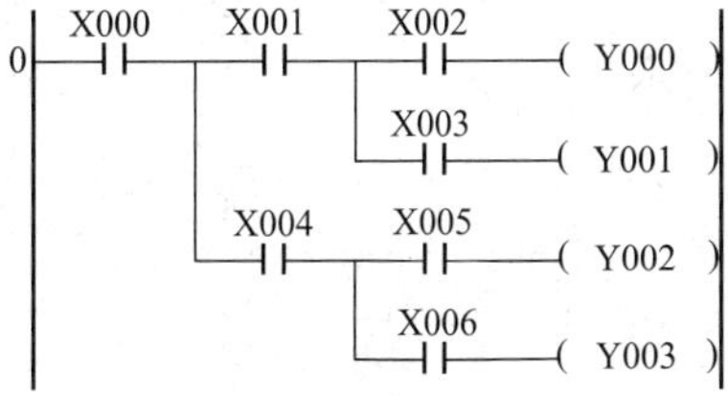

0	LD X000	9 MPP
1	MPS	10 AND X004
2	AND X001	11 MPS
3	MPS	12 AND X005
4	AND X002	13 OUT Y002
5	OUT Y000	14 MPP
6	MPP	15 AND X006
7	AND X003	16 OUT Y003
8	OUT Y001	

图 10-21　两层堆栈

编程例三：四层堆栈，如图 10-22 所示。

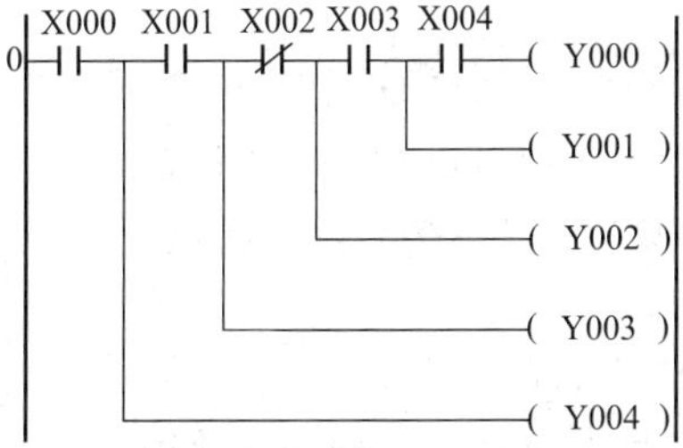

0	LD X000	9 OUT Y000
1	MPS	10 MPP
2	AND X001	11 OUT Y001
3	MPS	12 MPP
4	ANI X002	13 OUT Y002
5	MPS	14 MPP
6	AND X003	15 OUT Y003
7	MPS	16 MPP
8	AND X004	17 OUT Y004

图 10-22　四层堆栈

上面编程例三可以使用纵接输出的形式就可以不采用 MPS 指令了。

12. FX2N 系列可编程控制器主控指令 MC、MCR 的应用

在程序中常常会有这样的情况，多个线圈受一个或多个触点控制，要是在每个线圈的控制电路中都要串入同样的触点，将占用多个存储单元，应用主控指令就可以解决这一问题，如图 10-23

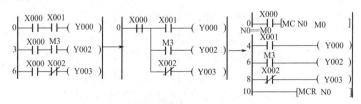

图 10-23　主控指令

所示。

（1）程序举例　如图 10-24 所示。

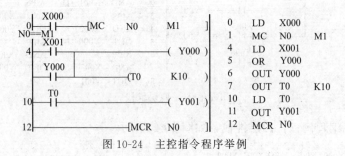

图 10-24　主控指令程序举例

（2）例题解释

① 当 X0 接通时，执行主控指令 MC 到 MCR 的程序。

② MC 至 MCR 之间的程序只有在 X0 接通后才能执行。

（3）指令说明

① MC 指令的操作软元件 N、M。

② 在上述程序中，输入 X0 接通时，直接执行从 MC 到 MCR 之间的程序；如果 X0 输入为断开状态，则根据不同的情况形成不同的形式。

保持当前状态：积算定时器（T63）、计数器、SET/RST 指令驱动的软元件。

断开状态：非积算定时器、用 OUT 指令驱动的软元件。

③ 主控指令（MC）后，母线（LD、LDI）临时移到主控触点后，MCR 为其将临时母线返回原母线的位置的指令。

④ MC 指令的操作元件可以是继电器 Y 或辅助继电器 M（特殊继电器除外）。

⑤ MC 指令后，必须用 MCR 指令使临时左母线返回原来位置。

⑥ MC/MCR 指令可以嵌套使用，即 MC 指令内可以再使用 MC 指令，但是必须使嵌套级编号从 N0 到 N7 按顺序增加，顺序不能颠倒；而主控返回则嵌套级标号必须从大到小，即按 N7 到 N0 的顺序返回，不能颠倒，最后一定是 MCR N0 指令。

无嵌套：如图 10-25 所示。

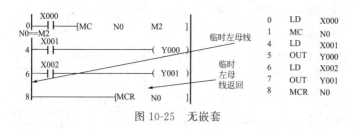

图 10-25　无嵌套

上述程序为无嵌套程序，操作元件 N 编程，且 N 在 N0～N7 之间任意使用没有限制；有嵌套结构时，嵌套级 N 的地址号增序使用，即 N0～N7。

有嵌套一：如图 10-26 所示。

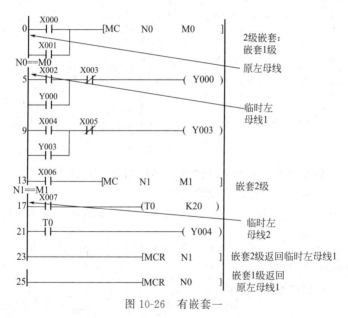

图 10-26　有嵌套一

有嵌套二：如图 10-27 所示。

13. FX2N 系列可编程控制器置 1 指令 SET、复 0 指令 RST 的应用

在前面的学习中我们了解到了自锁，自锁可以使动作保持。那

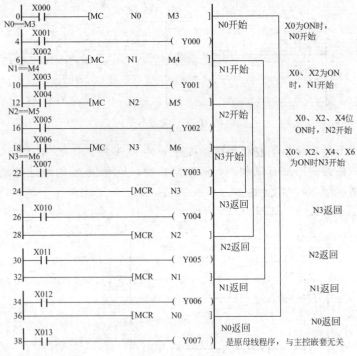

图 10-27　有嵌套二

么下面要学习的指令也可以做到自锁控制，并且在 PLC 控制系统中经常用到的一个比较方便的指令。

SET 指令称为置 1 指令：功能为驱动线圈输出，使动作保持，具有自锁功能。

RST 指令称为复 0 指令：功能为清除保持的动作，以及寄存器的清零。

（1）程序举例　如图 10-28 所示。

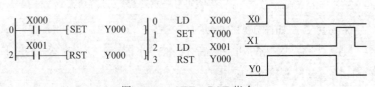

图 10-28　SET、RST 指令

（2）例题解释

① 当 X0 接通时，Y0 接通并自保持接通。

② 当 X1 接通时，Y0 清除保持。

（3）指令说明

① 在上述程序中，X0 如果接通，即使断开，Y0 也保持接通，X1 接通，即使断开，Y0 也不接通。

② 用 SET 指令使软元件接通后，必须要用 RST 指令才能使其断开。

③ 如果二者对同一软元件操作的执行条件同时满足，则复 0 优先。

④ 对数据寄存器 D、变址寄存器 V 和 Z 的内容清零时，也可使用 RST 指令。

⑤ 积算定时器 T63 的当前值复 0 和触点复位也可用 RST。

14. FX2N 系列可编程控制器上升沿微分脉冲指令 PLS、下降沿微分脉冲指令 PLF 的应用

微分脉冲指令主要作为信号变化的检测，即从断开到接通的上升沿和从接通到断开的下降沿信号的检测，如果条件满足，则被驱动的软元件产生一个扫描周期的脉冲信号。

PLS 指令：上升沿微分脉冲指令，当检测到逻辑关系的结果为上升沿信号时，驱动的操作软元件产生一个脉冲宽度为一个扫描周期的脉冲信号。

PLF 指令：下降沿微分脉冲指令，当检测到逻辑关系的结果为下降沿信号时，驱动的操作软元件产生一个脉冲宽度为一个扫描周期的脉冲信号。

（1）程序举例　如图 10-29 所示。

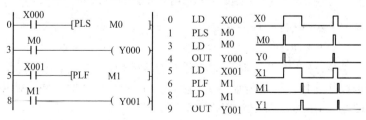

图 10-29　PLS、PLF 指令

（2）例题解释

① 当检测到 X0 的上升沿时，PLS 的操作软元件 M0 产生一个扫描周期的脉冲，Y0 接通一个扫描周期。

② 当检测到 X1 的上升沿时，PLF 的操作软元件 M1 产生一个扫描周期的脉冲，Y1 接通一个扫描周期。

（3）指令说明

① PLS 指令驱动的软元件只在逻辑输入结果由 OFF 到 ON 时动作一个扫描周期。

② PLF 指令驱动的软元件只在逻辑输入结果由 ON 到 OFF 时动作一个扫描周期。

③ 特殊辅助继电器不能作为 PLS、PLF 的操作软元件。

15. FX2N 系列可编程控制器 INV 取反指令的应用

INV 指令是将即将执行 INV 指令之前的运算结果反转的指令，无操作软元件。见表 10-10。

表 10-10 INV 指令

INV 指令即将执行前的运算结果	INV 指令执行后的运算结果
OFF	ON
ON	OFF

（1）程序举例 如图 10-30 所示。

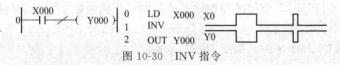

图 10-30 INV 指令

（2）例题解释 X0 接通，Y0 断开；X0 断开，Y0 接通。

（3）指令说明

① 编写 INV 取反指令需要前面有输入量，INV 指令不能直接与母线相连接，也不能如 OR、ORI、ORP、ORF 单独并联使用，如图 10-31 所示。

② 可以多次使用，只是结果只有两个，要么通要么断，如

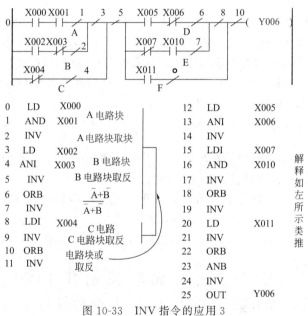

图 10-31　INV 指令的应用 1

图 10-32　INV 指令的应用 2

图 10-32所示。

③ INV 指令只对其前的逻辑关系取反。如图 10-33 所示。

0	LD	X000	A 电路块
1	AND	X001	
2	INV		A 电路块取块
3	LD	X002	B 电路块
4	ANI	X003	
5	INV		B 电路块取反
6	ORB		$\overline{A}+\overline{B}$
7	INV		$\overline{\overline{A}+\overline{B}}$
8	LDI	X004	C 电路
9	INV		C 电路块取反
10	ORB		电路块或
11	INV		取反

12	LD	X005
13	ANI	X006
14	INV	
15	LDI	X007
16	AND	X010
17	INV	
18	ORB	
19	INV	
20	LD	X011
21	INV	
22	ORB	
23	ANB	
24	INV	
25	OUT	Y006

解释如左所示类推

图 10-33　INV 指令的应用 3

如图 10-33 所示，在包含 ORB 指令、ANB 指令的复杂电路中使用 INV 指令编程时，INV 的取反动作如指令表中所示，将各个电路块开始处的 LD、LDI、LDP、LDF 指令以后的逻辑运算结果作为 INV 运算的对象。

16. FX2N 系列可编程控制器空操作指令 NOP、结束指令 END 的应用

（1）NOP 指令　称为空操作指令，无任何操作元件。其主要功能是在调试程序时，用其取代一些不必要的指令，即删除由这些指令构成的程序；另外在程序中使用 NOP 指令，可延长扫描周期。若在普通指令与指令之间加入空操作指令，可编程序控制器可继续工作，就如没有加入 NOP 指令一样；若在程序执行过程中加入空操作指令，则在修改或追加程序时可减少步序号的变化。

（2）END 指令　称为结束指令，无操作元件。其功能是输入输出处理和返回到 0 步程序。

（3）指令说明

① 在将程序全部清除时，存储器内指令全部成为 NOP 指令。

② 若将已经写入的指令换成 NOP 指令，则电路会发生变化。

③ 可编程序控制器反复进行输入处理、程序执行、输出处理，若在程序的最后写入 END 指令，则 END 以后的其余程序步不再执行，而直接进行输出处理。

④ 在程序中没 END 指令时，可编程序控制器处理完其全部的程序步。

⑤ 在调试期间，在各程序段插入 END 指令，可依次调试各程序段程序的动作功能，确认后再删除各 END 指令。

⑥ 可编程序控制器在 RUN 开始时首次执行是从 END 指令开始。

⑦ 执行 END 指令时，也刷新监视定时器，检测扫描周期是否过长。

17. FX2N 系列可编程控制器 LDP、LDF、ANDP、ANDF、ORP、ORF 指令的应用

LDP：上升沿检测运算开始（检测到信号的上升沿时闭合一个扫描周期）。

LDF：下降沿检测运算开始（检测到信号的下降沿时闭合一个扫描周期）。

ANDP：上升沿检测串联连接（检测到位软元件上升沿信号时

闭合一个扫描周期）。

ANDF：下降沿检测串联连接（检测到位软元件下降沿信号时闭合一个扫描周期）。

ORP：脉冲上升沿检测并联连接（检测到位软元件上升沿信号时闭合一个扫描周期）。

ORF：脉冲下降沿检测并联连接（检测到位软元件下降沿信号时闭合一个扫描周期）。

上述 6 个指令的操作软元件都为 X、Y、M、S、T、C。

程序举例：如图 10-34 所示。

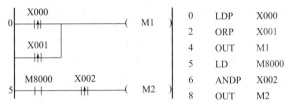

图 10-34　LDP、LDF、ANDP、ANDF、ORP、ORF 指令应用 1

在上面程序里，X0 或 X1 由 OFF—ON 时，M1 仅闭合一个扫描周期；X2 由 OFF—ON 时，M2 仅闭合一个扫描周期。如图 10-35所示。

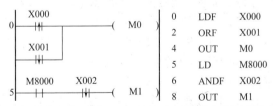

图 10-35　LDP、LDF、ANDP、ANDF、ORP、ORF 指令应用 2

在上面程序里，X0 或 X1 由 ON—OFF 时，M0 仅闭合一个扫描周期；X2 由 ON—OFF 时，M1 仅闭合一个扫描周期。

所以上述两个程序都可以使用 PLS、PLF 指令来实现。

18. 西门子 S7-200 可编程控制器常用逻辑指令

S7 系列可编程控制器的基本逻辑指令参如表 10-11 所示。

表 10-11 S7 系列 PLC 的基本逻辑指令

符号	操作数	功能描述
—┤ ├— ·	I,Q,M,L,D,T,C	当其初始地址输入状态为 1 时,输出为 1;当其初始地址输入状态为 0 时,输出为 0
—┤/├—		当其初始地址输入状态为 0 时,输出为 1;当其初始地址输入状态为 1 时,输出为 0
—┤NOT		当该符号前的"RLO"的值为 1 时,输出为 0;当该符号前的"RLO"的值为 0 时,输出为 1
—( )—	I,Q,M,L,D	当输入有状态时,其逻辑操作结果就为 1;当输入没有状态时,其逻辑操作结果就为 0
—(#)—		临时变量,保存逻辑操作位的结果并向下输出。也称为连接符

19. 西门子 S7-200 可编程控制器 LD (Load)、LDN (Load Not) 以及线圈驱动指令 = (Out) 的应用

① LD、LDN 指令总是与母线相连（包括在分支点引出的母线）。

② =指令不能用于输入继电器。

图 10-36 所示为装载指令的用法。

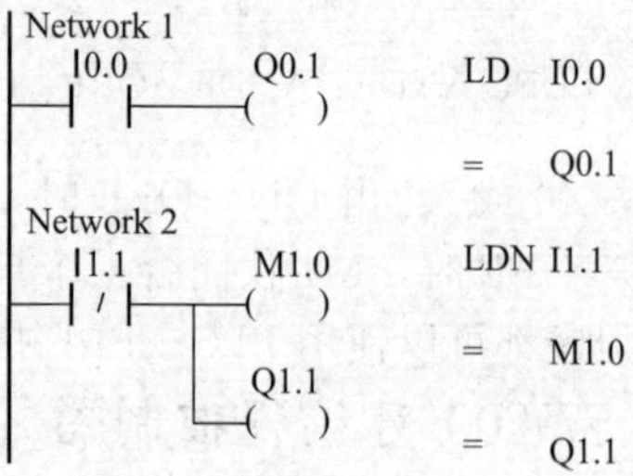

```
Network 1
  I0.0      Q0.1            LD    I0.0
 ─┤ ├──────( )─
                            =     Q0.1

Network 2
  I1.1      M1.0            LDN   I1.1
 ─┤/├──────( )─
            Q1.1            =     M1.0
           ─( )─
                            =     Q1.1
```

图 10-36 装载指令的使用

20. 西门子 S7-200 可编程控制器触点串联指令 A（And）、AN（And Not）的应用

① A、AN 指令应用于单个触点的串联（常开或常闭），可连续使用。

② A、AN 指令的操作数为：I，Q，M，SM，T，C，V，S。图 10-37 所示为 A、AN 指令的用法。

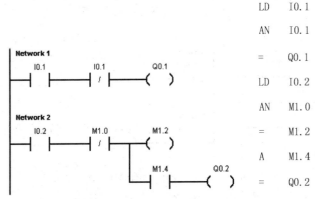

图 10-37　A、AN 指令使用举例

21. 西门子 S7-200 可编程控制器触点并联指令 O（Or）、ON（Or Not）的应用

① O、ON 指令应用于并联单个触点，紧接在 LD、LDN 之后使用，可以连续使用。

② O、ON 指令的操作数为：I，Q，M，SM，T，C，V，S。图 10-38 所示为 O、ON 指令的用法。

22. 西门子 S7-200 可编程控制器置位/复位指令 S（Set）/R（Reset）的应用

S：置位指令，将由操作数指定的位开始的 1 位至最多 225 位置 "1"，并保持。

R：复位指令，将由操作数指定的位开始的 1 位至最多 225 位置 "0"，并保持。S、R 指令的时序图、梯形图及语句表如

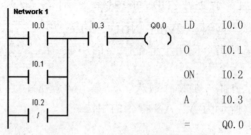

图 10-38　O、ON 指令使用举例

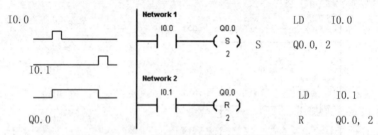

图 10-39　S、R 指令的时序图、梯形图及语句表

图 10-39 所示。

R、S 指令使用说明：

① 与＝指令不同，S 或 R 指令可以多次使用同一个操作数。

② 用 S、R 指令可构成 S-R 触发器，可用 R/S 指令构成 R-S 触发器。由于 PLC 特有的顺序扫描的工作方式，使得执行后面的指令具有优先权。

③ 使用 S、R 指令时需要指定操作性质（S/R）、开始位（bit）和位的数量（N）。

④ 操作数被置"1"后，必须通过 R 指令清"0"。

23. 西门子 S7-200 可编程控制器边沿触发指令 EU（Edge Up）和 ED（Edge Down）的应用

EU：上升沿触发指令，在检测信号的上升沿，产生一个扫描周期宽度的脉冲。

ED：下降沿触发指令，在检测信号的下降沿，产生一个扫描周期宽度的脉冲。

EU、ED 指令的梯形图及语句表如图 10-40 所示。

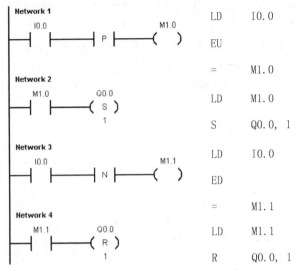

图 10-40　EU、ED 指令的梯形图及语句表

24. 西门子 S7-200 可编程控制器逻辑结果取反指令 NOT 的应用

NOT 指令用于将 NOT 指令左端的逻辑运算结果取非。NOT 指令无操作数。NOT 指令的梯形图及语句表如图 10-41 所示。

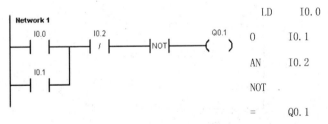

图 10-41　NOT 指令的梯形图及语句表

25. 西门子 S7-200 可编程控制器定时器指令

S7-200 的 CPU22X 系列的 PLC 有三种类型的定时器：通电延时定时器 TON、保持型通电延时定时器 TONR 和断电延时定时器 TOF，总共提供 256 个定时器 T0～T225，其中 TONR 为 64 个，其余 192 个可定义为 TON 或 TOF。定时精度可分为三个等级：1ms、10ms 和 100ms。

$$定时器的定时时间\ T = PT \times S$$

式中　T——定时器的定时时间；

　　PT——定时器的设定值，数据类型为整数型；

　　S——定时器的精度。

定时器指令需要三个操作数：编号、设定值和允许输入。

26. 西门子 S7-200 可编程控制器接通延时定时器指令 TON（On-Delay Timer）的应用

接通延时定时器 TON 用于单一间隔的定时。

在梯形图中，TON 指令以功能框的形式编程，指令名称为 TON，它有两个输入端：IN 为启动定时器输入端，PT 为定时器的设定值输入端。当定时器的输入端 IN 为 ON 时，定时器开始计时；当定时器的当前值大于等于设定值时，定时器被置位，其动合触点接通，动断触点断开，定时器继续计时，一直计时到最大值 32767。无论何时，只要 IN 为 OFF，TON 的当前值被复位到"0"。在语句表中，接通延时定时器的指令格式为：TON TXXX（定时器编号）PT。图 10-42 为 TON 指令应用示例。

当定时器 T35 的允许输入 I0.0 为 ON 时，T35 开始计时，定

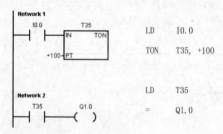

图 10-42　接通延时定时器 TON 指令应用示例

时器 T35 的当前前寄存器从 0 开始增加。当 T35 的当前值达到设定值 PT（本例中为 1s）时，T35 的状态位（BIT）为 ON，T35 的动合触点为 ON，使得 Q1.0 为 ON。此时 T35 的当前值继续累加到最低位。在程序中也可以使用复位指令 R 使定时器复位。

27. 保持型接通延时定时器指令 TONR（Retentive On-Delay Timer）的应用

保持型接通延时定时器 TONR，用于多个时间间隔的累计定时。在梯形图中，TONR 指令以功能框的形式编程，指令名称为 TONR，它有两个输入端：IN 为启动定时器输入端，PT 为定时器的设定值输入端。当定时器的输入端 IN 为 ON 时，定时器开始计时，当定时器的当前值大于等于设定值时，定时器被置位，其动合触点接通，动断触点断开，定时器继续计时，一直计时到最大值 32767。图 10-43 是保持型接通延时定时器应用示例。

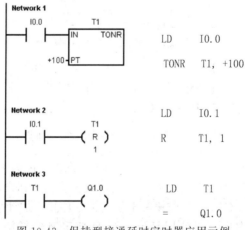

图 10-43　保持型接通延时定时器应用示例

当定时器 T1 的允许输入 I0.0 为 ON 时，T1 开始计时，定时器 T1 的当前值寄存器从 0 开始增加。当 I0.0 为 OFF 时，T1 的当前值保持。当 I0.0 再次为 ON 时，T1 的当前值寄存器在保持值的基础上继续累加，直到 T1 的当前值达到设定值 PT（本例中为 1s）时，定时器动作，此时 T1 的当前值继续累加到最大值（32767S，

S 为定时器精度）或 T1 复位。当定时器动作后，即使 I0.0 为 OFF 时，T1 也不会复位。必须使用复位指令 R。

28. 西门子 S7-200 可编程控制器断开延时定时器指令 TOF（OFF-DELAY TIMER）的应用

断开延时定时器 TOF，用于允许输入端断开后的单一间隔定时。系统上电或首次扫描时，定时器 TOF 的状态位（BIT）为 OFF，当前值为 0。

TON 指令以功能框的形式编程，它有两个输入端：IN 为启动定时器输入端，PT 为定时器的设定值输入端。只有当 IN 由 ON 变为 OFF 时，定时器才开始计时，当定时器的当前值大于等于设定值时，定时器被复位，其动合触点断开，动断触点接通，定时器停止计时。如果 IN 的 OFF 时间小于设定值，则定时器位始终为 ON，如图 10-44 所示。

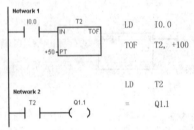

图 10-44　断开延时定时器指令应用示例

当允许输入 I0.0 为 ON 时，定时器的状态位为 ON，当 I0.0 由 ON 到 OFF 时，当前值从 0 开始增加，直到达到设定值 PT，定时器的状态为 OFF，当前值等于设定值，停止累加计数。

在程序中也可以使用复位指令 R 使定时器复位。TOF 复位后，定时器的状态位（BIT）为 OFF，当前值为 0。当允许输入 IN 再次由 ON 到 OFF 时，TOF 再次启动。

29. 西门子 S7-200 可编程控制器计数指令的应用

计数器用来累计脉冲的数量。S7-200 的普通计数器有三种类型：递增计数器 CTU、递减计数器 CTD 和增减计数器 CTUD，共有计数器 256 个，可根据实际编程需要，对某个计数器的类型进行定义，编号为 C0～C255。不能重复使用同一个计数器的线圈编号，即每个计数器的线圈编号只能使用一次。每个计数器有 16 位的当前值寄存器和一个状态位，最大计数值 PV 的数据类型为整数型 INT，寻址范围为：VW，IW，QW，NW，MW，SW，SMW，LW，AIW，T，C，AC，∗VD，∗AC，∗LD 及常数。

（1）递增计数器指令 CTU（Couter Up）　首次 CTU 时，其状态位为 OFF，其当前值为 0。在梯形图中，递增计数器以功能框的形式编程，指令名称 CTU，它有三个输入端：CU、R 和 PV。PV 为设定值输入。CU 为计数脉冲的启动输入端，CU 为 ON 时，在每个输入脉冲的上升沿，计数器计数 1 次，当前值寄存器加 1。如果当前值达到设定值 PV，计数器动作，状态位为 ON，当前值继续递增计数，最大可达到 32767。CU 由 ON 变为 OFF 时，计数器的当前值停止计数，并保持当前值不变；CU 又变为 ON，则计数器在当前值的基础上继续递增计数。R 为复位脉冲的输入端，当 R 端为 ON，计数器复位，使计数器状态位为 OFF，当前值为 0。也可以通过复位指令 R 使 CTU 计数器复位。CTU 梯形图及语句表如图 10-45 所示。

（2）递减计数器指令 CTD（Couter Down）　首次扫描 CTD 时，其状态位为 OFF，其当前值为设定值。在梯形图中，递减计

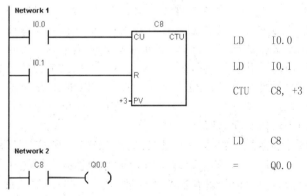

图 10-45　CTU 梯形图及语句表

数器以功能框的形式编程，指令名称为 CTD，它有 CD、R 和 PV 三个输入端。PV 为设定输入端。CD 为计数脉冲的输入端，在每个输入脉冲的上升沿，计数器计数 1 次，当前值寄存器减 1。如果当前值寄存器减到 0 时，计数器动作，状态位为 ON。计数器的当前值保持为设定值。也可以通过复位指令 R 使 CTD 计数器复位。CTD 计数器的梯形图及语句表见图 10-46。

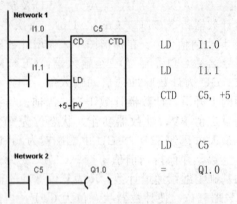

图 10-46　CTD 计数器的梯形图及语句表

（3）增减计数器指令 CTUD（Counter Up\Down）　增减计数器 CTUD，首次扫描时，其状态位为 OFF，当前值为 0。在梯形图中增减计数器以功能框的形式编程，指令名称为 CTUD，它有两个脉冲输入端 CU 和 CD，1 个复位输入端 R 和 1 个设定值输入端 PV。CU 为脉冲递增计数输入端，在 CU 的每个输入脉冲的上升沿，当前值寄存器加 1；CD 为脉冲递减计数输入端，在 CD 的每个输入脉冲的上升沿，当前值寄存器减 1。如果当前值等于设定值时，CTUD 动作，其状态位为 ON。如果 CTUD 的复位输入端 R 为 ON 时，或使用复位指令 R，可使 CTUD 复位，即使状态位为 OFF，使当前值寄存器清 0。

增减计数器的计数范围为 $-32768 \sim 32767$。当 CTUD 计数到最大值（32767）后，如 CU 端又有计数脉冲输入，在这个输入脉冲的上升沿，使当前值寄存器跳变到最小值（-32768）；反之，在当前值为最小值（-32768）后，如 CD 端又有计数脉冲输入，在这个脉冲的上升沿，使当前值寄存器跳变到最大值（32767）。

30．西门子 S7-200 可编程控制器比较指令的应用

比较指令用于两个相同数据类型的符号或无符号数 INI 和 IN2 的比较判断操作，条件成立时触点闭合。

比较指令的类型有：字节比较，整数比较，双字整数比较和实数比较。

比较运算符有：等于（＝），大于等于（＞＝），大于（＞），小于（＜），不等于（＜＞）。

字节比较用于比较两个字节型整数值 IN1 和 IN2 的大小，字节比较是无符号的。整数比较指令用于两个有符号的一个字长的整数 IN1 和 IN2 的比较，整数范围为十六进制的 8000 到 7FFF，在 S7-200 中，用 16♯8000～16♯7FFF 表示。

双字整数比较指令用于两个有符号的双字长整数 IN1 和 IN2 的比较。双字整数的范围为：16♯80000000～16♯7FFFFFFF。实数比较指令用于两个有符号的双字长实数 IN1 和 IN2 的比较。正实数的范围为：＋1.175495E－38～＋3.402823E＋38，负实数的范围为：－1.175495E－38～－3.402823E＋38。

对比较指令可以进行 LD、A 和 O 编程。图 10-47 为比较指令

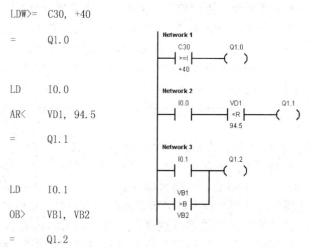

```
LDW>=  C30, +40

=      Q1.0


LD     I0.0

AR<    VD1, 94.5

=      Q1.1


LD     I0.1

OB>    VB1, VB2

=      Q1.2
```

图 10-47　比较指令的应用

的应用示例。

四、PLC 控制系统与电器控制系统的比较

1. 电器控制系统的组成

通过前面的学习我们知道，任何一个电器控制系统，都是由输入部分、控制部分和输出部分组成，如图 10-48 所示。

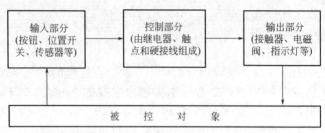

图 10-48　电器控制系统的组成

其中输入部分是由各种输入设备，如按钮、位置开关及传感器等组成；控制部分是按照控制要求设计的，由若干继电器及触点构成的具有一定逻辑功能的控制电路；输出部分是由各种输出设备，如接触器、电磁阀、指示灯等执行元件组成。电器控制系统是根据操作指令及被控对象发出的信号，由控制电路按规定的动作要求决定执行什么动作或动作的顺序，然后驱动输出设备去实现各种操作。由于控制电路是采用硬接线将各种继电器及触点按一定的要求连接而成，所以接线复杂且故障点多，同时不易灵活改变。

2. PLC 控制系统的组成

由 PLC 构成的控制系统也是由输入、输出和控制三部分组成，如图 10-49 所示。

从图 10-49 中可以看出，PLC 控制系统的输入、输出部分和电器控制系统的输入、输出部分基本相同，但控制部分是采用"可编程"的 PLC，而不是实际的继电器线路。因此，PLC 控制系统可以方便地通过改变用户程序，以实现各种控制功能，从根本上解决了电器控制系统控制电路难以改变的问题。同时，PLC 控制系统不仅能实现逻辑运算，还具有数值运算及过程控制等复杂的控制功能。

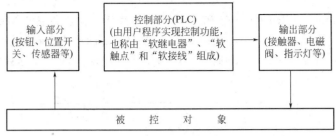

图 10-49　PLC 控制系统的组成

3. PLC 电路如何等效成电器控制电路

从上述比较可知，PLC 的用户程序（软件）代替了继电器控制电路（硬件）。因此，对于使用者来说，可以将 PLC 等效成是许许多多各种各样的"软继电器"和"软接线"的集合，而用户程序就是用"软接线"将"软继电器"及其"触点"按一定要求连接起来的"控制电路"。

为了更好地理解这种等效关系，下面通过一个例子来说明。如图 10-50 所示为三相异步电动机单向启动运行的电器控制系统。其中，由输入设备 SB1、SB2、FR 的触点构成系统的输入部分，由输出设备 KM 构成系统的输出部分。

如果用 PLC 来控制这台三相异步电动机，组成一个 PLC 控制

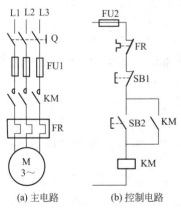

(a) 主电路　　　　(b) 控制电路

图 10-50　三相异步电动机单向启动运行电器控制系统

系统，根据上述分析可知，系统主电路不变，只要将输入设备 SB1、SB2、FR 的触点与 PLC 的输入端连接，输出设备 KM 线圈与 PLC 的输出端连接，就构成 PLC 控制系统的输入、输出硬件线路。而控制部分的功能则由 PLC 的用户程序来实现，其等效电路如图 10-51 所示。

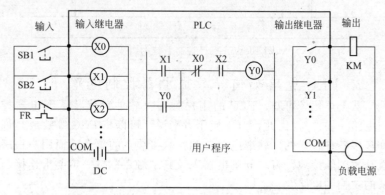

图 10-51　PLC 的等效电路

图 10-51 中，输入设备 SB1、SB2、FR 与 PLC 内部的"软继电器" X0、X1、X2 的"线圈"对应，由输入设备控制相对应的"软继电器"的状态，即通过这些"软继电器"将外部输入设备状态变成 PLC 内部的状态，这类"软继电器"称为输入继电器；同理，输出设备 KM 与 PLC 内部的"软继电器" Y0 对应，由"软继电器" Y0 状态控制对应的输出设备 KM 的状态，即通过这些"软继电器"将 PLC 内部状态输出，以控制外部输出设备，这类"软继电器"称为输出继电器。

因此，PLC 用户程序要实现的是：如何用输入继电器 X0、X1、X2 来控制输出继电器 Y0。当控制要求复杂时，程序中还要采用 PLC 内部的其他类型的"软继电器"，如辅助继电器、定时器、计数器等，以达到控制要求。

要注意的是，PLC 等效电路中的继电器并不是实际的物理继电器，它实质上是存储器单元的状态。单元状态为"1"，相当于继电器接通；单元状态为"0"，则相当于继电器断开。因此，称这些继电器为"软继电器"。

采用 PLC 控制，其外部接线及内部等效电路如表 10-12 所示（以三菱公司 F1 系列 PLC 为例）。可将 PLC 分成三部分：输入部分、内部控制电路和输出部分。

表 10-12　PLC 控制与继电器控制电路对照

电路的工作过程：当启动按钮 SB1 闭合，输入继电器 X400 接通，其常开触点 X400 闭合，输出继电器 Y430 接通，Y430 的常开触点闭合自锁，同时外部常开触点闭合，使接触器线圈 KM 通电，电动机连续运行。停机时按停机按钮 SB2, 输入继电器 X401 接通, 其常闭触点断开, 线圈 Y430 断开, 电动机停止运行。这里要注意, 因与停机按钮相连的输入继电器 X401 采用的是常闭触点, 所以停机按钮必须采用常开触点, 这与继电接触器控制电路不同。

4. PLC 控制系统与电器控制系统的区别

PLC 控制系统与电器控制系统相比, 有许多相似之处, 也有许多不同。不同之处主要在以下几个方面。

① 从控制方法上看, 电器控制系统控制逻辑采用硬件接线, 利用继电器机械触点的串联或并联等组合成控制逻辑, 其连线多且复杂、体积大、功耗大, 系统构成后, 想再改变或增加功能较为困难。另外, 继电器的触点数量有限, 所以电器控制系统的灵活性和可扩展性受到很大限制。而 PLC 采用了计算机技术, 其控制逻辑是以程序的方式存放在存储器中, 要改变控制逻辑只需改变程序, 因而很容易改变或增加系统功能。系统连线少、体积小、功耗小, 而且 PLC 所谓 "软继电器" 实质上是存储器单元的状态, 所以 "软继电器" 的触点数量是无限的, PLC 系统的灵活性和可扩展性好。

② 从工作方式上看, 在继电器控制电路中, 当电源接通时, 电路中所有继电器都处于受制约状态, 即该吸合的继电器都同时吸合, 不该吸合的继电器受某种条件限制而不能吸合, 这种工作方式称为并行工作方式。而 PLC 的用户程序是按一定顺序循环执行, 所以各软继电器都处于周期性循环扫描接通中, 受同一条件制约的各个继电器的动作次序决定于程序扫描顺序, 这种工作方式称为串行工作方式。

③ 从控制速度上看, 继电器控制系统依靠机械触点的动作以实现控制, 工作频率低, 机械触点还会出现抖动问题。而 PLC 通过程序指令控制半导体电路来实现控制, 速度快, 程序指令执行时间在微秒级, 且不会出现触点抖动问题。

④ 从定时和计数控制上看, 电器控制系统采用时间继电器的延时动作进行时间控制, 时间继电器的延时时间易受环境温度和温度变化的影响, 定时精度不高。而 PLC 采用半导体集成电路作定时器, 时钟脉冲由晶体振荡器产生, 精度高, 定时范围宽,

用户可根据需要在程序中设定定时值，修改方便，不受环境的影响，且 PLC 具有计数功能，而电器控制系统一般不具备计数功能。

⑤ 从可靠性和可维护性上看，由于电器控制系统使用了大量的机械触点，其存在机械磨损、电弧烧伤等，寿命短，系统的连线多，所以可靠性和可维护性较差。而 PLC 大量的开关动作由无触点的半导体电路来完成，其寿命长、可靠性高，PLC 还具有自诊断功能，能查出自身的故障，随时显示给操作人员，并能动态地监视控制程序的执行情况，为现场调试和维护提供了方便。

五、梯形图的设计原则

1. 可编程控制器梯形图的设计规则

① 触点的安排。梯形图的触点应画在水平线上，不能画在垂直分支上。

② 串、并联的处理。在有几个串联回路相并联时，应将触点最多的那个串联回路放在梯形图最上面。在有几个并联图回路相串联时，应将触点最多的并联回路放在梯形图的最左面。

③ 线圈的安排。不能将触点画在线圈右边，只能在触点的右边接线圈。

④ 不准双线圈输出。如果在同一程序中同一元件的线圈使用两次或多次，则称为双线圈输出。这时前面的输出无效，只有最后一次才有效，所以不应出现双线圈输出。

⑤ 重新编排电路。如果电路结构比较复杂，可重复使用一些触点画出它的等效电路，然后再进行编程就比较容易。

⑥ 编程顺序。对复杂的程序可先将程序分成几个简单的程序段，每一段从最左边触点开始，由上之下向右进行编程，再把程序逐段连接起来。

⑦ 按从左到右（串联）、自上而下（并联）的顺序编制。每个继电器线圈为一逻辑行，每个逻辑行起于左母线，经过触点、线圈，止于右母线。

注意 a. 左母线与线圈之间一定要有触点。

b. 线圈与右母线之间不能有任何触点。

c. 每个逻辑行最后都必须是继电器线圈。

图 10-52 画法均不正确：

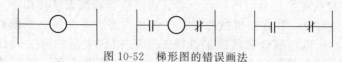

图 10-52　梯形图的错误画法

⑧ 触点串联块并联时，触点较多的块应放在上面，以减少存储单元。

图 10-53(a) 的画法不合理（但是允许的），应当改为图 10-53(b) 的画法。

图 10-53　梯形图的画法 1

⑨ 触点并联块串联时，触点较多的块应放在左边，可减少编程语句和节约存储单元。

图 10-54(a) 不合理，应改为如图 10-54(b) 所示的画法。

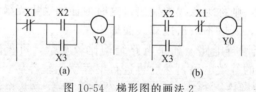

图 10-54　梯形图的画法 2

⑩ 触点不能出现在垂直梯形图线上。图 10-55(a) 所示的桥式电路应作适当的变换画成图 10-55(b) 所示的画法。

⑪ 输出线圈不能是输入继电器 IR 或特殊继电器 SR。

2. 可编程控制器梯形图编程的注意事项

① 避免双线圈输出。如在同一程序中同一元件线圈使用两次或多次（图 10-56 所示），称为双线圈输出。

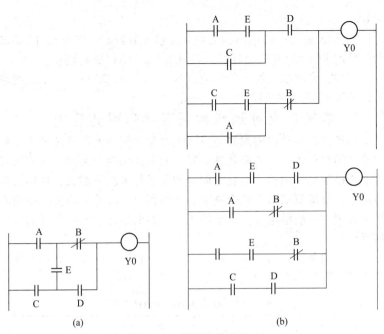

(a)

(b)

图 10-55　梯形图的画法 3

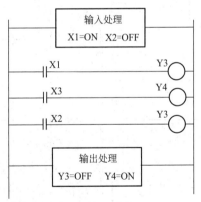

图 10-56　双线圈输出

注意　双线圈输出时，前一次输出无效，只有最后一次输出才有效。

② 输入信号的频率不能太高（高速计数器输入除外）。PLC 输入信号的 ON 和 OFF 的时间，必须比 PLC 的扫描周期长。

例如：考虑输入滤波的响应延迟 10ms，扫描时间 10ms，则输入的 ON 或 OFF 时间至少为 20ms。

3. 不同厂商可编程控制器梯形图的区别

梯形图是一种以图形符号及图形符号在图中的相互关系表示控制关系的编程语言，它是从继电器控制电路图演变来的。梯形图将继电器控制电路图进行简化，同时加进了许多功能强大、使用灵活的指令，将微机的特点结合进去，使编程更加容易，而实现的功能却大大超过传统继电器控制电路图，是目前最普通的一种可编程控制器编程语言。

梯形图及符号的画法应按一定规则，各厂家的符号和规则虽不尽相同，但基本上大同小异，如表 10-13 所示。

表 10-13　四种不同厂商的梯形图

对于梯形图的规则，总结有以下具有共性的几点，如表 10-14 所示，以便读者加深对可编程控制器编程的认识和学习。

表 10-14　四种不同厂商可编程控制器部分符号意义

厂家	输入常开触点	输入常闭触点	输出继电器线圈	输出继电器常开触点
欧姆龙	0000	0001	0500	0500
松下	X0	X0	Y0	Y0
三菱	X0	X0	Y1	Y0
西门子	I0.0	I0.0	Q0.0	Q0.0
注释	欧姆龙：00 □□表示输入触点 松下：X □表示输入触点 三菱：X □表示输入触点 西门子：I □．□表示输入触点		欧姆龙：05 □□表示输出触点(或线圈) 松下：Y □表示输出触点(或线圈) 三菱：Y □表示输出触点(或线圈) 西门子：Q □．□表示输出触点(或线圈)	

梯形图中只有动合和动断两种触点。各种机型中动合触点和动断触点的图形符号基本相同，但它们的元件编号不相同，随不同机种、不同位置（输入或输出）而不同。统一标记的触点可以反复使用，次数不限，这点与继电器控制电路中同一触点只能使用一次不同。因为在可编程控制器中每一触点的状态均存入可编程控制器内部的存储单元中，可以反复读写，故可以反复使用。

4. 可编程控制器梯形图的特点

① 梯形图按自上而下、从左到右的顺序排列。每个继电器线圈为一个逻辑行及一层阶梯，每一逻辑起于左母线，然后是触点的连接，最后终止于继电器线圈或右母线（有些 PLC 右母线可省略）。

注意 左母线与线圈之间一定要有触点，而线圈与右母线之间则不能有任何触点。

② 梯形图中的继电器不是物理继电器，每个继电器均为储存器中的一位，因此称为"软继电器"。当储存器相应位的状态为"1"，表示该继电器线圈得电，其动合触点闭合或动断触点断开。

梯形图中的线圈是广义的，除了输出继电器、辅助继电器线圈外，还包括定时器、计数器、移位寄存器以及各种计算的结果等。

③ 梯形图是 PLC 形象化的编程手段，梯形图两端的母线并非实际电源的两端，因此，梯形图中流过的电流也不是实际的物理电流，而是"概念"电流，是用户程序执行过程中满足输出条件的形象表现形式。

梯形图中，"概念"电流只能从左到右流动，层次改变只能先上后下。

④ 一般情况下，在梯形图中某个编号继电器线圈只能出现一次，而继电器触点（动合或动断）可无限次使用。

如果在同一程序中，同一继电器的线圈使用了两次或多次，称为"双线圈输出"。对于"双线圈输出"，有些 PLC 将其视为语法错误，绝对不允许；有些 PLC 则将前面的输出视为无效，只有最后一次输出有效；而有些 PLC，在含有跳转指令或步进指令的梯形图中允许双线圈输出。

⑤ 梯形图中，前面所示逻辑行逻辑执行结果将立即被后面逻辑行的逻辑操作所利用。

⑥ 梯形图中，除了输入继电器没有线圈，只有触点外，其他继电器既有线圈，又有触点。

⑦ PLC 总是按照梯形图排列的先后顺序（从上到下，从左到右）逐一处理。也就是说，PLC 是按循环扫描工作方式执行梯形图程序。因此，梯形图中不存在不同逻辑行同时开始执行的情况，使得设计时可减少许多联锁环节，从而使梯形图大大简化。

5. 梯形图的设计方法

经验设计法是沿用设计继电接触器控制电路的方法来设计梯形图，即在一些典型的继电接触器控制电路的基础上，根据被控对象对控制系统的具体要求，不断修改和完善梯形图。经验设计法在设计时无普遍规律可循，设计的质量与设计者的经验有很大的关系。经验设计法可用于较简单的梯形图设计，如一些继电接触器基本控制电路的设计。

以 F1 系列 PLC 为例。图 10-57 所示为电动机继电器控制直接启动控制线路原理图。I/O 端口分配表如表 10-15 所示，梯形图如图 10-58 所示，PLC 外部接线图如图 10-59 所示。

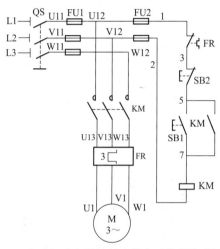

图 10-57　电动机继电器控制直接启动控制线路原理图

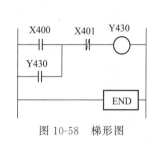

图 10-58　梯形图

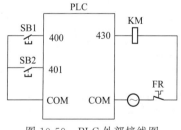

图 10-59　PLC 外部接线图

表 10-15　I/O 端口分配表

输入		输出	
SB1	X400	KM	Y430
SB2	X401		

PLC 外部工作过程：按下启动按钮，输入继电器 X400 接通，其常开触点闭合，输出继电器 Y430 接通，Y430 的常开触点闭合自锁。按下停机按钮，输入继电器 X401 接通，其常闭触点断开，输出继电器 Y430 断开。

四种不同厂商可编程控制器对照表见表 10-16。

表 10-16   四种不同厂商可编程控制器对照表

厂家	I/O 端口分配表	PLC 外部接线图	梯形图	继电器控制电路
欧姆龙				
松下				
三菱 F1				
三菱 FX2				

厂家	I/O 端口分配表	PLC 外部接线图	梯形图	继电器控制电路
西门子	输入　　　　输出 SB1　I0.0　KM　Q0.0 SB2　I0.1			

第十一章

变频器的应用知识

一、变频器及周边设备的选择

1. 变频器选择

通用变频器的选择包括变频器的形式选择和容量选择两个方面。其总的原则是首先保证可靠地实现工艺要求，再尽可能节省资金。

根据控制功能可将通用变频器分为三种类型：普通功能型 U/f 控制变频器、具有转矩控制功能的高性能型 U/f 控制变频器（也称无跳闸变频器）和矢量控制高性能型变频器。变频器类型的选择要根据负载的要求进行。对于风机、泵类等负载，低速下负载转矩较小，通常可选择普通功能型的变频器。对于恒转矩类负载或有较高静态转速精度要求的机械采用具有转矩控制功能的高功能型变频器则是比较理想的。因为这种变频器低速转矩大，静态机械特性硬度大，不怕负载冲击，具有挖土机特性。日本富士公司的 FREN-IC5000G7/P7、G9/P9，三肯公司的 SAMCO-L 系列属于此类。也有采用普通功能型变频器的例子。为了实现大调速比的恒转矩调速，常采用加大变频器容量的办法。对于要求精度高、动态性能好、响应快的生产机械（如造纸机械、轧钢机等），应采用矢量控制高功能型通用变频器。安川公司的 VS-616G5 系列、西门子公司的 6SET 系列变频器属于此类。

大多数变频器容量可从三个角度表述：额定电流、可用电动机功率和额定容量。其中后两项，变频器生产厂家由本国或本公司生产的标准电动机给出，或随变频器输出电压而降低，都很难确切表达变频器的能力。选择变频器时，只有变频器的额定电流是一个反映半导体变频装置负载能力的关键量。负载电流不超过变频器额定电流是选择变频器容量的基本原则。需要着重指出的是，确定变频器容量前应仔细了解设备的工艺情况及电动机参数，例如潜水电泵、绕线转子电动机的额定电流要大于普通笼形异步电动机额定电流，冶金工业常用的辊道用电动机不仅额定电流大很多，同时它允许短时处于堵转工作状态，且辊道传动大多是多电动机传动。应保证在无故障状态下负载总电流均不允许超过变频器的额定电流。

2. 变频器容量选定

变频器容量的选定由很多因素决定，如电动机容量、电动机额定电流、加速时间等，其中最基本的是电动机电流。下面分三种不同情况，就如何选定通用型变频器容量做一些简单介绍。

（1）驱动一台电动机　连续恒定负载时所需变频器容量如下。

变频器额定容量

$$S_N \geqslant \frac{kP_{M2}}{\eta \cos\varphi} \quad (kV \cdot A)$$

$$S_N \geqslant \sqrt{3} U_{MN} I_{MN} \times 10^{-3} \quad (kV \cdot A)$$

变频器额定电流 $I_N \geqslant k I_{MN}$ 　（A）

式中　P_{M2}——生产机械要求的电动机轴上输出功率，kW；

$\quad U_{MN}$——电动机额定电压（线电压），V；

$\quad I_{MN}$——电动机额定电流（线电压），A；

$\quad \eta$——电动机的效率（通常可取 0.85）；

$\quad \cos\varphi$——电动机的功率因数（通常可取 0.75）；

$\quad k$——电流波形修正系数，PWM 方式时取 1.05～1.10。

（2）驱动多台电动机　成组传动时（一台变频器的为多台并联电动机供电）所需容量如下。

变频器短时过载能力为 150%、1min 时，电动机加速时间在 1min 以内

$$S_N \geqslant \frac{2}{3} \frac{kP_{M2}N_T}{\eta \cos\varphi} \left[1 + \frac{N_S}{N_T}(K_S - 1) \right]$$

$$I_N \geqslant \frac{2}{3} N_T I_{MN} \left[1 + \frac{N_S}{N_T}(K_S - 1) \right]$$

加速时间在 1min 以上

$$S_N \geq \frac{kP_{M2}N_T}{\eta\cos\varphi}\left[1+\frac{N_S}{N_T}(K_S-1)\right]$$

$$I_N \geq \frac{2}{3}N_T I_{MN}\left[1+\frac{N_S}{N_T}(K_S-1)\right]$$

式中　　N_T——并联电动机台数；

　　　　N_S——同时启动台数；

　　　　K_S——电动机启动电流/电动机额定电流。

其余参数同上。

（3）驱动大惯性负载电动机　大惯性负载启动时所需容量

$$S_N \geq \frac{kn_{MN}}{9550\eta\cos\varphi}\left(T_L+\frac{GD^2 n_{MN}}{375t_A}\right)$$

式中　　GD^2——折算到电动机轴上的总飞轮矩，N·m²；

　　　　T_L——负载转矩，N·m；

　　　　n_{MN}——电动机额定转速，r/min；

　　　　t_A——电动机加速时间，按负载要求确定，s。

其余参数同上。

3. 正确选择变频器周边设备的必要性

在选定了变频器之后，下一步的工作就是根据需要选择与变频器配合工作的各种周边设备。正确选择变频器周边设备主要是为了以下几个目的：

① 保证变频器驱动系统能够正常工作；

② 提供对变频器和电机的保护；

③ 减少对其他设备的影响。

4. 变频器的周边设备

变频器的周边设备主要包括变压器、线路用断路器（或漏电断路器）、电磁接触器、电波噪声滤波器、输入电抗器、输出电抗器、过载继电器、电网电源切换电路。如图 11-1 所示。它以变频器为中心，给出了所有类型的周边设备，在实际应用过程中，用户可以根据需要进行选择、计算所需周边设备的容量。

变频器周边设备的功能如下。

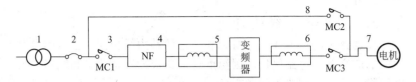

图 11-1　变频器周边设备

1—变压器；2—线路用断路器，漏电断路器；3—电磁接触器；

4—电波噪声滤波器；5—输入电抗器；6—输出电抗器；

7—过载继电器；8—电网电源切换电路

（1）变压器　将电网电压转换为变频器所需的电压。

（2）线路用断路器，漏电断路器

① 电源的开闭。

② 防止发生过载和短路时的大电流烧毁设备。

（3）电磁接触器

① 当变频器跳闸时将变频器从电源切断。

② 使用制动电阻器的情况下发生短路时将变频器从电源切断。

（4）电波噪声滤波器　降低变频器传至电源一侧的噪声。

（5）输入电抗器

① 与电源的匹配。

② 改善功率因数。

③ 降低高次谐波对其他设备的影响。

（6）输出电抗器　降低电动机的电磁噪声。

（7）过载继电器

① 使用一台变频器驱动多台电动机时对电动机进行过载保护。

② 对不能用变频器的电子热保护功能进行保护的电动机进行热保护。

（8）电网电源切换电路

① 以电网电源频率运行时起节能作用。

② 变频器发生故障时的备用手段。

另外，在进行变频器驱动系统设计时还应该考虑到在主电路部分使用的动力电线和在控制电路部分使用的控制电线的线径。虽然这些电线不能称为设备，但它们也是保证系统能够正常工作必不可少的部分。

5. 主电路导线选择

在选择主电路电线尺寸时，和普通的动力线相同，应考虑电路中的电流容量、短路保护、因温度升高造成的容量减少和线路上的电压降以及端子构造等问题。

因为变频器的输入功率因数小于1，所以变频器的输入电流通常可能会大于电动机电流，对这点应特别注意。

另外，当变频器和电动机之间的配线距离较长时（特别是低频输出时），线路上的压降较大，有时会出现因电压过低而造成的电动机转矩不足，电流增加，电动机过热等现象。特别是当变频器输出频率较低时输出电压也较低，对于采用了 U/f 控制的通用变频器来说，线路的压降对 U/f 比也将有较大影响，所以尤其需要注意。

一般来说，在选择主电路电线的线径时应保证变频器与电动机之间的线路电压降在 2%～3% 以内。而线路上的电压降则可以由下式求得

$$V = \frac{\sqrt{3}RLI}{1000} \qquad (11-1)$$

式中　V——线路电压降，V；

　　　R——单位长度的电线电阻，Ω/m；

　　　L——电线长度，m；

　　　I——线路中电流，A。

另外，在配线距离较长的场合，为了减少低速运行区域的压降（将造成电动机转矩不足），应使用线径较大的电线。当电线线径较大无法在电动机和变频器的接线端上直接连线时，可以如图 11-2

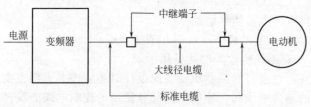

图 11-2　大直径电缆线中继连接

所示，设一个中继端子。

6. 控制电路导线选择

与控制电源本身以及和外部供电电源有关的电路应选用线径在 $2.5mm^2$ 以上的电线，操作电路以及信号电路选用线径在 $0.75mm^2$ 以上的电线即可。此外，电源电路以外的连线应选用屏蔽线或双绞屏蔽线。

由于频率指令和操作指令电线在受到感应电压时有出现误动作的可能，在进行控制电路布线时应该按照布线要求布线。

数字操作器取下装在别处时，必须使用专用连接线缆（选配件），用模拟量信号远距离操作时，模拟操作器及操作信号和变频器间的控制线应该不超过 50m，为不受周边机器的干扰应和强电回路（主回路，继电器，动作回路）分开配线。频率设定不用数字操作器而用外部频率设定器时，如使用绞合屏蔽线，屏蔽线不要接地，而接到端子 E 上。

7. 变压器容量选择

变压器的作用是将供电电网的高压电源转换为变频器所需要的电压（200V 或 400V）。对于以电压型变频器为负载的变压器来说，在决定其容量时应该考虑的因素为接通变频器时的冲击电流和由此造成的变压器副边的压降。

一般说来，变压器的容量可以选为变频器容量的 1.5 倍左右。在进行变压器容量的具体计算时可以参考下式

$$变压器容量 = \frac{P}{\rho_f \eta} \tag{11-2}$$

式中　P——变频器输出功率（被驱动电机的总容量），kW；

ρ_f——变频器的输入功率因数（无输入电抗器时为 $0.6\sim$ 0.85，有输入电抗器时为 $0.8\sim0.85$）；

η——变频器效率（约为 0.95，PWM 控制变频器的场合）。

由于变频器输入功率因数因电源的容量（电源阻抗）而异，在进行计算时做了上面的假设。

在初步选择了变压器容量之后，下一步要考虑的问题为接通变频器时变压器副边的电压降问题。

变频器的工作过程是一个交流-直流-交流的电源转换过程。在电压型变频器中，为了得到质量较高的直流电压，在其直流中间电路中设有大容量的平滑电容。当接通变频器电源时，平滑电容将被充电并在充电过程中流入较大的浪涌电流。而这个浪涌电流又将给变压器副边带来一个短时间的电压降。为了抑制这种现象的影响，通常在变频器内部设有限流电阻，将浪涌电流的峰值限制在额定电流的 2～3 倍。但是，当变压器的容量不够大时，因为上述电压降所占比重相对较大，所以有可能使变频器因供电电压过低（低于额定电压的 15%～25%）而出现跳闸现象。因此，希望在接通变频器时变压器副边的压降能够保持在 10% 以下。

变压器副边的电压降可以通过式(11-3)求得。当求得的电压降超过 10% 时，则应重新考虑根据式(11-2)求得的变压器容量。

$$\Delta E_r = X_t\% \frac{nP_i}{P_t} \tag{11-3}$$

式中　P_i——变频器合计总容量，kV·A；

　　　P_t——变压器容量，kV·A；

　　　$X_t\%$——以百分比表示的变压器阻抗；

　　　n——接通电源时的电流倍数（通常为额定电流的 2～3 倍）。

8. 线路用断路器选择

在变频器电源侧，为保护配线，应设置配线用断路器（MCCB）。MCCB 的选择取决于变频器电源侧的功率因素（随电源电压、输出频率、负载而变化）。特别是完全型 MCCB，动作特性受高频电流影响变化，有必要选择大容量的。漏电继电器推荐使用变频器专用品。

线路用断路器的作用是开通和关断电源，以及当回路出现过载和短路等故障时将变频器电源切断，以防止事故进一步扩大。在正常情况下，因为变频器本身在不断地对输出电流进行检测，并在出现因过载或短路等原因造成的大电流时启动其保护功能，停止变频器的输出并切断电源和负载的联系，所以并不需要专门设置线路用断路器。但是，当变频器内部发生故障时，变频器本身有时将不能自行切断输出电流，而必须由接在线路上的线路断路器来切断变频器与电源的联系，以达到防止事故进一步扩大的目的。

在选择线路用断路器时，需要考虑以下三个方面的因素：额定电流、动作特性、额定断路电流。下面就简单介绍一下如何根据这三个要素选择线路用断路器。

在选择线路断路器时决定断路器的额定电流，并使其满足：线路断路器的额定电流大于变频器的额定电流的基本条件。在进行具体的容量选择时，则可以参考式(11-4)进行计算。

$$I_m > \frac{P \times 10^{-3}}{\sqrt{3} V \rho_f \eta} \tag{11-4}$$

式中　P——变频器的额定输出功率，kW；

　　　I_m——线路断路器的额定电流，A；

　　　V——额定电压，V；

　　　ρ_f——变频器的输入功率因数（无输入电抗器时约为 $0.6\sim$
　　　　　0.8，有输入电抗器时约为 $0.8\sim0.85$）；

　　　η——变频器效率（约为 0.95）。

在选择线路断路器时，还应根据线路用断路器的动作特性和变频器电流特性判断一下断路器是否会因为将变频器接入电源时的浪涌电流以及正常范围内的过载电流而出现误动作。

当以电网电源作为备用电路时，还应注意线路用断路器会不会因为将电动机直接接入电源时的启动电流或在进行星-三角启动切换时的电流而跳闸。

在选择线路用断路器时，应保证线路用断路器的断路能力大于发生短路时的短路电流。虽然短路电流的大小因电源容量和配线系统的条件而异，但一般来说短路电流可以根据与变频器直接相连的变压器的容量进行概算。

$$I_s > \frac{P}{\sqrt{3} V X_t \% / 100} \tag{11-5}$$

式中　P——变压器容量，kV·A；

　　　I_s——短路电流，kA；

　　　V——变压器副边额定电压，V；

　　$X_t\%$——以百分比表示的变压器阻抗。

9. 漏电断路器选择

当以漏电断路器代替配电断路器时，还应注意以下问题。由于变频器输入端和输出端的电流都含有高频成分，采用变频器驱动时由高频成分所造成的漏电电流要大于电网电源供电时的漏电电流。因为断路器的种类很多，所以在某些情况下，即使变频器电线和电机的绝缘都没有问题，仍然有可能出现由于高频成分的漏电而造成的误动作。在这种情况下，可以采取以下对策：

① 将漏电断路器动作的灵敏电流值提高到容许的水平。

② 采用带有高次谐波对策的漏电断路器。

③ 在电源和变频器之间设置零相电抗器，抑制零相电流。

④ 尽量缩短变频器和电动机之间的电线长度，并尽量将电线架离地面，以减少浮游电容及漏电电流。

⑤ 当无法改变漏电断路器动作的灵敏电流值时，在分支电路和包括变频器的回路中设置绝缘变压器。

⑥ 选择静电容量小的电线。

10. 电磁接触器选择

变频器没有电源侧电磁接触器（MC）也可使用，远距离驱动时，为防止瞬间停电-复电-自动再启动时发生故障，可加 MC，但不要频繁启动和停止（会引起故障）。数字操作器运行时，不能复电后自动再启动，无法用 MC 启动，用电源侧 MC 可进行停止动作，但变频器特有的再生制动将不会动作，将自由滑行停止。另外使用制动单元和制动电阻单元时，应在制动电阻器单元的热继电器的接点上将 MC 设定为 OFF。

原则上变频器和电机间设置电磁接触器，不要在运行中 ON—OFF。变频器运行中接入时，会有大冲击电流，引起变频器过电流保护动作，为了和商用电源进行切换等，设置 MC 时，务必在变频器和电机停止后进行切换，运行中切换时应选择速度搜索功能。为应付瞬间停电使用 MC 时，应采用延时断开型。

总之，在使用变频器对异步电动机进行启动、停止等控制时是通过变频器的控制端子指令进行的，而不是通过电磁接触器进行的，所以在正常运行时并不需要电磁接触器。但是，为了在变频器出现故障时能够将变频器从电源切断，需要设置电磁接触器。此外，在使用制动电阻的场合，也需要设置电磁接触器。如图 11-3 所示，在制动电路晶体管出现故障时，由于在制动电阻中将连续流过大电流，所以如不尽快切断电路，具有短时间额定值特性的制动电阻将会被烧毁。在这种情况下，可以利用装在制动电阻上的过载继电器的信号将电磁接触器释放，从而达到保护制动电阻的目的。在选择电磁接触器时应注意使其容量满足：额定电流大于变频器的输入电流值。

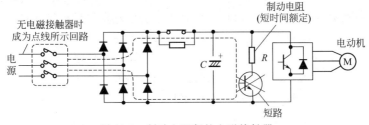

图 11-3　制动电阻保护电磁接触器

11. 过载继电器（THR）选择

普通电动机是以在电网电源下运行为前提而设计的，因此能够在电网电源驱动下进行长时间的连续运行。但是，当将这样的普通电动机改为由变频器驱动并进行连续运转时。由于变频器输出中高次谐波的影响，即使电动机以低于额定转速的速度运行而且电流在额定电流以下，仅由风扇进行冷却也难以满足需要。尤其是当负载为恒转矩负载时，即使电动机的转速在额定转速以下，电动机的电流也基本上等于额定电流，与电网电源驱动相比，电机的温升变大，甚至会出现烧损电机的可能。所以当电动机连续工作在低速区域时，以电动机额定电流为基准而选定的保护用过载继电器并不能为电机提供保护，这点在决定过载继电器时应该加以注意。

为防止电动机发生过热，变频器有电子热保护功能。一般来说并不需要专门设置外部过载继电器为电动机提供保护。但是，在下述情况下则应该设置过载继电器，以达到为电动机提供保护的目的。

① 电动机容量在正常适用范围以外时。由于变频器的电子热保护功能的设计和参数设定都是以正常适用范围内的电动机为对象的，当对象电动机的容量在正常适用范围以外（例如，电动机的容

量小于正常适用的电机的容量）时，无法利用根据标准设定所得到的电子热保护功能对电动机进行保护。因此，在这种情况下，为了给电动机提供可靠的保护，应该另外设置过载继电器。但是，如果变频器的电子热保护设定值可以在所需范围内进行调节，则可以省略过载继电器。

② 用一台变频器驱动多台电动机时。虽然通过电子热保护可以对负载电动机进行热保护，但是为了为电动机提供可靠保护，在变频器和电动机间设置热继电器。热继电器在 50Hz 设定为电动机铭牌值 1 倍，60Hz 时设定为 1.1 倍。如图 11-4 所示。

此外，在上述情况下应同时使用变频器的"限制频率下限"的功能，以防止电动机以低于允许运行范围的频率运行。

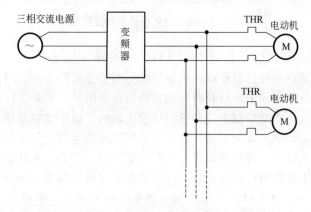

图 11-4　利用过载继电器对电动机进行保护

12. 电抗器选择

电抗器的作用是抑制变频器输入输出电流中高次谐波成分带来的不良影响。对于电抗器来说，根据其使用目的，也可以分为输入用电抗器和输出用电抗器。接在电网电源与变频器输入端之间的输入电抗器的主要作用是为了改善系统的功率因数和实现变频器驱动系统与电源之间的匹配，而接在变频器输出端和电动机之间的输出电抗器的主要作用则是为了降低电动机的运行噪声。

在选择电抗器的容量时，一般可以根据式(11-6)进行计算。

$$L = \frac{(2\% \sim 5\%)V}{2\pi f I} \tag{11-6}$$

式中　V——额定电压，V；

　　　I——额定电流，A；

　　　f——最大频率，Hz。

式(11-6)也可以理解为，在选择电抗器的容量时，应使在额定电压和额定电流的条件下电抗器上的电压降在 $2\% \sim 5\%$ 的范围内。

电抗器的使用范围和使用时应该注意的有关事项如下。

(1) 输入电抗器　使用输入电抗器的主要目的有：实现变频器和电源的匹配，改善功率因数，减少高次谐波的不良影响。

在下述情况下，因为变频器和电源不匹配，所以会使变频器输入电流的峰值显著增加并对变频器内部电路产生不良影响，所以应设置输入电抗器：

① 电源容量在 $500\mathrm{kV \cdot A}$ 以上，并且为变频器的容量的 10 倍以上时；

② 和采用了晶闸管换流的设备接在同一变压器上时；

③ 和弧焊设备等畸变波发生源接在同一电源系统上时；

④ 存在大的电压畸变时（例如，当电路中接有改善功率因数用的电容器时，将变频器接入电源时电容的充电电流将引起电压畸变，而这种电压畸变将有可能使运行状态中的变频器出现过电流现象并烧坏主电路二极管）；

⑤ 电源电压不平衡时。

由于半导体换流器件的影响，变频器的输入电压和电流波形存在着畸变，即除了基波之外还存在着高次谐波。变频器功率因数的计算也不能像通常那样，用电网电源基波的电压和电流的余弦值表示，而必须用电源的有功和无功的比值来表示。变频器的功率因数因系统而异，在某些情况下它们可能很差，因此必须采取适当措施对其加以改善，以达到提高整个交流调速系统的运行效率的目的。

为了改善变频器的输入功率因数，可以在变频器输入端接入输入电抗器来减少高次谐波。而对于大容量变频器来说，有时也采用在变频器内部的整流电路和平滑电容之间接入直流电抗器的方法来代替输入电抗器。

虽然输入电抗器的容量选择和电源容量有较大关系，但在一般情况下可以按照在额定电压和额定电流的条件下使电抗器上的电压降在 2%～5% 之间的原则进行选择。这时，综合功率因数一般可以改善至 80%～85%。

当在同一电源系统中接有改善功率因数用的电容器时，变频器产生的电流的高次谐波成分流入电容器将使电容器电压上升，并可能产生不良影响。虽然在考虑高次谐波的影响时应该考虑电源系统本身的阻抗大小，但一般来说，只要电容器的容量满足下式，就不会出现问题。

改善功率因数用电容器容量＜电源短路容量/20。

此外，在考虑变频器产生的高次谐波对改善功率因数用电容器产生的不良影响时还应考虑电容器是否会出现过载。当有可能出现过载时，则应根据需要采取以下对策：

1）以和电容串联的形式接入电抗器；

2）在变频器输入端接入输入电抗器，以减少高次谐波；

3）重新考虑改善功率用电容器的位置。

（2）输出电抗器　使用输出电抗器的目的主要是为了降低变频器输出中存在的高次谐波的不良影响。它包括以下两方面的内容。

① 降低电动机噪声。在利用变频器进行调速控制时，由于高次谐波的影响，电动机产生的磁噪声和金属音噪声将大于采用电网电源直接驱动时。通常电动机的噪声为 70～80dB，通过接入电抗器，可以将噪声降低 5dB 左右。

此外，在希望进一步降低电动机噪声时，则应该选用低噪声变频器。

② 降低输出高次谐波的不良影响。当负载电动机的阻抗比标准电机小时（例如，驱动高频电动机和 8 极电动机时，变频器的容量小于电动机的容量时，以及希望将变频器的启动转矩增加10%～20%时等），随着电动机电流的增加，有可能出现下述异常现象：

① 由过电流造成的保护电路误动作；

② 变频器进入限流动作以至于得不到足够大的转矩；

③ 转矩效率降低；

④ 电动机过热。

因此，在这些情况下，应该选用输出电抗器对变频器的输出进行平滑，以达到减少输出高次谐波产生不良影响的目的。

此外，改善功率因数，直流电抗器或变频器的电源输入侧插入交流电抗器。变频器输出侧接改善功率因数的电容器及滤波器时，会有因变频器输出的高频电流，造成破损和过热的危险，另外会使变频器过电流造成过电流保护动作，请不要接电容和电涌吸收器。

13. 滤波器选择

变频器的输入输出（主回路）中有高频成分，对变频器附近使用的通信器械（AM 收音机）会产生干扰，此时可安装滤波器，减少干扰。另外，还可将变频器和电机及电源配线套上金属管接地，也是有效的。

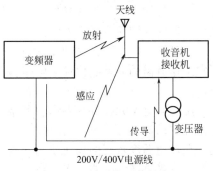

图 11-5　电波噪声的传播路径

滤波器的作用则是抑制由变频器带来的无线电电波干扰，即电波噪声。如图 11-5 所示，变频器产生的电波干扰主要有直接辐射、直接传导和通过电源线的传导三种方式。因此，在变频器附近使用的 AM 收音机以及其他无线电接收装置将有可能因为受到电渡干扰而不能正常工作。为了抑制电波干扰，可以采用图 11-6 所采用的方法并选用抑制电波噪声用的电波噪声滤波器。

图 11-6　电波噪声对策

电波噪声滤波器可以分为广域用和简易形两种。前者有降低整个 AM 频带的电波噪声的作用，而后者则被用于特定的频带。用户可以根据需要进行选择。

二、变频器的安装调试和维护保养

1. 安装变频器的环境要求

变频器是精密的电子装置，为了保证其正常工作，在设置安装方面必须注意周围的环境条件。一般说来，在变频器的设置环境方面应考虑以下因素。

（1）环境温度　对安装在机壳内的变频器来说，所允许的环境温度一般为−10～40℃或45℃。当除去变频器的壳体时，所允许的环境温度有时也为−10～50℃。但为了保证工作安全、可靠，使用时应考虑留有余地，最好控制在40℃以下。在控制箱中，变频器一般应安装在箱体上部，并严格遵守产品说明书中的安装要求，绝对不允许把发热元件或易发热的元件紧靠变频器的底部安装，并在变频器的周围留有适当的空隙，以利散热。

对环境温度的要求主要取决于保证变频器控制电路中各种 IC 正常工作所需的条件和保证主电路和电源电路中电解电容的寿命的条件。

温度对电子元器件的寿命和可靠性影响很大，特别是当半导体元器件的结温度超过规定值时，将会直接造成元器件的损坏。因此，在环境温度较高的场所使用变频器时。必须采取安装冷却装置和避免日光直晒等措施，保证环境温度在厂家要求的范围之内，从而达到保证变频器正常工作的目的。

此外，在进行定期保养维修时还应及时清扫控制柜的空气过滤器和检查冷却风扇是否正常工作。

（2）环境湿度　周围湿度不大于 90％，不凝露。温度太高且温度变化较大时，变频器内部易出现结露现象，其绝缘性能就会大大降低，甚至可能引发短路事故。必要时，必须在箱中增加干燥剂和通风设备。

当空气中的湿度较大时，将会引起金属腐蚀，使绝缘变差，并由此引起变频器的故障。变频器厂家都在变频器的技术说明书中给出了对湿度的要求，因此，应该按照厂家的要求采取各种必要的措施，尤其是要保证变频器内部不出现结露的情况。

当变频器长期处于不使用状态时，应该特别注意变频器内部是否会因为周围环境的变化（例如停用了空调等）而出现结露状态，并采取必要的措施，以保证变频器在重新使用时仍能正常工作。

（3）振动　振动将对变频器内部的电子元器件产生应力，装有变频器的控制柜受到机械振动和冲击时，会引起电气接触不良。这时应提高控制柜的机械强度、远离振动源和冲击源，设备运行一段时间后，应对其进行检查和维护。

对于传送带和冲压机械等振动较大的设备，在必要时应采取安装防振橡胶等措施，将振动抑制在规定值以下。而对于由于机械设备的共振而造成的振动来说，则可以利用变频器的频率跳越功能，使机械系统避开这些共振频率，以达到降低振动的目的。

（4）对环境空气的要求　使用环境如果腐蚀性气体浓度大，不仅会腐蚀元器件的引线、印刷电路板等，而且还会加速塑料器件的老化，降低绝缘性能，在这种情况下，应把控制箱制成封闭式结构，并进行换气。

变频器本体应该设置在无腐蚀性气体和无易燃易爆气体，没有油滴或水珠溅到，以及尘埃和铁粉较少的场所。这是因为，腐蚀性气体和尘埃除了会使电子元器件生锈，出现接触不良等现象之外，还会吸收水分使绝缘变差，并导致短路。而油滴和水珠以及易燃易爆气体则更是造成短路和变频器损坏的直接原因。

作为对策，可以对变频器的壳体进行涂漆处理和采用防尘结构。在某些情况下也可以采用清洁空气内压式或全封闭结构。

此外，对于强制冷却式的控制柜来说，由于尘埃会造成空气过滤器的堵塞并使变频器因冷却能力降低而出现过热，更应该注意保证环境空气的清洁。

在变频器的设置环境方面，除了上面讲到的内容之外，还应注意厂家在说明书中给出的对海拔高度和安装空间的要求。

（5）电气环境

① 防止电磁波干扰。变频器在工作中由于整流和变频，周围产生了很多的干扰电磁波，这些高频电磁波对附近的仪表、仪器有一定的干扰。因此，柜内仪表和电子系统，应该选用金属外壳，屏蔽变频器对仪表的干扰。所有的元器件均应可靠接地，除此之外，各电气元件、仪器及仪表之间的连线应选用屏蔽控制电缆，且屏蔽

层应接地。如果处理不好电磁干扰，往往会使整个系统无法工作，导致控制单元失灵或损坏。

② 防止输入端过电压。变频器电源输入端往往有过电压保护，但是，如果输入端高电压作用时间长，会使变频器输入端损坏。因此，在实际运用中，要核实变频器的输入电压、单相还是三相和变频器使用额定电压。

（6）接地 变频器正确接地是提高控制系统灵敏度、抑制噪声能力的重要手段，变频器接地端子 E（G）接地电阻越小越好，接地导线截面积应不小于 $2mm^2$，长度应控制在 20m 以内。变频器的接地必须与动力设备接地点分开，不能共地。信号输入线的屏蔽层，应接至 E（G）上，其另一端绝不能接于地端，否则会引起信号变化波动，使系统振荡不止。变频器与控制柜之间应电气连通，如果实际安装有困难，可利用铜芯导线跨接。

（7）防雷 在变频器中，一般都设有雷电吸收网络，主要防止瞬间的雷电侵入，使变频器损坏。但在实际工作中，特别是电源线架空引入的情况下，单靠变频器的吸收网络是不能满足要求的。在雷电活跃地区，这一问题尤为重要，如果电源是架空进线，在进线处装设变频专用避雷器（选件），或有按规范要求在离变频器 20m 的远处预埋钢管做专用接地保护。如果电源是电缆引入，则应做好控制室的防雷系统，以防雷电窜入破坏设备。实践表明，这一方法基本上能够有效解决雷击问题。

2. 变频器的柜内安装要求

前面已经提到了环境温度对变频器的重要性。为了保证变频器所处的环境温度在厂家要求的范围之内，正确地对变频器进行柜内安装和冷却是至关重要的。因此下面将专门介绍这方面的内容。

以下简单介绍几种变频器的安装方法，电缆接线方法见图 11-7。

（1）柜内安装 将通用变频器安装在电气柜内。在柜内变频器垂直向上安装在柜体的中下部，柜体上部一般安装电器元件，柜内下方要有进气通道，上方要有排气通道，并加装排气扇，使排气畅通；进排气通道要装金属丝网以避免灰尘、液体和异物进入柜内。这种安装方式适用于一般工业设备就地控制的场合。

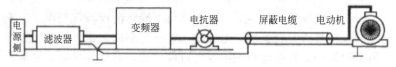

图 11-7　变频器电缆接线方法

（2）封闭式安装　将通用变频器安装在封闭的电气柜内，柜内通用变频器垂直向上安装，并留足空间。电气柜内下方要有进气通道，上方要有排气通道。电气柜内装一台空调器，让空调器的排气孔通过风道进入电气柜内的下方进气通道；电气柜内的上方排气通道通过风道进入空调器的进气孔，使空调器运行时的冷空气能进入电气柜内下方；电气柜内上方的热空气进入空调器进行热交换，使空气变冷后再进入新的循环。空调器的热交换散热器将电气柜内的热量排出柜外。电气柜内由于密封，所以具有除尘、防潮、防滴、防水、降温、散热等优点，使通用变频器在良好的封闭低温空间中安全运行。这种安装方式适用于纺织厂、化学工厂、皮革制造厂、食品加工厂、矿山等运行环境恶劣的场所。

（3）与机械设备配套安装　在有些机械成套设备中，由于结构原因不能将通用变频器安装在设备外部，而要求安装在设备内腔内，将操作面板或者调速旋钮与设备的操作面板统一布置安装。通常采取 3 种方法。

① 目前多数通用变频器的操作面板可与主体分离，这样只需将操作面板用专用电缆和接插件与设备的操作面板统一设计连接即可。

② 从通用变频器的外部控制端子上引出启停控制、调速电位器或模拟信号、显示信号和报警信号等端子，并将它直接设计并安装在设备操作面板上，这种方法既方便又实用。

③目前已有生产机械设备专用的一体化变频器，变频器主体上无任何操作部件，操作部件单独提供给用户，通过电缆线接入变频器。

3. 变频器配线的注意事项

在完成变频器的安装之后，就要开始进行变频器主电路和电源、滤波器、电动机以及控制电路、PLC 和周边设备之间的连线。

（1）主电路配线　在对主电路进行配线之前应该首先检查一下电缆的线径是否符合要求。电力输入线有足够的面积，螺丝尽量拧紧但不要滑扣。连接电机的电缆尽可能缩短，有计算机场合尽量使用屏蔽电缆。此外，在进行布线时还应注意将主电路和控制电路的配线分开，并分别走不同的路线。在不得不经过同一接线口时也应该在两种电缆之间设置隔离壁，以防止动力线的噪声侵入控制电路，造成变频器异常。

（2）接地线配线　由于变频器主电路中的半导体开关器件在工作过程中将进行高速的开闭动作，变频器主电路和变频器单元外壳以及控制柜之间的漏电电流也相对变大。因此，为了防止操作者触电，必须保证变频器的接地端可靠接地。

在进行接地线的布线时，应该注意以下事项。

① 应该按照规定的施工要求进行布线。

② 绝对避免同电焊机、动力机械、变压器等强电设备共用接地电缆或接地极。此外，接地电缆布线上也应与强电设备的接地电缆分开。

③ 尽可能缩短接地电缆的长度。

（3）控制电路布线　在变频器中，主回路以及与其直接相连的周边设备处理的是强电信号，而控制电路以及与其直接相关的操作电路和周边设备中所处理的信号则为弱电信号。因此，为了达到保证变频器正常工作的目的，除了应该选取各种必要的周边设备之外，在控制电路的布线方面也应充分注意，并采取各种必要的措施，避免主电路及相关设备中的强电信号产生的干扰进入控制电路。

一般来说，在控制电路的布线方面应该特别注意以下几点。

① 控制电路的布线应和主电路电线以及其他动力线分开（控制信号线不要和功率线平行，如果必须平行必须使用屏蔽线并一端接大地）。

② 因为变频器的故障信号和多功能接点输出信号等有可能同高压交流继电器相连，所以应该将其连线与控制电路的其他端子和接点分开。

③ 为了避免因干扰信号造成的误动作，在对控制电路进行布线时应采用屏蔽线或双绞线（使用 485 或 232 通信要穿磁环并使用双绞线）。

④ 布线距离应以 100m 为参考基准，当布线距离超过 100m 时使用信号绝缘器或继电器对信号进行放大。

⑤ 在连线时充分注意模拟信号线的极性。

⑥ 在检查控制电路连线时不使用蜂鸣功能。

4. 变频器端子的连线

变频器端子的接线主要包括变频器主电路和控制端子的连接，现以富士低噪声、高性能、多功能 FR5OOOG-11S 为例来阐述。该系列变频器的基本接线图如图 11-8 所示。

（1）主电路连接

① 图 11-8 中符号⊥G 为变频器箱体的接地端子，为保证使用安全，该点应按国家电气规程要求接地。

② 变频器的输入端子图 11-8 中用 R、S、T 表示。应通过带漏电保护的断路器连接至三相交流电源，连接时可不考虑相序。主电路交流电源不要通过 ON/OFF 来控制变频器的运行和停止，而应采用控制面板上的 FWD、REV 键进行操作。

③ 变频器的输出端子图 11-8 中用 U、V、W 表示。根据电动机的转向要求确定其相序，若转向不对可调换 U、V、W 中任意两相的接线。输出端不应接电容器和浪涌吸收器，变频器与电动机之间的连线不宜过长，电动机功率小于 3.7kW，配线长度不超过 50m，否则要增设线路滤波器（OFL 滤波器可另购）。

④ 控制电源辅助输入端子 RO、TO 有两个功能：一是用于防无线电干扰的滤波器电源；二是再生制动运行时，主变频器整流部分与三相交流电源脱开。RO、TO 作为冷却风扇的备用电源。

⑤ 直流电抗器连接端子 P_1 和 P（＋），这是为了连接改善功率因数的直流电抗器。出厂时这两点连接有短路导体，需连接直机电抗器（选购件）时应先除去短路导体。

⑥ 外部制动电阻连接端子 P（＋）和 DB 当电动机功率小于 7.5kW 时，变频器内部装有制动电阻连接其上。对于启停频繁或位能负载情况下，内装的制动电阻可能会容量不够，此时需要卸下

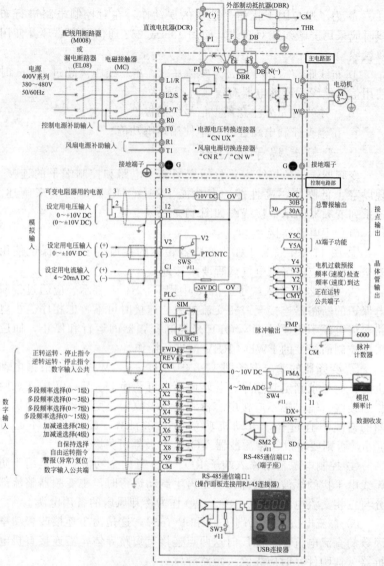

图 11-8　变频器的基本接线图

内部制动电阻，改接外部电阻（另购）。而对于功率大于 15kW 的机种，除外接制动电阻 DB 外，还要对制动特性进行控制以提高制动能力。这时，需增设用功率晶体管控制的制动单元 BU 连接于 P（＋）N（－）点，图 11-9 为其连接图，CM、THR 为驱动信号输入端。

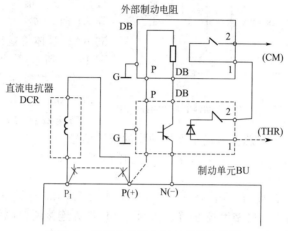

图 11-9　直流电抗器和制动单元连接图

（2）控制端子的连接

① 外接电位器用电源　图 11-8 中从 13 和公共端 11 取用该直流电源为＋10V，配用 1～5kΩ 电位器，进行频率设定。

② 设定电压信号输入　图 11-8 中从 12 和公共端 11 输入，进行频率设定，输入阻抗为 22kΩ。输入直流电压 0～±10V，亦可输入 PID 控制的反馈信号。

③ 设定电流信号输入　图 11-8 中从公共端 11 输入，进行频率设定，输入阻抗为 250Ω。输入直流电流 4～20mA，亦可输入 PID 控制的反馈信号。

④ 开关量输入端　FWD 为正转开/停，REV 为反转开/停。X1～X9 可选择作为电动机报警、报警复位、多步频率选择等命令信号，CM 为其公共点。

⑤ PLC 信号电源　由 PLC 输入，PLC 输出信号电源为 DC 24V。

⑥ 晶体管输出　由端子 Y1～Y4 输出，公共端为 CMY。变频

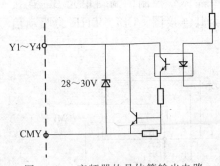

器以晶体管集电极开路门方式输出各种监控信号，如正在运行、频率到达、过载预警等信号。晶体管导通时，最大电流为50mA。晶体管输出电路如图 11-10 所示。

图 11-10　变频器的晶体管输出电路

⑦ 总报警输出继电器　由 30A、30B、30C 输出，触头容量为 AC 250V、0.3A，可控制总报警输出保护动作的报警信号。

⑧ 可选信号输出继电器　可选择和 Y1～Y4 端子类似的信号作为其输出信号。

⑨ 通信接口　用 DX＋和 DX－端作为 RS-485 通信的输入/输出信号端子。最多可控 31 台变频器。SD 端为连接通信电缆屏蔽层用，此端子在电气上浮置。

⑩ 输入信号的防干扰措施

a. 模拟信号输入应采用屏蔽线且配线应尽可能短（小于20m），如图 11-11（a）所示。

b. 模拟信号输入时，由于变频器的高频载波干扰会引起误动作，可在外部输出设备侧并联电容器和铁氧体磁环，如图 11-11（b）所示。

c. 输入开关信号（如 FWD、REV、X1～X9、PLC、CM）至变频器时，会发生外部电源和变频器控制电源（DC 24V）之间的串扰。正确的连接应利用 PLC 电源，将外部晶体管的集电极经过二极管接至 PLC，如图 11-11（c）所示。

5. 变频器通电前应做的检查

① 查看变频器安装空间、通风情况、是否安全足够；铭牌是否同电机匹配；控制线是否布局合理，以避免干扰；进线与出线绝对不得接反，变频器的内部主回路负极端子 N 不得接到电网中线上，各控制线接线应正确无误。

② 当变频器与电机之间的导线长度超过约 50m，当该导线布

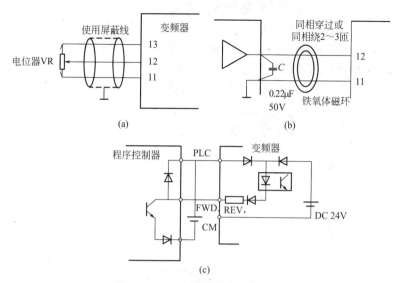

图 11-11　输入信号的防干扰接法

在铁管或蛇皮管内长度超过约 30m，特别是一台变频器驱动多台电机等情况，存在变频器输出导线对地分布电容很大，应在变频器输出端子上先接交流电抗器，然后接到后面的导线上，最后是负载，以免过大的电容电流损坏逆变模块。在输出侧导线长的时候，还要将 PWM 的调制载频设置在低频率，以减少输出功率管的发热，以便降低损坏的概率。

③ 确认变频器工作状态与工频工作状态的互相切换要有接触器的互锁，不能造成短路，并且两种使用状态时电机转向相同。

④ 根据变频器容量等因素确认输入侧交流电抗器和滤波直流电抗器是否接入。一般对 22kW 以上要接直流电抗器，对 45kW 以上还要接交流电抗器。

⑤ 电网供电不应有缺相，测定电网交流电压和电流值、控制电压值等是否在规定值，测量绝缘电阻应符合要求（注意因电源进线端压敏电阻的保护，用高电压兆欧计时要分辨是否压敏电阻已动作）。

6．变频器绝缘电阻的检查

对主电路和接地端子进行如图 11-12 所示的绝缘电阻检查。虽然变频器的绝缘电阻因厂家而异，但在一般情况下，要求在用 500V 的兆欧表进行检测时，绝缘电阻的阻值在 5MΩ 以上。

对控制电路则不需要进行兆欧表检查。

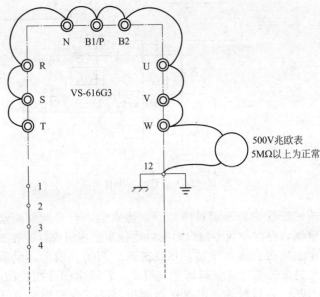

图 11-12　绝缘电阻检查

7．变频器的空载运行

在对变频器和周边设备进行了通电前的各项检查之后，下一步工作是利用变频器对电动机进行单独驱动运行。电动机的单独运行指的是将电动机与负载的连接器或皮带去掉，使电动机进行空载运行。当由于机构上的原因，无法将电动机与负载断开时或者电动机为高频电动机时，可以将变频器的输出线断开，使变频器进行单独运行（空载运行）。

电动机的单独运行通常利用变频器的数字操作盒进行。它包括确认电动机的转向，变频器和电动机是否可以正常加速至额定转速，继电器的开关顺序是否正确以及 PLC 的软件是否可以正常运行等项目。

（1）驱动模式　在驱动模式下，可以进行正转、反转、点动等运行操作。

（2）编程模式　在编程模式下，可以进行功能选择和参数设定等操作。变频器的功能和内部参数的设定因厂家不同而有较大差异，关于各种参数的意义和设定方法，应分别参照厂家的技术说明书。

（3）检测功能　检测功能可以对变频器的工作状态，例如输出频率、输出电压、输出电流等进行检测。

（4）显示异常内容　当变频器出现异常情况时，可以显示异常的内容和发生顺序。此外，在重新接通电源时，将显示上次的异常内容。

8. 变频器的负载运行

在进行负载机械的试运行之前，应首先确认一下负载机械是否满足可以开始运行的条件以及如果机械开始运行的话是否存在安全问题。

在进行负载机械的运行时，可参考下面给出的运行顺序。

① 根据系统的需要，参照厂家说明书设置所需的各个参数。

② 利用外部的点动运行指令，或者按数字操作盒上的点动操作键，进行点动运行。这样做不仅可以确认电动机的转动方向，还可以发现系统是否存在因金属摩擦而产生的异常。当机械设备尚处于磨合阶段，启动摩擦较大时，可以灵活运用变频器的转矩自动增强功能。

③ 逐渐加速，检查系统是否存在机械的异常（振动和异常声音等）；对有转速反馈的闭环系统要测量转速反馈是否有效。做一下人为断开和接入转速反馈，看一看对电机电压电流转速的影响程度。

④ 当速度增至额定转速的一半左右时，使机械暂停，以确认制动功能是否正常。

⑤ 试验电动机的升降速时间有否过快过慢，不适合应重新设置；逐渐加速至额定转速，并在加速过程中注意机械系统是否出现

异常现象。

⑥ 将指令设为额定转速，并在此状态下进行运行/停止等各种运行操作。如果在减速过程中出现变频器防失速功能动作的现象，适当增加减速时间。

⑦ 根据需要使机械系统以中速或高速进行磨合运行。当变频器的模拟量检测端子上接有电流计或频率计时，参照数字操作盒的显示对其进行校准。

⑧ 检查电机旋转平稳性，加负载运行到稳定温升（一般 3h 以上）时，电机和变频器的温度有否太高，如有太高应调整，调整可从改变以下参数着手：负载、频率、V/f 曲线、外部通风冷却、变频器调制频率等。

⑨ 试验各类保护显示的有效性，在允许范围内尽量多做一些非破坏性的各种保护的确认。

⑩ 按现场工艺要求试运行一周，随时监控，并做好记录作为今后工况数据对照。

9. 变频器的运行方式

变频器的运行方式有电位器型、键盘型和串行通信型。

(1) 电位器型　电位器型运行操作方式对变频器进行运行操作，用于小容量的简易型变频器，如 FVR-S11S-V 仍采用此方式。其容量为 $0.2\sim1.5kV\cdot A$，适配电动机 $0.1\sim0.75kW$，输出频率 50/60Hz 自由转换。可用于生产线传送带、风机、水泵和需要适应不同地区额定频率有异的场合（最高输出频率可在 50Hz、60Hz、100Hz、120Hz 四种组合中进行选择）。该变频器只有三个按键：正转（FWD）、反转（REV）、停止（STOP）和三个电位器：面板上的频率设定电位器（VR_3）、卸下面板置于印制电路板上的加减速电位器（VR_1）和过载保护电子热继电器整定用电位器（VR_2）。功能选择则由 6 个开关的不同组合完成。

① 选择基本频率

RF_1 置 ON，FR_2 置 ON，$f_n=50Hz$。

RF_1 置 OFF，FR_2 置 ON，$f_n=60Hz$。

② 转矩提升

弱转矩，TRQ 置 ON。

强转矩，TRQ 置 OFF。

③ 载波频率

低载波频率，FC 置 ON。

高载波频率，FC 置 OFF。

④ 电源接通与 FWD、REV 的联锁

POS 置 ON 解开联锁。

⑤ 防止反转

RVL 置 ON 则不能反转。

（2）键盘型（带遥控操作器） 键盘型运行操作方式是目前国内外变频器最常见的方式，其发展方向是采用程序菜单选择功能画面，故键盘数量大大减少。现介绍富士电机最新型号 FR5000G-11S 的操作和运行。该变频器的键盘面板外形如图 11-13 所示。键盘面板分键盘和显示器两大部分。它是一台数字操作器，它与变频器的本体通过串行的通信口进行连接，亦可从变频器本体上拆下来进行远距离控制。面板上的九个键用于更换画面，变更数据和设定频率。

显示器的内容：如图 11-13 上标注的 LED 监视器，用 7 段 LED 显示 4 位数，显示的内容为设定频率、输出频率等监控数据

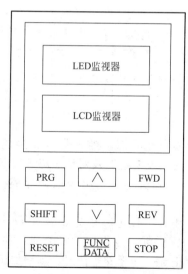

图 11-13　FR5000G-11S 键盘面板外形

及报警代码；LED 监视器显示各种辅助信息，如数据的单位（kW）、倍率（×10 或×100）；LCD 为监视器，显示运行状态和功能数据；LCD 监视器指示信号，显示运行状态，如正转运行（FWD）、反转运行（REV）、停止（STOP）、端子操作（REM）、面板操作（LOC）、通信（COMM）、点动（JOG）等；显示执行（RUN），仅键盘面板操作有效。

（3）串行通信型　用 RS-485 接口与上位机连接，最适宜于多挡速度运行和程控运行，如富士电机的 FVR-S11S-C 就属于这种形式。它在面板上既无电位器也无键盘，它由来自外部的串行通信数据给予运行指令及进行频率设定。其功能代码在说明书中均有具体规定，如 F07 为加减速时间，可从 1～20s。F09 为转矩提升。F11 为电子热继电器动作整定从 20％～135％等。一台主机可控制该类变频器 15 台。

10. 变频器的运行操作

仍以 FR5000G-11S 为例，其操作和运行按以下步骤进行。

（1）运行前检查和准备　先按图 11-14 将变频器和电源、电动机正确连接无误，即 R、S、T 接电源，U、V、W 接电动机。

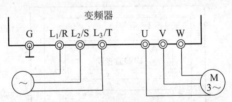

图 11-14　变频器连接图

确认电动机为零负载状态，接地端子 G 接地良好，端子间或各暴露的带电部位之间没有短路及对地短路等情况。此时核对键盘面板显示应如图 11-15 所示。未出现故障字符，LED 闪烁频率为 0.00Hz。

（2）试运行　用∧键设定频率为 5Hz 左右，进行正向旋转按 FWD 键，反向按 REV 键，停止按 STOP 键，检查电动机旋转是否平稳，转向是否正确。如无异常情况，则增加运行频率，继续试运行。

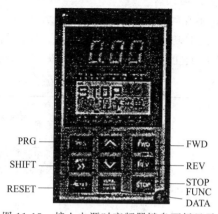

图 11-15　接上电源时变频器键盘面板显示

（3）键盘面板操作体系（LCD 画面、层次结构）

① 操作键的功能

PRG：由现行画面转换为菜单画面，或者由运行模式转换到初始画面。

FUNC /DATA：设定频率和功能代码数据存入。LED 监视更换。

FWD：正转运行。

REV：反转运行。

STOP：停止命令。

∧、∨：数据变更。画面轮换。

SHIFT：数位移动或功能组跳跃。

RESET：数据变更取消或报警复位。

② 操作体系　正常运行时，操作体系的画面转换层次结构、基本组成如图 11-16 所示。只有运行时，才可由键盘面板设定频率

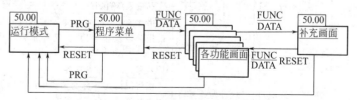

图 11-16　运行时画面转换层次结构图

以及更换 LED 的监视内容。

当按 FUNC/DATA 键后，即可按菜单方式选择必要的功能画面和补充画面，菜单功能表如表 11-1 所示。补充画面是增加在功能画面上未显示出的功能，例如，修改数据和显示报警原因等。

表 11-1　菜单功能表

序号	层次名	内容
1	运行模式	正常运行状态画面，仅在此画面显示时，才能由键盘面板设定频率以及更换 LED 的监视内容
2	程序菜单	键盘面板的各功能以菜单显示和选择，按照菜单选择必要的功能，按 FUNC/DATA 键，即能显示所选功能的画面。键盘面板的各种功能（菜单）如下表所示 见下方子表

序号	菜单名称	概要
1	数据设定	显示功能代码和名称，选择所需功能，转换为数据设定画面，进行确认和修改数据
2	数据确认	显示功能代码和数据，选择所需功能，进行数据确认，可转换为和上述一样的数据设定画面，进行修改数据
3	运行监视	监视运行状态，确认各种运行数据
4	I/O 检查	作为 I/O 检查，可以对变频器和选件卡的输入/输出模拟量和输入/输出接点的状态进行检查
5	维护信息	作为维护信息，能确认变频器状态、预期寿命、通信出错情况和 ROM 版本信息等
6	负载率	作为负载测定，可以测定最大和平均制动功率
7	报警信息	借此能检查最新的报警时的运行状态和输入/输出状态
8	报警原因	借此能检查最新的报警和同时发生的报警以及报警历史，选择报警和按 FUNC/DATA 键，即可显示其报警原因及有关故障诊断内容
9	数据复写	能将记忆在一台变频器中的功能数据复写到另一台变频器中

序号	层次名	内容
3	各功能画面	显示按程序菜单选择的功能画面,借以完成功能
4	补充画面	作为补充画面,在单独的功能画面上显示未完成功能(例如修改数据、显示报警原因)

③ 报警 当保护功能动作,即出现报警,此时键盘面板即由正常运行操作体系自动转换为报警操作体系,显示出报警模式画面以及显示各种报警信息。报警时的程序菜单及功能画面和补充画面仍与正常运行时一样。此外,由程序菜单返回报警模式只能通过 PRG 键操作。报警时画面转换层次图如图 11-17 所示。

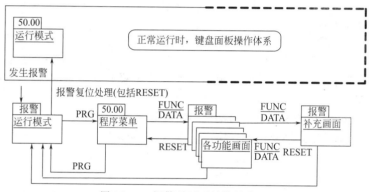

图 11-17 报警时画面转换层次图

11. 变频器的维护保养

变频器内部包含有功率晶体管、晶闸管、IC 等半导体元器件,以及电容、电阻、冷却风扇和继电器等其他器件,是一个相当复杂的精密设备。虽然在新型变频器中尽可能使用了寿命较长的元器件,但是这些元器件的寿命毕竟是有限的,而且存在着老化问题。即使是在正常的工作环境下工作,在超过了使用年限之后,也会出现特性变化和动作异常的情况。而任一元器件的故障都将影响变频器的正常工作。本节将讨论变频器的检查与维修保养问题。

因为变频器既是含有微处理器等半导体芯片的精密电子设备,

又是同时处理着数千瓦到数十千瓦的电力动力设备。所以在进行通电前检查、试运行、调整以及维修保养时都必须十分注意，并严格遵照下面给出的基本准则。

维修和检测时应遵照的准则如下。

① 由于内部大电容的作用，在切断了变频器的电源之后与充电电容有关的部分将仍有残存电压，在"充电"指示灯熄灭之前不应触摸有关部分。

② 在出厂之前，厂家都已经对变频器进行过初始设定，请不要任意改变这些设定。而在改变了初始设定后又希望恢复初始设定值时，一般需要进行初始化操作。

③ 在新型变频器的控制电路中使用了许多 CMOS 芯片。用手指直接触摸电路板时将可能使这些芯片因静电作用而遭到破坏，所以应充分加以注意。

④ 在通电状态下不允许进行改变接线和拔插连接插头等操作。

⑤ 在变频器工作过程中不允许对电路信号进行检查。这是因为在连接测试仪表时所出现的噪声以及误操作有可能带来变频器故障。

⑥ 必须保证变频器的接地端子可靠接地。

⑦ 不允许将变频器的输出端子（U、V、W）接在交流电网电源上。

⑧ 不允许进行电压耐压实验。

⑨ 在检查控制电路连线时，不应该利用万用表的蜂鸣功能。

12. 通用变频器参数设置类故障的处理

通用变频器在使用中，参数设置非常重要，如果参数设置不正确，参数不匹配，会导致通用变频器不工作、不能正常工作或频繁发生保护动作甚至损坏。一般通用变频器都做了出厂设置，对每一个参数都有一个默认值，这些参数叫工厂值。在工厂值参数下，是以面板操作方式运行的，有时以面板操作不能满足传动系统的要求，要重新设置或修改参数，一般从以下几个方面进行。

① 确认电动机参数。在变频器电动机参数中设定电动机的功率、电流、电压、转速、最大频率，一般变频器会自动辨识。设定的这些参数应与电动机铭牌中的数据一致，否则就会引起变频器不

正常工作。

② 变频器控制方式的设定主要有频率（速度）控制、转矩控制、PID控制或其他控制方式。每一种控制方式都对应于一组数据范围的设定，如果这些数据范围设定的不正确，就会引起变频器不工作或不正常工作，或发生故障保护动作而跳闸，显示故障类型代码。

③ 变频器的启动方式，在变频器出厂时设定为面板启动，可以根据实际情况选择用面板、外部端子、通信方式等几种，除面板启动外，其他需要与相对应的给定参数及控制端子匹配，否则就会引起变频器不工作、不正常工作或频繁发生保护动作甚至损坏。

④ 频率给定参数的选择，一般通用变频器的频率给定也有多种方式，如面板给定、外部给定、外部电压或电流给定、通信方式给定等，可以选择其中的一种或几种方式的组合。正确设置参数后，还要保证信号源工作正常，否则就会引起变频器不工作、不正常工作或频繁发生保护动作甚至损坏。

一旦发生了参数设置类故障后，通用变频器都不能正常运行，可根据故障代码或产品说明书进行参数修改。否则，应恢复出厂值，重新设置。如果不能恢复正常运行，则要检查是否发生了硬件故障。

13. 通用变频器过电流和过载类故障的处理

过电流和过载故障是通用变频器常见故障，发生过电流和过载故障的原因可以说是各种各样的，处理方法也是多方面的。故障类型可分为加速过电流、减速过电流、恒速过电流，过载故障包括变频器过载和电动机过载。故障原因可分为外部原因和变频器本身的原因两方面。

（1）外部原因

① 由于电动机负载突变，引起大的冲击电流而过电流保护动作。这类故障一般是暂时的，重新启动后就会恢复正常运行，如果经常会有负载突变的情况，应采取措施限制负载突变或更换较大容量的通用变频器，建议选用直接转矩控制方式的通用变频器，这种通用变频器动态响应快、控制速度非常快，具有速度环自适应能力，从而使变频器输出电流平稳，避免过电流。

② 通用变频器电源侧缺相、输出侧断线、电动机内部故障引起过电流和接地故障。

③ 电动机和电动机电缆相间或每相对地绝缘破坏，造成匝间或相间对地短路，因而导致过电流。

④ 受电磁干扰的影响，电动机漏电流大，产生轴电流、轴电压，引起通用变频器过电流、过热和接地保护动作。

⑤ 在电动机线圈和外壳之间、电动机电缆和大地之间存在较大的寄生电容，通过寄生电容就会有高频漏电流流向大地，引起过电流和过电压故障。

⑥ 在变频器输出侧有功率因数校正电容或浪涌吸收装置。

⑦ 通用变频器的运行控制电路遭到电磁干扰，导致控制信号错误，引起通用变频器工作错误，或速度反馈信号丢失或非正常时，也会引起过电流。

⑧ 通用变频器的容量选择不当，与负载特性不匹配。引起通用变频器功能失常、工作异常、过电流、过载、甚至故障损坏。

（2）通用变频器本身的原因

① 参数设定不正确，如加减速时间设定的太短，PID调节器的P参数、I参数设定不合理，超调过大，造成变频器输出电流振荡等。通用变频器的多数参数，如果设置不当均可能引起通用变频器的故障，因此故障类型是多种多样的，需根据具体情况判断。

② 变频器本身原因主要是内部硬件出现问题。如通用变频器的整流侧和逆变侧元器件损坏引起电路过电流、欠电压，通用变频器保护动作；通用变频器的电源回路异常，引起无显示、不工作或工作不正常；通用变频器本身控制电路的检测元器件故障。引起逆变器不工作或工作不正常，甚至过电流保护动作；通用变频器本身遭到电磁干扰，引起通用变频器误动作、不工作或工作异常等。

综上所述，通用变频器过电流和过载故障的可能原因是加减速时间太短、负载发生突变、电压过低或过高、断相、短路、漏电流、电磁干扰及变频器内部元件故障等原因引起的。一般可通过延长加减速时间和制动时间、减少负荷突变、加强绝缘水平、外加能耗制动元件和 EMC 滤波器、更换合适的变频器等方式解决。故障检查时应首先断开负载对变频器进行检查，如果断开负载后，过电流故障依然存在，说明变频器内部元件，如逆变器电路故障，需要进一步检查维修。如果断开负载后，过电流故障消失，应从电动机开始逐个回路检查，并逐项实验，直至排除故障。

14. 通用变频器过电压和欠电压类故障的处理

通用变频器的过电压故障集中表现在直流母线电压上。正常情况下，直流母线电压为三相全波整流后的平均值，若以 380V 线电压计算，则平均直流电压为 513V。在过电压发生时，直流母线的储能电容将被充电，当电压上升至 760V 左右时，变频器过电压保护动作。因此，通用变频器都有一个正常的工作电压范围，当电压超过这个范围时很可能损坏变频器，如有的通用变频器规定的电压范围为 323～506V，当运行电压超过限定的容许电压范围时，下限：出现欠电压保护（300V）停机，上限：出现过电压保护（506V）也会停机，如果输入电压超过 506V 时，过电压保护也保护不了变频器。对于允许的输入电压波动，变频器的自动电压调整 AVR（稳压）功能会自动地工作。除此之外，在电动机制动过程中，电动机处于发电状态，如果变频器没有能量回馈单元和制动单元或制动能力不足时，会引起直流回路电压升高，过电压保护动作，变频器停机。处理这种故障可以增加再生制动单元，或修改变频器参数，将变频器减速时间设长一些。再生制动单元有能量消耗型、并联直流母线吸收型和能量回馈型。能量消耗型是在变频器直流回路中并联一个制动电阻，将回馈能量消耗在制动电阻上；并联直流母线吸收型多用在多电动机传动系统中，这种系统往往有一台或几台电动机经常工作于发电状态，产生的再生能量通过并联母线被处于电动状态的电动机吸收；能量回馈型是将再生能量通过网侧可逆变流器回馈给电网。

15. 通用变频器综合性故障的处理

这一类故障往往是由一些表面现象所掩盖，对于这一类故障的分析和查找，需要考虑多方面的因素，逐个排查、试验、验证才能找到事故根源，从根本上解决问题。

① 过热保护　通用变频器的过热保护有电动机过热保护和变频器过热保护两种，引起过热的原因也是多方面的，一般的，电动

机过热保护动作，应检查电动机的散热和通风情况；变频器过热保护动作，应检查变频器的冷却风扇和通风情况。

② 漏电断路器、漏电报警器误动作或不动作　在使用通用变频器过程当中，有时会沿用原来的三相四线制漏电断路器，或在有些场合为防止人体触电及因绝缘老化而发生短路时造成火灾为目的，系统中要求必须装设漏电断路器、漏电报警器等。这样在通用变频器运行过程中经常发生频繁跳闸现象。原因是机械设备（如水泵、风机、电梯等）本身外壳已经与大地可靠接地，漏电断路器的设定值是按照工频漏电流的标准设定的。而在采用通用变频器的控制系统中，如前所述，会增加产生包含高频漏电流和工频漏电流两部分的漏电流，造成电流不平衡分量较大，因此，在系统电源侧安装的漏电断路器或漏电报警器，会产生误动作，有时为了防止误动作而调大了漏电断路器的动作值，又会发生不动作的情况。处理这种情况的正确方法应使同一变压器供电的各回路单独装设漏电断路器或漏电报警器，分别整定动作值，通用变频器回路中装设的漏电断路器应符合通用变频器的要求。必要时应加装隔离变压器、输入电抗器抑制谐波干扰，或者降低通用变频器的载波频率，减小分布电容造成的对地漏电流。

③ 静电干扰　在工业生产过程中，许多生产设备（如人造板、塑料机械等）中会产生很高的静电而积聚形成很强的静电场，由于这个强电场的影响，通用变频器产生误动作、不正常工作，甚至损坏变频器。处理方法应使机械设备与通用变频器的共用接地系统单独接地，不应采用接零方式地线。严重时应加装静电消除器。

④ 与通用变频器载波频率有关的故障　通用变频器的载波频率是可调的，可方便人们对噪声的需求。通用变频器的载波频率出厂值往往与现场需要不符，需要调整。但在实际调整时，往往因载波频率值设定不当，造成各种异常现象，甚至故障，损坏通用变频器。尽管如此，工程上，人们往往不重视对载波频率的调整，只将注意力集中在将变频器尽快投入运行上，有时虽然将变频器投入了运行，但同时也埋下了事故隐患，并隐藏了故障原因，待事故发生后，却难以迅速找到故障根源。

通用变频器中的功率模块 IGBT 的功率损耗随着载波频率的提

高、功率损耗将增大，致使其效率下降及温升增加而发热，如果环境温度亦较高，将引起变频器过热保护动作，严重时会造成功率模块损坏。

当通用变频器运行在载波频率高时，输出电流波形好，但载波频率过高时，变频器自身损耗加大，IGBT 温度上升，同时输出电压的变化率 du/dt 亦增大，当电动机电缆较长时，对地寄生电容也迅速增大，对电动机的绝缘造成威胁。当载波频率过低时，电动机有效转矩减小，损耗加大，电动机温度增高。不论载波频率高低，同时都还会产生不同程度的谐波，由于谐波的存在，还会造成电磁噪声、机械噪声等一系列问题，如产生机械固有频率谐振。电动机产生脉动转矩发生振动、电动机温升增高、损耗加大等。因此，不恰当地调整载波频率会导致发生各种故障，在查找故障原因时应综合考虑。一般的，在调试过程中应试探性地调整载波频率，遵循电动机功率大的，相对选用载波频率要低些，并从低端向高端调整；首先要确定合适的载波频率值后，再考虑是否需要加装滤波器或谐波抑制装置，这是很重要的原则，一般情况下都要遵守这个原则。

16. 抑制变频器电磁噪声的方法

① 在设备排列布置时，应该注意将变频器单独布置，尽量减少可能产生的电磁辐射干扰。在实际工程中，由于受到房屋面积的限制往往不可能有单独布置的位置，应尽量将容易受干扰的弱电控制设备与变频器分开，比如将动力配电柜放在变频器与控制设备之间。

② 变频器电源输入侧可采用容量适宜的空气开关作为短路保护，但切记不可频繁操作。由于变频器内部有大电容，其放电过程较为缓慢，频繁操作将造成过电压而损坏内部元件。

③ 控制变频调速电机启/停通常由变频器自带的控制功能来实现，不要通过接触器实现启/停。否则，频繁的操作可能损坏内部元件。

④ 尽量减少变频器与控制系统不必要的连线，以避免传导干扰。除了控制系统与变频器之间必须的控制线外，其他如控制电源等应分开。由于控制系统及变频器均需要 24V 直流电源，而生产

厂家为了节省一个直流电源，往往用一个直流电源分两路分别对两个系统供电，有时变频器会通过直流电源对控制系统产生传导干扰，所以在设计中或订货时要特别加以说明，要求用两个直流电源分别对两个系统供电。

⑤ 注意变频器对电网的干扰。变频器在运行时产生的高次谐波会对电网产生影响，使电网波型严重畸变，可能造成电网电压降很大、电网功率因数很低，大功率变频器应特别注意。解决的方法主要有采用无功自动补偿装置以调节功率因数，同时可以根据具体情况在变频器电源进线侧加电抗器以减少对电网产生的影响，而进线电抗器可以由变频器供应商配套提供，但在订货时要加以说明。

⑥ 变频器柜内除本机专用的空气开关外，不宜安置其他操作性开关电器，以免开关噪声入侵变频器，造成误动作。

⑦ 应注意限制最低转速。在低转速时，电机噪声增大，电机冷却能力下降，若负载转矩较大或满载，可能烧毁电机。确需低速运转的高负荷变频电机，应考虑加大额定功率，或增加辅助的强风冷却。

⑧ 注意防止发生共振现象。由于定子电流中含有高次谐波成分，电机转矩中含有脉动分量，有可能造成电机的振动与机械振动产生共振，使设备出现故障。应在预先找到负载固有的共振频率后，利用变频器频率跳跃功能设置，躲开共振频率点。

17. 高次谐波的危害

一般来讲，变频器对容量相对较大的电力系统影响不很明显，而对容量小的系统，高次谐波产生的干扰就不可忽视，高次谐波电流和高次谐波电压的出现，对公用电网是一种污染，它使用电设备所处的环境恶化，给周围的通信系统和公用电网及以外的设备带来危害。高次谐波污染对电力系统的危害严重性主要表现在以下几方面。

① 高次谐波对供电线路产生了附加高次谐波损耗。由于集肤效应和邻近效应，使线路电阻随频率增加而提高，造成电能的浪费；由于中性线正常时流过电流很小，故其导线较细，当大量的三次谐波电流流过中性线时，会使导线过热、绝缘老化、寿命缩短、损坏甚至发生火灾。

② 高次谐波影响各种电气设备的正常工作。对发电机的影响除产生附加功率损耗、发热、机械振动和噪声和过电压；对断路器，当电流波形过零点时，由于高次谐波的存在可能造成高的 di/dt，这将使开断困难，并且延长故障电流的切除时间。

③ 高次谐波使电网中的电容器产生谐振。工频下，系统装设的各种用途的电容器其容抗和感抗，不会产生谐振，但高次谐波频率时，感抗值成倍增加而容抗值成倍减少，这就有可能出现谐振，谐振将放大高次谐波电流，导致电容器等设备被烧毁。

④ 高次谐波引起公用电网局部的并联谐振和串联谐振，从而使高次谐波放大，这就使上述危害大大增加，甚至引起严重事故。

⑤ 高次谐波将使继电保护和自动装置出现误动作，并使仪表和电能计量出现较大误差；高次谐波对其他系统及电力用户危害也很大：如对附近的通信系统产生干扰，轻者出现噪声，降低通信质量，重者丢失信息，使通信系统无法正常工作；影响电子设备工作精度，使精密机械加工的产品质量降低；设备寿命缩短，家用电器工况变坏等。

18. 抑制变频器高次谐波的方法

变频器给人们带来极大的方便、高效率和巨大的经济效益的同时，对电网注入了大量的高次谐波和无用功，使供电质量不断恶化。另一方面，随着以计算机为代表的大量敏感设备的普及应用，人们对公用电网的供电质量要求越来越高，许多国家和地区已经制定了各自的高次谐波标准，以限制供电系统及用电设备的高次谐波污染。

(1) 选用适当的电抗器

① 输入电抗器。在电源与变频器输入侧之间串联交流电抗器，这样可使整流阻抗增大来有效抑制高次谐波电流，减少电源浪涌对变频器的冲击，改善三相电源的不平衡性，提高输入电源的功率因数（提高到 $0.75 \sim 0.85$），这样进线电流的波形畸变大约降低 $30\% \sim 50\%$，是不加电抗器谐波电流的一半左右。

建议在下列情况下使用输入交流电抗器：

a. 变频器所用之处的电源容量与变频器容量之比为 $10:1$ 以上；

b. 同一电源上接有晶闸管设备或带有开关控制的功率因数补偿装置；

c. 三相电源的电压不平衡度较大（≥3%）；

d. 由于交流电抗器体积较大，成本较高，变频器功率＞30kW时才考虑配置交流电抗器。

② 在直流环节串联直流电抗器。直流电抗器串联在直流中间环节母线中（端子＋、－之间）。主要是减小输入电流的高次谐波成分，提高输入电源的功率因数（提高到 0.95）。此电抗器可与交流电抗器同时使用，变频器功率大于 30kW 时才考虑配置。

③ 输出电抗器（电机电抗器）。由于电机与变频器之间的电缆存在分布电容，尤其是在电缆距离较长，且电缆较粗时，变频器经逆变输出后调制方波会在电路上产生一定的过电压，使电机无法正常工作，可以通过在变频器和电机间连接输出电抗器来进行限制。

（2）选用适当滤波器　在变频器输入、输出电路中，有许多高频谐波电流，滤波器用于抑制变频器产生的电磁干扰噪声的传导，也可抑制外界无线电干扰以及瞬时冲击、浪涌对变频器的干扰。根据使用位置的不同可以分为输入滤波器和输出滤波器。输入滤波器有两种，即线路滤波器和辐射滤波器。

① 线路滤波器串联在变频器输入侧，由电感线圈组成，通过增大电路的阻抗减小频率较高的谐波电流；在需要使用外控端子控制变频器时，如果控制回路电缆较长，外部环境的干扰有可能从控制回路电缆侵入，造成变频器误动作，此时将线路滤波器串联在控制回路电缆上，可以消除干扰。

② 辐射滤波器并联在电源与变频器输入侧，由高频电容器组成，可以吸收频率较高具有辐射能量的谐波成分，用于降低无线电噪声。线路滤波器和辐射滤波器同时使用效果更好。

输出滤波器串联在变频器输出侧，由电感线圈组成，可以减小输出电流中的高次谐波成分，抑制变频器输出侧的浪涌电压，同时可以减小电动机由高频谐波电流引起的附加转矩。注意输出滤波器到变频器和电机的接线尽量缩短，滤波器亦应尽量靠近变频器。输出滤波器从结构上分 LR 滤波器单元和 LC 滤波器单元两种类型。

除传统的 LR、LC 滤波器还在应用以外，当前抑制高次谐波的重要趋势是采用有源电力滤波器，它串联或并联于主电路中，实时对电流中高次谐波进行检测，根据检测结果输入与高次谐波成分具有相反相位电流，达到实时补偿谐波电流的目的，从而使电网电流只含基波电流。它与无源滤波器相比，具有高度可控性和快速响应性，且可消除与系统阻抗发生谐振危险，但存在容量大，价格高的特点。

对于工作性质是节能性的（同时有调节作用）大容量的电动机，应考虑单独串联加装电抗器。

对于工作电流较大（基本运行在额定容量下）的电动机，为了减少电机的发热量、降低运行电流，使电气元件的运行可靠度提高（空开、断路器），应单独串联加装电抗器和滤波器。

对于小容量、多台安装的变频装置，单独增加滤波设备显然投入太大，且现有空间有限，则应考虑在低压母线上直接安装有源滤波器。

（3）采用多相脉冲整流　在条件允许或是要求谐波限制在比较小的情况下，可采用多相整流的方法。12 相脉冲整流的畸变为 10％～15％，18 相的为 3％～8％，完全满足国际标准的要求。其缺点是需要专用变压器，不利于设备的改造，成本费用较高。

（4）开发新型的变频器　现在许多厂家提出生产名为"绿色变频器"，该变频器品质标准为：输出和输入都为正弦波，输入功率因数可控，带任何负载都能使功率因数为 1，可获工频上下任意可控的输出频率。变频器内置的交流电抗器能有效抑制高次谐波，同时可以保护整流桥不受电源电压瞬间尖波影响。

（5）选用 D，yn11 接线组别的三相配电变压器　三相变压器中把高压侧绕组接成三角形，低压绕组接成星型且带中性线，以保证三相电动势接近于正弦形，从而避免了相电动势波形畸变的影响。此时，由地区低压电网供电的 220V 负荷，线路电流不会超过 30A，可用 220V 单相供电，否则应以 220/380V 三相四线供电。

（6）减少或削弱变频器谐波的其他方法

① 当电机电缆长度大于 50m 或 80m（非屏蔽）时，为了防止电机启动时的瞬时过电压，在变频器与电动机之间安装交流电抗器。

② 当设备附近环境有电磁干扰时，加装抗射频干扰滤波器。

③ 使用具有隔离的变压器，可以将电源侧绝大部分的传导干扰隔离在变压器之前。

④ 合理布线，屏蔽辐射，在电动机与变频器之间的电缆应穿钢管敷设或用铠装电缆，并和其他弱电信号线分走不同的电缆沟敷设，降低线路干扰，变频器使用专用接地线。

⑤ 选用具有开关电源的仪表等低压电器。

⑥ 在使用单片机、PLC 等为核心的控制系统中，在编制软件的时候适当增加对检测信号和输出控制部分的信号滤波，以增加系统自身的抗干扰能力。

19. 变频器过电流跳闸的原因

（1）重新启动时，一升速就跳闸　这是过电流十分严重的表现，主要原因有：

① 负载侧短路或接地。

② 工作机械卡住。

③ 逆变功率模块损坏。

④ 电动机的启动转矩过小，拖动系统转不起来。

⑤ 短接充电限流电阻的接触器接点粘死。

（2）重新启动时并不立即跳闸，而是在运行过程中跳闸　可能的原因有：

① 升速时间设定太短。

② 降速时间设定太短。

③ 转矩补偿设定较大，引起低速时空载电流过大。

④ 电子热继电器整定不当，动作电流设定得太小，引起误动作。

⑤ 变频器至电机间的连接电缆过长，载波频率设置太高，造成容性漏电流过大。

20. 变频器电压跳闸的原因

（1）过电压跳闸　主要原因有：

① 电源电压过高。

② 降速时间设定太短。

③ 降速过程中，再生制动的放电单元工作不理想：

a. 来不及放电，应增加外接制动电阻和制动单元；

b. 放电支路发生故障，实际并不放电。

（2）欠电压跳闸　可能的原因有：

① 电源电压过低。

② 电源断相。

③ 整流桥故障。

④ 充电电阻开路。

21. 变频器电动机不转的原因

① 功能预置不当。

a. 上限频率与最高频率或基本频率和最高频率设定矛盾。最高频率的预置值必须大于上限频率和基本频率的预置值。

b. 使用外接给定时，未对键盘给定/外接给定的选择进行预置。

c. 其他的不合理预置。

② 在使用外接给定时，无启动信号或外接给定电位器断路。

③ 变频器内部电路故障。

三、变频器的应用

1. 变频器控制单泵恒压供水系统

（1）变频调速恒压供水系统的组成　变频调速恒压供水系统如图 11-18 所示，水泵电动机 M 由变频器供电。SP 是压力变送器，其输出的压力信号作为系统的反馈信号 X_F 接至变频器的反馈信号输入端（VPF 端）。与目标压力对应的目标信号 X_T 从外接电位器 RP 上取出，接至变频器的给定信号输入端（VRF 端）。

假设 Q_1 是水泵输出的"供水流量"，而 Q_2 是用户所需要的"用水流量"，显然：

如果 $Q_2 > Q_1$，则压力必减小，反馈信号 X_F 也减小；

反之，如果 $Q_2 < Q_1$，则压力必增大，反馈信号 X_F 也增大；

如果 $Q_2 = Q_1$，则压力保持不变，反馈信号 X_F 也保持不变。

所以，如果保持压力恒定，也就是使水泵的"供水流量"和用户的"用水流量"之间始终处于平衡状态。或者说，使水泵的供水

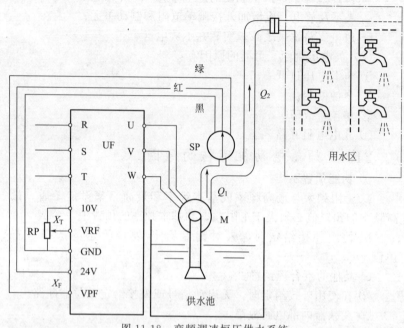

图 11-18　变频调速恒压供水系统

能力随时满足用户对流量的需求。

　　变频器将通过内部的 PID 调节功能，不断地根据 SP 的反馈信号 X_F 与目标信号 X_T 之间的比较结果，调整电动机的转速，使压力保持恒定。

　　(2) 恒压供水系统的 PID 调节过程　图 11-19 所示是变频调速恒压供水系统在正常工况下的 PID 调节过程。图 11-19(a) 所示是用水流量 Q 的变化情形；图 11-19(b) 所示是供水压力 P（从而反馈量 X_F）的变化情形，由于 PID 调节的结果，它的变化是很小的；图 11-19(c) 所示是 PID 的调节 $\triangle_{PID}$，$\triangle_{PID}$ 只是在压力反馈量 X_F 与目标值 X_T 之间有偏差时才出现，在无偏差的情况下，$\triangle_{PID}=$ 0；图 11-19(d) 所示是变频器输出频率 f_X 的变化情形。

　　系统的工作情形如下：

　　$0\sim t_1$ 段：流量 Q 无变化，压力 P 也无变化，PID 的调节量

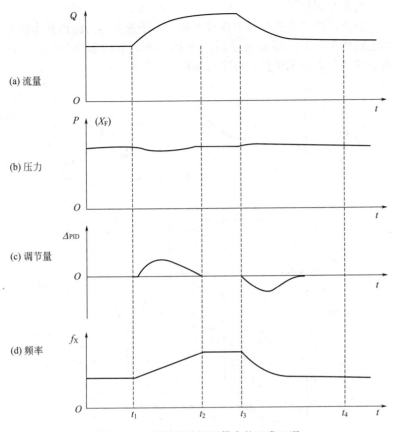

(a) 流量

(b) 压力

(c) 调节量

(d) 频率

图 11-19　变频调速恒压供水的正常工况

Δ_{PID} 为 0，变频器的输出频率 f_X 也无变化。

　　$t_1 \sim t_2$ 段：流量 Q 增加，压力 P 有所下降，PID 产生正的调节量（Δ_{PID} 为 "＋"），变频器的输出频率 f_X 上升。

　　$t_2 \sim t_3$ 段：流量 Q 不再增加，压力 P 已经恢复到目标值，PID 的调节量为 0（$\Delta_{PID} = 0$），变频器的输出频率 f_X 不再上升。

　　$t_3 \sim t_4$ 段：流量 Q 减少，压力 P 有所增加，PID 产生负的调节量（Δ_{PID} 为 "－"），变频器的输出频率 f_X 下降。

　　（3）流量过大或过小时的系统工况　以下的分析是首先假设只

有一台水泵的情形。

当用户的用水流量过大或过小时，由于变频器的输出频率要受到上限频率和下限频率的限制，使 PID 的调节功能受到制约，供水系统的压力将无法保持恒定，如图 11-20 所示。

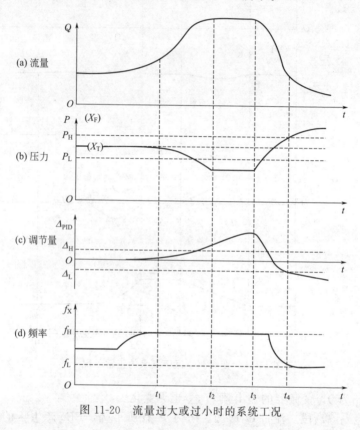

图 11-20　流量过大或过小时的系统工况

① 流量过大　供水系统流量过大的工作情形如下。

$0 \sim t_1$ 段：用水流量 Q 增加，但变频器的输出频率 f_X 尚未到达上限频率 f_H，系统在正常状态下运行，由于变频器内 PID 功能的调节作用，变频器的供水流量能够随时满足用水流量的需求，供水系统始终处于平衡状态，供水压力也一直保持恒定。

$t_1 \sim t_2$ 段：当用水流量 Q 继续增加到一定程度以后，系统将具有如下的工作特点：

a. 变频器的输出频率 f_X 已经到达上限频率 f_H，水泵的转速不可能再升高；

b. 变频泵的供水流量满足不了用水流量的需求，管网压力 P (X_F) 将降低到下限压力 P_L 之下；

c. 变频器的 PID 功能力图增加变频泵的供水流量，调节量 Δ_{PID} 不断增加，超过了上限值 Δ_H。

$t_2 \sim t_3$ 段：用水流量 Q 不再增加，压力 P (X_F) 也不再下降，但由于 X_F 和目标值 X_T 之间始终存在偏差，PID 中的积分环节将不断地积分，从而调节量 Δ_{PID} 将继续上升。

② 流量减小　用水流量减小后，系统又进入正常运行状态，工作过程如下。

$t_3 \sim t_4$ 段：流量 Q 开始减少，压力 P 也开始增加。在压力 (X_F) 上升至目标压力 (X_T) 之前，PID 的调节量 Δ_{PID} 为"＋"，变频器的输出频率 f_X 仍为上限频率。而当压力继续上升时，PID 的调节量 Δ_{PID} 开始变为负值，变额器的输出频率 f_X 开始下降。

③ 流量过小　当夜深人静，用水流量很小时的工作特点如 t_4 以后所示。

a. 变频器的输出频率 f_X 下降到下限频率 f_L 后将不再继续下降，水泵的转速不可能再降低。

b. 供水流量超过了用户的需求，管网压力 P 将增大到超过上限值 P_H。

c. 变频器的 PID 功能力图减少变频泵的供水流量，调节量 Δ_{PID} 不断减小（绝对值增大），超过了下限值 Δ_L。

2. 用变频器实现多台水泵的切换

由于在不同时间（如白天和夜晚）、不同季节（如冬季和夏季），用水流量的变化是很大的。为此，采用若干台水泵同时供水，本着多用多开、少用少开的原则，既满足了系统对恒压供水的要求，又可以节约能源。

于是，就常常需要进行切换控制。

（1）加泵过程　首先，由"1 号泵"在变频控制的情况下工作。

当用水量增大，"1号泵"已经到达上限频率而水压仍不足时，经过短暂的延时，确认系统的用水流量已经增大后，将"1号泵"切换为工频工作。同时变频器的输出频率迅速降为0，然后使"2号泵"投入变频运行。

当"2号泵"也到达额定频率而水压仍不足时，又使"2号泵"切换为工频工作，而"3号泵"投入变频运行，以此类推。

（2）减泵过程　当用水量减少，变频泵已经到达下限频率，而管网压力仍偏高时，则各泵依次退出运行。方式有两种。

① 先开先停方式　即首先使"1号泵"从工频运行状态直接停机，依此类推。这种方式也称循环方式，通常用于各台水泵的容量都相等的供水系统中。其优点是可以自动地使各泵运行的时间比较均衡；缺点是从工频运行状态直接停机时，可能由于停机太快而使管网压力发生较大波动。

② 先开后停方式　即首先使正在变频运行的"3号泵"减速停机，然后使变频器的输出频率升至50Hz，将"2号泵"切换为变频工作，依此类推。这种方式通常用于各台水泵的容量不相等的供水系统中，其优点是水泵的停机较缓慢，管网压力较稳定；缺点是不能自动地循环变换。

3. 变频器在通风机械中的应用

据资料报道，在我国各行各业中现有在用泵和风机约5000万台，用电量占工业用电的60%以上，并集中在冶金、化工、电力、有色、建材、建筑等高耗能行业，由于采用传统的固定截流调节方式，致使能源利用效率较低。如果采用调速调节流量方式可以大幅度降低截流能量损耗，具有显著的节能效果。所以通用变频器在泵和风机中得到广泛应用。

泵类包括水泵、油泵、化工泵、往复泵、泥浆泵等。风机包括排风机、送风机、引风机等。风机是输送气体的装置，泵是输送水或其他液体的装置。就负载特性和工作原理而言，泵和风机两者相似，均属流体机械。以水泵和风机为例，在相似工况下，水泵和风机的流量、压力和功率分别与其转速的一次方、二次方和三次方成正比。

如通过变频器调速将转速下降为50%，则理论上的功率消耗仅需额定功率的 12.5%，即可节约 87.5%的能量消耗。当然实际上由于各种因素的影响，节电率是不会这样高的，但节能是肯定的。风机在各行业中的用途不同，采用通用变频器变频调速的方式也不同，但采用通用变频器变频调速的主要目的都是为了节能降耗，其次是提高自动化水平和生产效率。

以下以通用变频器在工业锅炉风机中的应用为例，说明系统的构成特点。

(1) 工业锅炉的结构原理 锅炉是由锅炉本体和燃烧设备（包括炉膛和烟道）两部分组成的。锅炉本体是一个汽水系统，它吸收燃烧设备燃料所放出的热量，将锅炉给水加热到需要的温度或变成蒸汽。燃烧设备是由炉膛、烟道组成的烟气系统，燃料与空气混合燃烧把热量传递给汽水系统，而烟气自身温度逐渐降低，直至经除尘器、引风机由烟囱排入大气。

传统的锅炉电气单元及拖动机构一般由送风机、引风机、给水泵、循环泵、炉排电动机和冲渣泵（除灰泵）组成。送、引风机一般采用离心式风机，利用挡板或阀门调节送、引风量；给水和循环水系统由给水泵和循环泵完成，给水量、出水量、回水量及水压由阀门调节；利用电磁调速电动机和控制器拖动炉排往复运行。系统中除炉排电动机外，所有电动机均工作在工频额定状态下，电能消耗量大而且噪声非常大；电磁调速电动机在运行环境较恶劣的锅炉现场长期使用可靠性较差，维护工作量大；由于基本上为手动操作、调节，控制精度低，水压和风压不能准确控制，致使水、煤量消耗较大；锅炉运行人员劳动强度大。

锅炉控制系统在设计时是按现场最大需求量来考虑的，送、引风机、给水泵、循环泵都是按单台设备的最大工况来考虑的，而在实际使用中很少有满载工作状态。采用阀门调节不仅增大了系统循环压力和节流损失，而且由于调节不连续，整个系统工作在波动状态。如果对其进行变频技术改造，则可一劳永逸地解决上述多数问题，还可提高自动化控制水平，并可通过节能而回收投资。同时利用通用变频器的软启动功能及平滑调速的特点，可实现系统的平稳调节，稳定系统的工作状态，延长锅炉各部件的使用寿命。

若对锅炉进行变频技术改造，锅炉变频调速控制系统中的被控对象主要有炉排电动机、送风机、引风机、锅炉给水泵和冲渣泵。炉排电动机属于恒转矩负载，采用变频控制的主要目的是稳定运行。送、引风机和给水泵和冲渣泵属于降转矩负载，采用变频控制的目的是节约电力及节约用水。两类负载应分别选用不同控制方式的通用变频器或设定为不同的控制方式。

（2）锅炉送、引风机变频调速控制　锅炉烟气系统将所需要的煤送入加煤斗并落入炉排，炉排由减速箱带动链轮以一定的速度将炉排向炉后移动，炉排上的煤进入炉膛后受到高温烟气的强烈辐射，并与炉排下风仓的预热空气（空气先由送风机鼓入空气预热器，加热后进入炉排下风仓内）混合燃烧放热，煤燃尽成炉渣后进入灰渣斗排出炉外。在炉排上燃烧的煤产生高温烟气，在引风机的抽吸作用下以一定的流速依次经炉膛、对流烟道，不断地将热量传递给炉膛和对流受热面，而烟气本身温度逐渐下降，最后经除尘器、引风机和烟囱排入大气。

锅炉的送、引风机的作用是保障燃料充分燃烧并维持锅炉炉膛保持微负压。送、引风机的风量由于汽量变化是经常变化的，所以风量就需要经常调节，风量调节过大，空气含氧量超标而浪费热能，风量调节过小，煤燃烧不充分而浪费燃煤，因此为了提高控制水平，保证空气含氧量使煤燃烧充分，应对风量进行有效调节。传统调节方式下，锅炉的控制室到阀门的距离较远，操作既不便又难以调节得当。如采用变频调速方式对风量进行调节，可根据汽量的变化，随时调整送、引风机的转速，可达到很高的调节精度，并可减少噪声污染。另外，由于送、引风机长期在低于额定转速的状态下运行，机组轴承不易损坏，可延长使用寿命，减少维修量及节约维修费用。

送、引风机采用变频器控制是工业锅炉系统中变频改造的主要部分，是投资最大的部分，同时也是节电最显著的部分。由于送、引风机功率相对较大，而在锅炉运行中，随着负荷的增减，调节流量的幅度相对较大，节电效果也较大。

锅炉送、引风机变频控制系统设计要点如下。

① 送、引风机应相互联锁，只能先启动引风机再启动送风机，送风机应无法单独开起；若引风机故障停机或电动机减速停止，送

风机应立即停机。

② 一股离心式风机的叶片直径较大，停机时会产生很大的惯量，利用通用变频器减速停机，就必须要求通用变频器具有很好的制动能力和抑制直流母线电压过高的能力。

③ 在改造后的控制系统中，应保留原控制系统，并加装通用变频器与原系统手动切换装置，以防止当通用变频器发生故障或定期保养时影响锅炉的正常运行。

④ 由于送、引风机距控制室宜较远，通用变频器到电动机的电缆接线较长，线路上的分布电容会在送、引风机运行过程中产生较大的尖峰电流，需要系统具有抑制尖峰电流的能力。

⑤ 系统应有清晰准确的电流、电压、转速、频率等显示仪表，以便于锅炉操作及运行人员监视和操作。

⑥ 需要注意送、引风机的风量裕度问题。如果由于原设计或其他原因造成风阻大，裕度较小时，应适当加大一挡变频器容量，以使变频器可以在较高频率下较好运行，但一般不应超过48Hz，以保证锅炉系统有足够的风量。否则，易造成原系统经变频改造后，大负载时风量不足的情况。实际上如果通用变频器工作在额定频率附近，系统效率反而会降低，已失去采用通用变频器的意义，但如果通用变频器长期工作在低速区，系统效率也不高，反而会引起其他问题。

（3）送风机变频器参数设置

① 某20t的锅炉，提供风机吹扫，电机为110kW、1486r/min、200.8A。

② 变频器采用西门子430的功率为110kW。采用电网和变频可以互换的方式安装。

③ 要有异地控制。

参数设置。

P003	用户访问级	3 专家访问
P004	过滤参数	0 全部参数
P005	显示选择	21 实际功率
P0010	调试参数过滤器	0 准备调试
P0011	"锁定"用户定义的参数	0

P0304	电动机的额定电压	380V
P0305	电动机的额定电流	200.8A
P0307	电动机的额定功率	110kW
P0308	电动机的功率因数	缺省值
P0309	电动机的额定效率	缺省值
P0310	电动机的额定频率	50Hz
P0311	电动机的额定速度	1486r/min
P0700	选择命令	2 由端子排输出
P0701	数字输入1的功能 61	(接通正转/停车命令)
P0731	数字输出1的功能 52.3	变频故障
P0732	数字输出2的功能 52.2	变频正在运行
P0756	ADC 的类型	0 模拟量输入
P0757	标定 ADCx1 值	4 (电流输入的最小值)
P0758	标定 ADCy1 值	0
P0759	标定 ADCx2 值	20 (电流输出的最小点)
P0760	标定 ADC 的 y2 值	100
P0761	ADC 的死区宽度	4 (意思是减去 0~4mA)
P0776	DAC 定义模拟输出的类型	0 电流输入
P0777	DAC 标定的 x_1 值	0
P0778	DAC 标定的 y_1 值	4
P0779	DAC 标定的 x_2 值	100
P0780	DAC 标定的 y_2 值	20
P0781	DAC 的死区宽度	4
P1120	斜坡上升时间	120s